国家级一流本科课程建设成果教材

化学实验安全教程

HUAXUE SHIYAN ANQUAN JIAOCHENG

秦川丽　范乃英◎主编

化学工业出版社

·北京·

内容简介

《化学实验安全教程》依托国家级一流本科课程建设成果编写，是一部全面系统、注重实践与思政融合的新形态高校教材。全书共 11 章，涵盖化学实验室安全制度、基础设施与个体防护、危险化学品管理、仪器设备及水电气安全、消防安全、辐射安全、废弃物处理、事故应急处理以及典型实验安全操作实例等内容，结构清晰、内容翔实。教材突出“预防为主、安全第一”的理念，不仅详细讲解各类化学品的分类、标识、危害、存储使用规范及各类操作安全、应急处理方案，还结合真实案例和思政元素，强化学生的安全责任意识与职业伦理。配套 MOOC 视频及危险化学品安全信息二维码，实现线上线下融合学习，提升教学实效性与学生应急处置能力。

本教材可作为化学、化工及相关专业的本科生、研究生实验室安全课程教材，也可供高校新入职教师、实验技术人员及科研人员安全培训与日常学习参考，助力培养具备高度安全素养的专业人才。

图书在版编目（CIP）数据

化学实验安全教程 / 秦川丽，范乃英主编. -- 北京：化学工业出版社，2025. 12. -- （国家级一流本科课程建设成果教材）. -- ISBN 978-7-122-49623-2

Ⅰ. O6-37

中国国家版本馆 CIP 数据核字第 202599W8P8 号

责任编辑：傅聪智　　加工编辑：刘　会　师明远
责任校对：刘　一　　装帧设计：王晓宇

出版发行：化学工业出版社
(北京市东城区青年湖南街 13 号　邮政编码 100011)
印　　装：北京建宏印刷有限公司
787mm×1092mm　1/16　印张 15　字数 354 千字
2025 年 12 月北京第 1 版第 1 次印刷

购书咨询：010-64518888　　售后服务：010-64518899
网　　址：http://www.cip.com.cn
凡购买本书，如有缺损质量问题，本社销售中心负责调换。

定　　价：49.80 元　

前言

PREFACE

在高校教学科研中，化学实验作为理论向实践转化的关键环节，是学生深入理解知识、培育创新思维与提升动手能力的核心平台，在人才培养与科研创新方面具有举足轻重的地位。然而，化学实验涉及众多危险化学品与复杂操作，其潜在安全风险不容忽视，因此开展安全知识学习具有重要意义。通过系统的安全知识学习，师生能够增强安全意识和责任感，树立正确的安全观念；能够深入了解化学品的危险特性等安全知识，掌握正确的操作方法和应急处理措施，从而在实验过程中有效规避风险，最大程度减小事故发生的可能性，保障自身生命安全与身体健康，维护高校教学与科研秩序的稳定。此外，安全知识学习也有助于将安全意识融入日常实验、科研及未来职业生涯，使学生成长为具有高度安全素养的专业人才。同时，安全知识学习和培训也是提升实验室管理水平的重要手段之一。

《化学实验安全教程》共 11 章内容，涵盖了法律法规、实验室安全知识的各个方面，包括个人安全防护、危险化学品管理、仪器设备安全操作、水电气安全使用、消防安全、辐射安全、废弃物处置、化学实验室事故应急处理、典型基础实验安全操作实例等内容。本书旨在帮助师生树立安全意识、掌握安全知识和技能、养成良好安全习惯，提升应急处理能力与创新思维，保障教学科研秩序与实验室安全。

本书为新形态教材，读者扫描书中二维码即可查看课程团队录制的配套化学实验安全 MOOC 视频及实验室常用危险化学品安全信息等拓展资料，实现线上线下学习的有效融合，进而深入了解和掌握相关知识和操作技术。书中精心挑选具有代表性的案例，并同时建有思政案例库（见“思政案例库”二维码），将思政教育元素融入其中。通过分析这些案例，引导学生深刻认识到安全责任的重要性，培养学生的家国情怀、法治意识、科学思维、职业道德和伦理素养，实现知识传授与价值引领的有机统一。

思政案例库

主编秦川丽、范乃英全面统筹、设计教材内容体系，明确教材定位，编写教材大纲，确定章节结构；组建教材整体内容，编写初稿，确定习题内容，制作配套课件，建立事故案例库和思政案例库，编写数字资源和引进筛选二维码关联内容；负责绪论、安全制度等前四章和辐射安全等内容编写；审核确定实验室常用仪器设备安全、水电气安全、消防安全、废弃物处理、事故应急处理等章节关键内容。王彬、王岩、张国、孙治尧、郑冰、屈宜春、安光辉、马守春等同志参与了本书的编写。王彬参与了大型分析仪器安全、实验室用气安全及气瓶安全等内容的编写，并对化学实验室安全制度以及化学实验室基础设施、安全设施与设备、个体防护装备进行了审核校对。王岩参与了化学品泄漏应急处理、化学实验室灭火措施、实验室化学废弃物收集等内容的编写，并对危险化学品进行了审核校对。张国参与了实现温度条件的仪器设备安全、实验室废弃物处理、典型无机化学实验安全操作实例等内容的编写。孙治尧参与了有机化学实验常用玻璃装置安全、实验室用水安全等内容的编写。郑冰参与了消防安全及典型分析化学实验安全操作实例等内容的编写。屈宜春参与了实验室用电安全的编写。安光辉参与了典型有机化学实验安全操作实例的编写。马守春参与了本书全部内容的校对、审核及二维码视频剪辑整理等工作。

本书附录二中的危险化学品安全信息资源，均引自化学工业出版社于 2019 年 12 月出版的《高校实验室常用危化品安全信息手册》，该手册由郭玉鹏、屈学俭、李政三位专家主编。郭玉鹏教授慷慨授权本书使用相关内容，这些内容以二维码形式在书中呈现，极大方便了读者查阅，在此，向郭玉鹏编写组致以诚挚谢意！本书的编写参考了实验室安全方面的书籍、论文及网上资料，在此衷心地感谢文献和资料的原作者。

本书兼具化学实验安全理论知识、方法和安全防护技术，可作为化学化工及相关专业学生的化学实验安全课程教材，也可供高校化学化工类新入职教师和实验技术人员以及相关领域科研人员、工程技术人员和实验室管理人员安全培训及参考。

由于编写时间仓促，加之作者水平有限，书中不当之处在所难免，敬请读者批评指正。

编者

2025 年 8 月

目录

CONTENTS

二维码内容资源

第1章

绪论

高校实验室是现代大学的心脏，是开展实践教学、科学研究、培养高素质创新人才的重要基地，也是激发创新灵感、诞生科研成果的摇篮。我国科学家屠呦呦就是在实验室利用乙醚成功提取了青蒿素，发现了治疗疟疾的新疗法，因而荣获2015年诺贝尔生理学或医学奖，如今青蒿素类药物已经成为抗疟战场上的主力军。高校的教学和科研实验室不仅是培养新时代科技创新人才的重要场所，更是对学生进行安全教育和思政教育的重要场所。

化学是一门以实验为基础的学科，实验在人才培养和科学发展中的重要作用毋庸置疑，更无可替代。但在化学实验过程中，经常使用种类繁多的易燃、易爆、有毒化学药品，有些实验需要在高温、高压、超低温、强磁、真空、辐射、微波或高转速等特殊条件下进行。化学实验室具有试剂种类多、危险设备多和危险性强等特点，且教学和科研实验室存在交叉开放共享的情况，人员多且流动性高。因此，化学实验室是一个高危场所，安全事故多有发生。

2001～2020年间，媒体公开报道的全国高校实验室安全事故有113起，伤亡总人数多达99人。事故类型主要分为火灾事故、爆炸事故、中毒事故、机械伤害事故、触电事故和其他事故[1-3]。在各种类型的实验室中，化学实验室是“最危险的”，2001～2018年共发生72次事故，导致78人受伤，8人死亡[4]，不论是事故发生次数还是伤亡人数都远高于其他实验室。

事故案例库

2005～2025年间典型国内外高校实验室事故案例分析及经验教训总结见“事故案例库”二维码。

每一个触目惊心的实验室安全事故背后都是一个个家庭的悲剧，带走的是一条条原本鲜活的生命！痛心之余，我们不禁要问：高校实验室为什么会成为事故“重灾区”？如何避免高校实验室事故的发生？实施化学实验安全教育意义何在？

1.1 高校实验室常见安全事故

1.1.1 安全事故类型

根据2001～2021年间126起高校实验室安全事故类型统计分析，各类安全事故中，火灾、爆炸事故占 80%，也是造成伤亡人数最多的；中毒、触电、机械伤害等事故占 20%[1-3]。火灾、爆炸是实验室安全事故的主要类型，是实验室安全事故防范的重点。中毒和触电事故虽然发生较少，但事故一旦发生，人员伤亡较为严重。实验室中的危险化学品（简称危化品）、仪器设备和高压容器是引发事故的主要危险因素，危险化学品是高校实验室安全管理最重大的安全隐患之一，2015～2020 年教育部对 149 所高校实验室安全隐患现场检查统计，发现安全隐患问题 3435 个，其中化学品安全问题 1195 个。危险化学品中的易燃液体和气体引起的事故最多，其次是固体、腐蚀性物质、氧化性物质和有机过氧化物。

1.1.2 安全事故发生环节与直接原因

根据实验流程，实验室安全事故多发生在危化品储存、危化品使用、仪器设备使用、废弃物处理和其他环节。有学者对 112 起高校实验室安全事故进行统计分析，危化品储存、使用，废弃物处理方面的事故比例接近 46%，仪器设备使用环节发生的事故占 42%，其他环节造成的事故占 12%。危化品使用和储存环节事故的伤亡人数也是最多的，占比达到 74%[2]。这是因为有些化学品具有很强的腐蚀性和易燃性，不仅会引发中毒和起火，甚至还会引起爆炸。目前，对实验室有爆炸威胁的主要是危险化学品和装有易燃气体的钢瓶。

高校实验室安全事故发生的直接原因是操作不当、安全意识淡薄、实验室安全管理不到位[4]，这也是近年来几乎所有实验室安全事故调查都得到的“相同结果”。高校实验室安全事故类型及原因分析可参见“实验室事故及致因分析”二维码。

实验室事故及致因分析

学者对高校 100 起典型实验室事故进行分析发现，多数事故的发生是违规操作和操作不当导致的，造成的人员伤亡占比接近 80%[5]。例如：2009 年 7 月 3 日，浙江某大学化学系，一位教师在实验过程中误将本应接入 307 室的一氧化碳气体接至 211 室输气管路，导致一位女博士中毒死亡；2010 年 6 月 8 日，天津某师范大学一化学实验室发生爆炸事故，该事故导致 3 人受伤，事故是因学生违规操作造成的；2011 年 9 月，华东某大学实验室发生爆炸，该事故是由于做实验的研究生在添加双氧水和乙醇时，未按照要求拉下通风橱门，学生未穿戴个体防护服，最终导致 2 人受伤；2013 年 4 月 30 日，南京某大学因管理存在疏漏，校外工人偷偷用明火在残留化学物质的废弃实验室进行明火切割，造成 3 人受伤、1 人死亡的严重安全事故；2018 年 12 月，北京某大学一实验室发生爆炸，事故造成 3 人死亡的惨重后果，该事故的主要原因是实验室违规开展实验、冒险作业，违法购买和储存危化品，管理疏漏等。以上的案例均造成了不可挽回的后果，对学校和社会造成了严重的负面影响，这样惨痛的教训表明，在操作过程中必须严格按照正确的操作步骤和方法进行实验，在保证实验成功进行的同时，确保自己和他人的生命安全，确保实验室财产安全。

几乎所有的研究者都指出实验室安全工作存在着安全意识淡薄和安全教育不足等问题。意识决定着人的行为与习惯，实验室事故的发生多数是由实验人员安全意识淡薄造成的。2008 年 7 月，某科研院所实验室发生爆炸，玻璃碎片四处飞溅。当事人未佩戴防护眼镜，也未采取其他防护措施，致使一只眼睛的角膜、脸、腹部和手割伤，耳膜受到巨大的爆炸声震伤。2010 年 6 月 21 日，宁波某大学一重点实验室发生火灾，事故原因为两名粗心的学生在该实验室做实验，安全意识不足，违反了实验过程中不得中途离开的规定，用电磁炉熔化石蜡时暂时离开了一会，结果发生了火灾。2011 年 1 月，某大学实验室发生化学爆炸，导致 1 名博士生的左眼被严重炸伤，原因为该博士在实验过程中没有按照实验安全要求佩戴防护眼镜。2012 年 2 月 15 日，南京某大学实验楼发生甲醛泄漏，事故中不少学生喉咙痛、流眼泪，感觉不适，原因是一名做实验的老师中途离开两三分钟，在这段时间内发生了甲醛泄漏事故。以上几次事故皆是实验室安全意识薄弱等原因导致的。

在所调查的事故中，部分事故的发生是管理不善导致的。如：2003 年 1 月 19 日，广东某大学地球与环境科学学院实验室发生化学原料爆炸，原因是该实验室堆放着很多化学原料，实验室的电线超负荷造成短路引燃了这些化学原料。2011 年 10 月 10 日，湖南某大学化学化工学院理学楼发生火灾，由于屋顶为纯木质结构，火势迅速蔓延，火灾过火面积约 $790m^2$，部分师生的研究成果付之一炬，直接财产损失 42.97 万元。经调查，该大学化学化工学院对实验用危险化学品管理不善，没有对未使用完的试剂进行严格管理，未将遇水自燃试剂放置在符合安全条件的储存场所，这是导致火灾发生的直接原因。2013 年 4 月，上海某大学发生投毒事件，造成 1 人死亡，事故的原因在于药品使用管理出现纰漏。这些事故暴露出我国高校实验室管理存在安全责任不落实、管理制度不健全、危险物品安全管理不到位、实验人员违规操作、相关部门安全监管存在薄弱环节等问题。因此，高校需加强实验室安全责任体系建设，深化安全管理责任落实；完善和落实各项管理制度，实现对实验室安全的全过程、全要素、全方位管控，将因管理失误可能引发的安全事故隐患扼杀在摇篮里。更多高校实验室事故案例分析及经验教训总结见事故案例库二维码。

1.2 安全事故致因理论

安全事故致因理论是从大量典型安全事故原因的分析中提炼出的事故机理和事故模型，能够为事故的定性定量分析、事故的预测预防、安全管理工作从理论上提供科学的依据。考虑到实验室事故与生产安全事故存在相似性，来自工业界的经验规律、理论也能够帮助我们进一步分析高校实验室事故的内在原因及实验室管理的问题。

将安全事故致因理论的演进划分为四个阶段：从单纯强调人的不安全行为的单因素理论（点状），到以海因里希的多米诺骨牌理论为代表的事故链致因理论（线状），再发展为以轨迹交叉论和能量意外释放论为代表的多因素事故致因理论（网状），再到现代的、系统的系统论事故致因理论（动态网状）（点—线—面—体）[6-9]。下面，介绍几种典型的安全事故致因理论及模型。

1.2.1 单因素事故致因理论

20 世纪初，事故致因理论开始萌芽。Greenwood（1919 年）和 Newboid（1926 年）提出了“事故倾向性格论”，认为事故由人的性格或心理缺陷造成。Farmer 和 Chamber（1939 年）提出的“事故频发倾向论”认为事故频发倾向者的存在是工业事故发生的主要原因[8,10]。如果企业减少了事故频发倾向者，就可以减少工业事故。事故频发倾向是指个别人容易发生事故的、稳定的、个人的内在倾向。事故频发倾向理论过分强调人的个性特征在事故中的影响，把工业事故的原因归因于少数事故的倾向者，而且不能解释为何在同等危险暴露情况下，人们受伤害的概率都不相同。尽管事故频发倾向理论把工业事故的原因归因于少数事故频发倾向者的观点目前不被大多数人认可，在解释工业事故原因方面存在局限性，但是从职业适合性的角度来看，关于事故频发倾向的认识也有一定可取之处。事故频发倾向理论对于高校实验室安全管理也具有一定的启示作用，如实验室管理者应关注重点人群，强化安全教育，建立有效的沟通机制，加强设备管理，并制定合理的实验室管理制度。

1.2.2 事故因果连锁理论

事故因果链理论的基本观点是事故由一连串因素以因果关系依次发生，就如链式反应的结果，即一个事件的发生是前一个事件发生的结果，而这一个事件的发生又将导致下一个事件的发生。认为事故的致因是“线”状的，但究其根源讲，依旧认为事故是由单一因素引发的，因此，适用于简单系统的事故分析。该理论可用多米诺骨牌形象地描述事故及导致伤害的过程。在事故因果连锁理论中，事故作为核心，其结果便是伤害（伤亡事故的场合），事故的原因可分为三个层次：直接原因、间接原因和基本原因。由于对事故各个层次原因的理解各异，所以形成了不同的事故致因理论，其代表性理论主要有：海因里希事故因果连锁理论、博德事故因果连锁理论、亚当斯事故因果连锁理论等。以海因里希事故因果连锁理论为例介绍事故因果连锁理论。

美国著名的安全工程师海因里希（W. H. Heinrich）统计了 55 万件机械事故，提出 1∶29∶300 安全事故法则，称为“海因里希法则”（图 1.1），即任何一起严重的事故，其背后必有 29 件“轻度”的事故，还有 300 件“潜在隐患”。海因里希法则是安全管理的基本法则，该法则说明了在进行同一项活动中，无数次意外事件，会导致重大伤亡事故的发生。减少轻微事故的数量，重大事故的数量也会随之下降。例如“皮带机”事故案例，某技工企图用手把皮带挂到正在旋转的皮带轮上，因未使用拨皮带的杆，且站在摇晃的梯板上，又穿了一件宽大长袖的工作服，结果被皮带轮绞入而身亡。事故调查结果表明，他这种上皮带的方法已使用数年之久。查阅四年病历，发现他有 33 次手臂擦伤后治疗处理的记录。用“海因里希法则”分析此案例，揭示了一个十分重要的安全价值观：要预防死亡及重伤害事故，必须重视事故的苗头和未遂事故，逐级清除轻微伤害事故、未遂事故和安全隐患，即在事故发生之前，抓住时机及时消除无数次人的不安全行为和物的不安全状态，否则终会酿成大祸。重伤和死亡事故虽有偶然性，但是不安全因素或行为在事故发生之前已暴露过许多次，势必导致严重的事故。

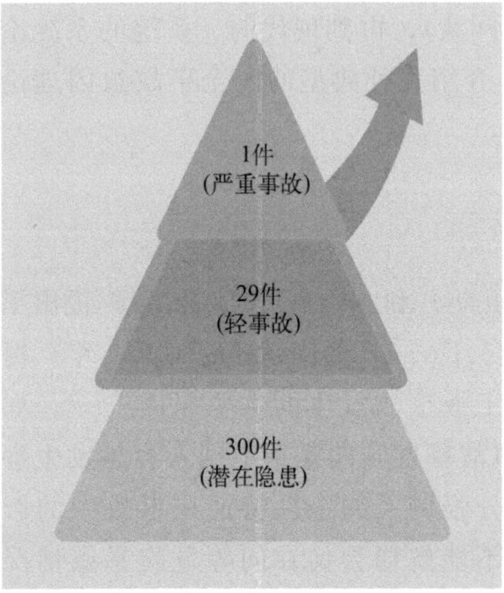

图 1.1 海因里希法则

海因里希事故因果连锁理论也称为多米诺骨牌理论。海因里希认为，伤害事故的发生是一连串的事件，按一定因果关系依次发生的结果。海因里希用五块多米诺骨牌来形象地说明这种因果关系[11]，即第一块骨牌倒下后，后面的骨牌会因连锁反应而倒下，最后一块骨牌即为伤害事故。这 5 块骨牌分别是遗传及社会环境、人的缺点、人的不安全行为和物的不安全状态、事故的发生、事故造成的伤害（图 1.2）。该理论认为，一切安全事故的发生都是人的不安全行为和物的不安全状态导致的，人的不安全行为或物的不安全状态是由人造成的，而人的问题是由不良环境诱发的，或由先天的遗传因素造成的。

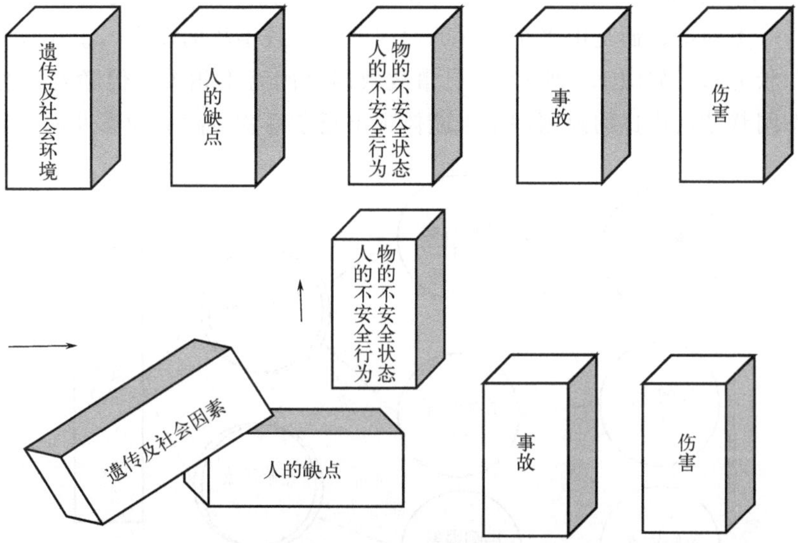

图 1.2　多米诺骨牌理论

该理论的核心思想是伤亡事故的发生不是一个孤立的事件，而是一系列原因事件相继发生的结果，即伤害与各原因相互之间具有连锁关系。该理论的最大价值是使人认识到：如果抽除了第三块骨牌，也就是消除了人的不安全行为或物的不安全状态，即可防止事故发生。安全工作的中心就是防止人的不安全行为，消除机械的或物质的不安全状态，中断事故连锁的进程，从而避免事故发生，因此，该理论对事故的预防具有积极意义。

海因里希事故因果连锁理论促进了事故致因理论的发展，成为事故研究科学化的先导，具有重要的历史地位。但该理论也存在明显的不足，如对事故致因连锁关系的描述过于绝对化、简单化。把遗传和社会环境看作事故的根本原因，表现出它的时代局限性。事故并不是全都造成伤害，不安全行为或不安全状态也并不是必然造成事故。

海因里希又提出“88∶10∶2”事故致因理论（图 1.3），即在 100 起事故中，有 88 起是纯属人的不安全行为造成的，有 10 起是由于物的不安全状态，只有 2 起是人难以预料的。由于人的不安全行为和物的不安全状态引起的事故比例占 98%。物的不安全状态的产生也是由于人的缺点或错误造成的，物的不安全状态可通过人的补救消除或控制，所以人的不安全行为是导致事故发生的主要原因。尽管这一理论与事故倾向理论一样，将事件链中的原因大部分归于操作者的错误，表现出时代的局限性。但是，从安全管理和安全教育的角度来看，培养高度的安全防范意识和敏锐的隐患预见能力，并在安全价值观指导下养成良好的安全行为规范，是实验室安全文化建设和思政教育的重点。

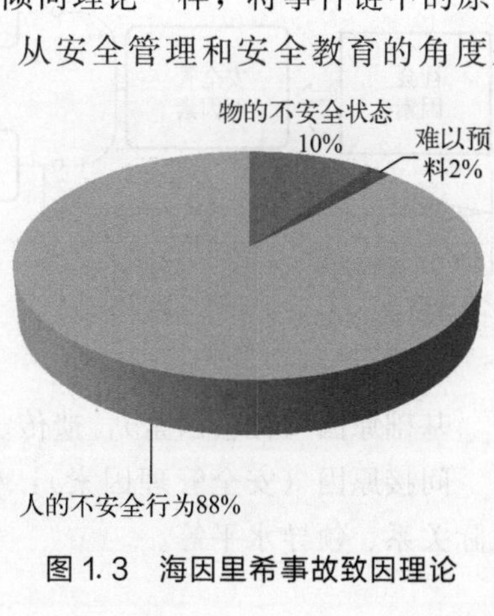

图 1.3　海因里希事故致因理论

1.2.3　多因素事故致因理论

多因素事故致因理论认为事故是由多条事故链共同作用造成的，如“轨迹交叉理论”将事故的发生发展过程描述为：基础原因—间接原因—直接原因—事故—伤害。“2-4 模型”把事故的原因分为事故发生的内部原因和外部原因[6-8]，多因素事故致因理论初步体现了系统论的观点，认为引发事故的原因不局限在一个或者一类因素，而是由多个独立的原因共同导致事故的发生，事故致因是带有层级结构的“网”状分布（如图 1.4 所示），且事故致因之间互不相关，但随着系统复杂性的提高，这种静态网状结构描述的致因理论未能体现出复杂系统事故的动态性和通现性特征[8]。

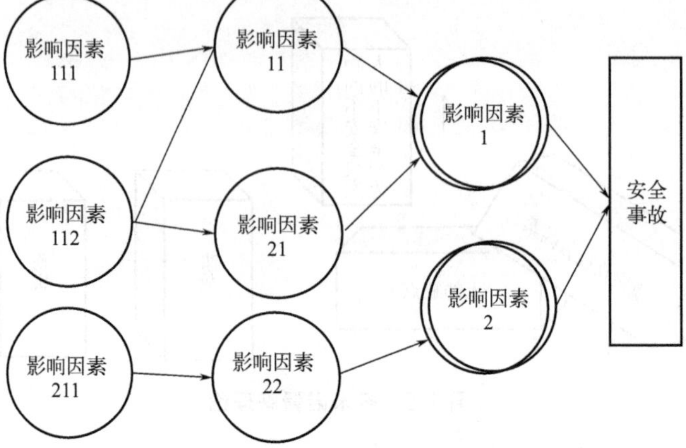

图 1.4　多因素事故致因理论[8]

随着生产技术的提高和对事故致因理论研究的深入，机械设备、物理环境等生产条件不安全的问题越来越引起人们的重视，人们对人的不安全行为和物的不安全状态两种因素在事故致因中的地位的认识发生了改变。海因里希认为几乎所有的工业伤害事故都是人的不安全行为造成的，这种观点受到许多研究者的批判。越来越多的人认识到，一起事故的发生，既是由于人的不安全行为，也由于物的不安全状态。在实际生产过程中，只有少量的事故仅仅由人的不安全行为或物的不安全状态引起，绝大多数的事故是与二者同时相关的。

轨迹交叉论认为，在一个系统中，在人的不安全行为和物的不安全状态的形成过程中，一旦发生时间和空间运动轨迹交叉，使能量逆流于人体，伤害事故就会发生。轨迹交叉论把人、物两系列看成两条事件链，两链的交叉点就是发生事故的“时空”（图 1.5）。

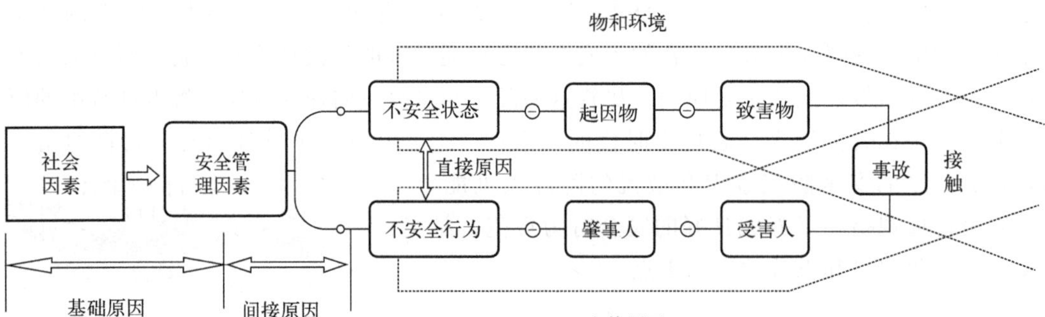

图 1.5　轨迹交叉理论模型

基础原因（社会因素）：遗传、经济、文化、教育培训、民族习惯、社会历史、法律等。

间接原因（安全管理因素）：生理和心理状态、知识技能情况、工作态度、规章制度、人际关系、领导水平等。

直接原因：人的不安全行为、物的不安全状态。

在多数情况下，由于安全管理不善，人员缺乏安全教育和训练，或者机械设备缺乏维护、检修以及安全装置不完善，导致了人的不安全行为或者物的不安全状态。后者因物引发致害物再与人的行动轨迹相交，则导致事故的发生。

轨迹交叉理论作为一种事故致因理论，可以从三个方面预防事故的发生。

① 控制人的不安全行为。人的不安全行为是由于教育培训不足等管理欠缺[12]。加强安全教育和技术训练，进行科学的安全管理，从生理、心理和操作技能上控制不安全行为的产生，就是切断了导致伤亡事故发生的人这方面的事件链。加强培训、教育，提高职工的安全素质，应包括三方面内容：文化素质、专业知识和技能、安全知识和技能。事故的发生与这三种素质密切相关。因此，安全管理除提高职工的安全素质以外，还应注重文化知识的提高、专业知识和技能的提高。

② 控制物的不安全状态。控制物的不安全状态最根本的解决办法是创造本质安全条件，使系统在人发生失误的情况下，也不会发生事故。加强设备管理，提高机械设备的可靠性，增设安全装置、保险装置和信号装置以及自控安全闭锁设施，就是控制设备的不安全状态，切断了设备方面的事件链。物质的安全放置、安全储运等亦是控制物的不安全状态的手段。

③ 防止人、物运动轨迹的时空交叉。按照轨迹交叉理论，防止人和物的运动轨迹交叉是避免事故发生的重要途径。例如，防止能量逸散、隔离、屏蔽、改变能量释放途径，脱离受害范围、保护受害者等防止能量转移的措施，同样是防止轨迹交叉的措施。

此外，还需防止时间交叉。例如，清洗容器内的有毒有害物质时，要合理规划时间，避免人员在该时段进入危险区域。冲压设备配备安全装置，也是为了在特定时间防止人员与设备的危险运动轨迹交会。同时，人和物都处于同一范围内时，也要采取防护措施，例如，危险设备的联锁装置，电气维修或电气作业中切断电源、挂牌、上锁等。

轨迹交叉理论强调人的因素和物的因素在事故致因中占有同样重要的地位。按照该理论，可以通过避免人与物两种因素运动轨迹交叉，来预防事故的发生。同时，该理论对于调查事故发生的原因，也是一种较好的工具。

1.2.4　系统安全理论

20 世纪末提出的“系统安全理论”，开始彻底思考如何通过改善“物的系统”可靠性来提高整体系统的安全性；而人的因素，则成了独立而前沿的课题。经过长时间的摸索，企业生产安全管理，从完全地控制“人”，彻底转向以人为本、优先控制“物”。

系统安全事故致因理论认为事故的发生是一种涌现现象，根源在于复杂的部件交互导致系统结构的突变，而涌现是层次结构的跃迁，因此可以说系统安全事故致因理论是一种动态的网状结构。

系统安全是指在系统寿命周期内应用系统安全管理及系统安全工程原理识别危险源并使其危险性减至最小，从而使系统在规定的性能、时间和成本范围内达到最佳的安全程度。系统安全的基本原则是在一个新系统的构思阶段就必须考虑其安全性的问题，制定并开始执行安全工作规划——系统安全活动，并且把系统安全活动贯穿于系统生命周期，直到系统报废为止。

系统安全理论包括很多区别于传统安全理论的创新概念。在事故致因理论方面，改变了人们只注重操作人员的不安全行为而忽略硬件的故障在事故致因中作用的传统观念，开始考虑如何通过改善物的系统的可靠性来提高复杂系统的安全性，从而避免事故。系统安全理论认为，没有任何一种事物是绝对安全的，任何事物中都潜伏着危险因素，通常所说的安全或危险只不过是一种主观的判断。能够造成事故的潜在危险因素称作危险源，来自某种危险源的造成人员伤害或物质损失的可能性称作危险。安全工作的目标就是控制危险源，努力把事故发生概率降到最低，万一发生事故，把伤害和损失控制在最低程度上。

系统安全中的人失误是指人作为一种系统元素，发挥功能时会发生失误，系统安全中的术语称之为人失误。里格比认为，人失误是人的行为的结果超出了系统的某种可接受的限度。换言之，人失误是指人在生产操作过程中实际实现的功能与被要求的功能之间的偏差，其结果是可能以某种形式给系统带来不良影响。人失误产生的原因包括两个方面：一是由于工作条件设计不当，即设定工作条件与人接受的限度不匹配引起人失误；二是由于人员的不恰当行为造成人失误。除了生产操作过程中的人失误之外，还要考虑设计失误、制造失误、维修失误以及运输保管失误等，因而较以往工业安全中的不安全行为，人失误对人的因素涉及的内容更广泛、更深入。

系统安全理论有多种事故致因理论模型，其中具有代表性系统理论是瑟利模型。

瑟利模型：是 1969 年由美国人瑟利提出的，是一个典型的根据人的认知过程分析事故致因的理论[13]。该模型把人、机和环境作为一个系统，把事故的发生过程分为危险出现和危险释放两个阶段。这两个阶段都包括一组类似的人的信息处理过程，即感觉、认识和行为响应三个环节。在危险出现阶段，如果人的信息处理的每个环节都正确，就可以消除或控制事故的发生；反之，操作人员就会直接陷入危险。在危险释放阶段，假设人的信息处理过程的各个环节都是正确的，尽管存在着已经显现出来的危险，但仍然可以避免危险释放出来，不会带来伤害或损害；反之，危险就会转化成伤害或损害。

为更好地分析高校实验室事故发生时人、物、环境和管理的状态，基于瑟利模型，结合高校实验室的实际情况和导致高校实验室事故发生的各种因素，阳富强等[14] 构建了专门针对高校实验室安全管理的瑟利模型（如图 1.6 所示）。该模型分为两部分，第一部分为事故发生因素，将人的不安全行为、物的不安全状态、环境的不安全状态和管理失误归为危险构成阶段，在第一部分中，无论是有关人所处状态还是有关物和环境所处状态，若所有提问的回答均为“是”，则高校实验室处于安全状态；若有一个回答为“否”，则高校实验室存在事故隐患。第二部分为事故处理及人员疏散，将事故隐患处理归为危险输出阶段，以更好地反映实验室事故的发生过程。在第二部分中，有关管理所处状态，若所有提问的回答均为“是”则实验室在解决存在的隐患之后，恢复安全状态；若有一个回答为“否”，则实验室会损坏并发生伤亡事故。只有每个阶段的信息处理都不发生失误，才能避免实验室事故的发生。

事故致因理论让我们认识了事故为什么会发生，是怎样发生的，以及如何防止事故发生。这些理论能够为事故原因的分析、事故的预测预防以及改进安全管理工作从理论上提供科学的依据。根据事故致因理论，可以得出如下事故发生的基本规律。

事故的发生是偶然的、随机的现象，然而又有其必然的统计规律。事故的发生是多层次的，不能把事故原因简单地归结为“违章”二字。事故致因是多种因素的组合，可以归结为

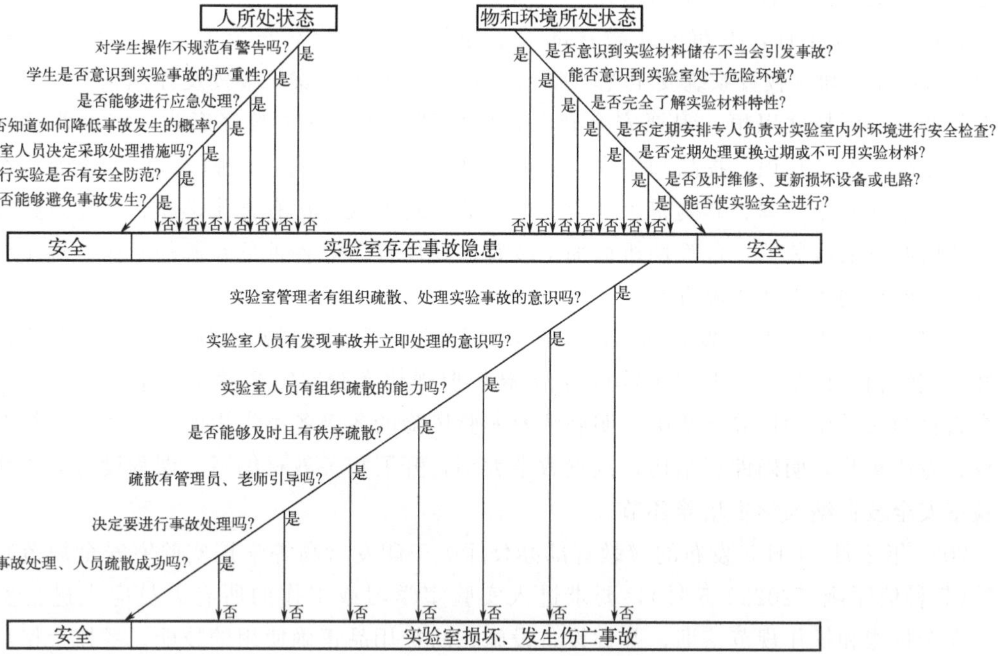

图 1.6　高校实验室安全管理瑟利模型[14]

人和物两大系列的运动。人和物的运动都是在一定环境中进行的，因此应该把人的不安全行为、物的不安全状态和环境三者结合起来分析。人、物、环境都必须受管理因素支配。人、物、环境等因素是造成事故的直接原因；管理是事故发生的本质原因。对人和物的控制，对环境的改善，归根结底都有赖于管理。因此，必须极大地关注管理的改进，大力推进安全管理的科学化、现代化。

预防事故应强化安全意识，对员工进行安全培训，防止不安全行为的发生；完善设备设施，定期检查设备设施，确保其安全可靠运行；优化生产环境，消除环境中的不安全因素，为学习、生产提供安全条件。

1.3　高校化学实验安全教育的必要性与重要意义

高校化学实验安全教育意义重大且极为必要，不仅关乎学生的个人安全与健康，还涉及教学秩序的稳定、科研工作的顺利开展以及校园环境的整体安全。以下详细阐述其必要性与重要意义。

(1) 实施化学实验安全教育是国家对高校实验室安全管理提出的基本要求

实验室安全关系到高校乃至整个社会的安全和稳定，国家对高校教学实验室安全工作做了全方位的规定，对高校实验室安全管理提出了基本要求。近年来，教育部办公厅多次发布文件，强调加强高校教学实验室安全工作，开展安全教育和培训，明确指出开展系统的安全宣传教育是做好教学实验室安全工作的重要基础。

2017 年 2 月 20 日，发布的《教育部办公厅关于加强高校教学实验室安全工作的通知》(教高厅〔2017〕2 号)，强调教学实验室应按照“全员、全程、全面”的要求，创新举措，推进实验室安全宣传教育，不断增强广大师生的安全意识和对安全风险的科学认知水平。

2019 年 6 月 4 日，发布的《教育部关于加强高校实验室安全工作的意见》（教技函〔2019〕36 号）和《教育系统安全专项整治三年行动实施方案》（教发厅函〔2020〕23 号）再次强调高校要持之以恒，狠抓安全教育宣传培训，创新宣传教育形式，宣讲普及安全常识，强化师生安全意识，提高师生安全技能，做到安全教育的“入脑入心”，达到“教育一个学生、带动一个家庭、影响整个社会”的目的。对涉及有毒有害化学品、动物及病原微生物、放射源及射线装置、危险性机械加工装置、高压容器等各种危险源的专业，逐步将安全教育有关课程纳入人才培养方案。

2021 年 12 月 10 日，发布的《教育部办公厅关于开展加强高校实验室安全专项行动的通知》（教科信厅函〔2021〕38 号），要求高校要强化实验室安全教育体系建设，把实验室安全教育纳入学生的培养环节中，明确涉及实验风险的各级各类学生的培养要求。针对不同学科、专业实验，明确课程结构，设置教学大纲，开展相关教材编写、课程设置等工作，把实验室安全教育纳入学生培养环节。

2023 年 2 月 14 日，发布的《教育部办公厅关于印发〈高等学校实验室安全规范〉的通知》（教科信厅函〔2023〕5 号），要求进入实验室学习或工作的所有人员应先进行安全知识、安全技能和操作规范培训，掌握设备设施、防护用品正确使用的技能，考核合格后方可进入实验室进行实验操作。涉及重要危险源的高校应设置有学分的实验室安全课程或将安全准入教育培训纳入培养环节。

《高等学校实验室安全检查项目表》（2023 年）的安全教育培训条目中明确规定，对于有重要危险源（见第 15 条目）的院系和专业，要开设有学分的安全教育必修课或将安全教育课程纳入必修环节，鼓励其他专业开设安全选修课（见第 24 条目）。

（2）实施化学实验安全教育是高校实验室面对严峻形势的迫切需要

实施化学实验安全教育是事故预防和控制的重要途径，安全知识和技能学习有助于减少、控制事故和危害。根据事故致因理论，要想避免或减少安全事故的发生，首先应控制人的不安全行为。如果把露出水面的冰山看作人的安全行为，那么水下冰山就代表人的安全意识和安全知识，只有储备了大量的安全知识并具有很强的安全意识，才能保证人的安全行为和物的安全状态。只有掌握了安全知识和防范技能以及突发事故应急处理方法，在事故发生时，才能正确有效处理和控制事故。部分人员进入化学实验室时缺乏安全意识，也忽视安全警告，常常不按规范操作，往往点滴的疏忽大意或随意的行为有可能会对自己和他人的人身安全和财产安全造成危害。因此，对进入化学实验室学习工作的人员进行安全教育和行为规范是极其必要的[15]。

高校化学实验室人员密集，危险源量大面广，特别是在新形势下，学科交叉成为新常态，实验室使用频率和共享、开放程度越来越高，科学研究中探索性实验越来越多，具有高风险的实验不断增加，实验室安全风险和管理难度不断增加，实验室管理面临的压力和挑战前所未有。实施实验室安全教育是实验室安全的基本保障，是增强广大师生安全意识、知识水平和安全素养最直接的办法，是高校实验室安全管理的第一环节，也是防止安全事故发生的最重要手段。

（3）实施化学实验安全教育也是素质教育发展的必然要求

素质教育要发展人的素质，在提升全面素质的基础上，在不同的历史阶段又有不同的侧重点。在 2018 年全国教育大会上，习近平总书记提出了“培养德智体美劳全面发展的社会主义建设者和接班人”的新要求，提出了德智体美劳“五育”并举的人才培养的新思想。在 2019 年学校思想政治理论课教师座谈会上，习近平总书记进一步提出“努力培养担当民族复兴大任的时代新人”的新任务。当今世界，创新是科技发展、国力竞争的根本。因此，21 世纪的素质教育着力提高学生服务国家、服务人民的社会责任感，以培养学生的创新精神和实践能力为重点，培养德智体美劳全面发展的社会主义建设者和接班人。

学校安全教育的最终目的是培养人，要想培养合格的社会主义建设者和接班人，较高的学习技能与综合素养是必备因素。通过系统、全面的实验室安全知识学习和教育，培养学生具有高度的社会责任感、良好的职业道德、家国情怀、科学和人文精神等综合素质。实验室安全教育能够培养学生的创新精神和实践能力，提升学生的创新素质，最终将学生培养成为一个符合时代精神、适应社会发展的人，为社会输送高质量的建设人才，这是素质教育发展的必然要求。

（4）实施化学实验安全教育是高校安全文化教育的重要组成部分

安全文化是高校文化的重要组成部分，高校教育承担着安全文化传承的职责。加强化学实验安全教育，贯彻“以人为本，安全第一，防患于未然”的方针理念，强化广大师生对实验室安全的重视程度，创建一个健康安全的实验环境，从而保障实验教学、科学研究能正常有序开展。实施高校化学实验安全教育工作，是每个高校实验建设中不可缺少的部分。

高校须牢固树立安全发展理念，建设和培育良好的校园安全文化氛围。实验室安全直接关系到学校的可持续发展和校园的和谐稳定。师生是安全行为的实践者，也是促进学校安全管理工作不断提升的监督者。实验室安全教育注重安全意识与安全能力的培养，使师生掌握丰富的安全常识与技能，本能地敬畏生命，自觉遵守安全制度。抓好实验室安全教育，对于加强高等院校的日常生活管理，维护学校的正常教学、科研及教学科研秩序，保障学生人身和财产安全，促进学生健康心理的形成，都具有十分重要的现实意义和战略意义。让学生在高校期间接受良好的安全文化教育，进入社会后将高校的先进文化进一步传播，也会影响身边的人，助力全社会形成安全文化生态的良性循环。

习题

一、单选题

1. 请从以下选项中判断哪一选项是海因里希法则观点（　　）。
   A. 如有安全隐患，事故必然发生
   B. 每一起重大伤亡事故发生前通常存在大量的安全隐患和不安全因素
   C. 事故发生是人为因素造成的
   D. 事故发生是环境因素造成的
2. 下面哪一选项不属于海因里希事故因果连锁理论（　　）。
   A. 消除人的不安全行为或物的不安全状态，即可防止事故的发生
   B. 伤亡事故的发生不是一个孤立的事件，而是一系列原因事件相继发生的结果
   C. 该理论也警示人们千万不要轻视任何微小的细节

D. 防止人和物的运动轨迹的交叉是避免事故发生的重要途径

3. 在海因里希“88：10：2”事故致因理论中，哪一项被认为是事故发生的直接原因？（　　）

A. 人的不安全行为　　B. 物的不安全状态

C. 管理上的缺陷　　D. 环境因素

4. 在轨迹交叉理论中，事故的发生是由于哪两个因素的相互作用？（　　）

A. 人的不安全行为与物的不安全状态　　B. 环境因素与管理因素

C. 技术因素与社会因素　　D. 经济因素与文化因素

5. 在系统安全理论中，认为事故是由于什么引起的？（　　）

A. 单一原因　　B. 多个因素相互作用

C. 人为错误　　D. 设备故障

二、多选题

1. 根据海因里希事故因果连锁理论，哪些因素可以中断事故链？（　　）

A. 改善工作条件　　B. 加强安全管理

C. 提高员工素质　　D. 增加设备投入

2. 轨迹交叉理论强调了哪些方面对于预防事故的重要性？（　　）

A. 提升管理水平　　B. 增强员工的安全意识

C. 加强设备维护　　D. 增加经济效益

3. 关于“瑟利模型”，说法正确的是（　　）。

A. 由美国人瑟利提出

B. 将人、机、环境作为一个系统

C. 将事故发生过程分为危险出现和危险释放两个阶段

D. 是一个典型的根据人的行为习惯分析事故致因的理论

4. 下列哪些是系统安全理论的基本观点？（　　）

A. 事故是系统中潜在危险因素的暴露

B. 安全是一种相对的状态

C. 事故是可以完全避免的

D. “危险因素”是指可能导致事故发生的各种因素，包括人员行为不当、设备故障、环境条件不利等

5. “轨迹交叉理论”将事故的发生发展过程描述为（　　）。

A. 基础原因　　B. 间接原因　　C. 直接原因　　D. 事故

三、判断对错（正确：√；错误：×）

1. 海因里希事故因果连锁理论将遗传和社会环境看作事故的根本原因，具有局限性。（　　）

2. “事故倾向”将问题100%归因于人的先天因素。（　　）

3. 轨迹交叉理论强调“人的因素”比“物的因素”重要。（　　）

4. 人、物、环境的因素是造成事故的直接原因。（　　）

四、简答题

1. 请举一个实验室事故案例，并使用事故致因理论分析事故产生的原因。

2. 请阐述实验室安全教育的意义，包括其对实验室工作人员安全、实验室学生安全以及实验室环境安全的重要性，并强调实验室安全教育在保障实验结果和人员安全方面的作用。

参考文献

[1] 田志刚，郭子萌，冯利利，等．高校实验室安全立体化管控对策研究及应用[J]．实验室研究与探索，2022，41(5)：305-311.

[2] 贺蕾，廖婵娟，卢丽丽，等．112 起高校实验室事故分析统计与防控对策研究[J]．中国公共安全(学术版)，2017(2)：49-53.

[3] 安宇，郭子萌，王彪，等．高校实验室事故致因分析与安全管理研究[J]．安全，2022，43(8)：34-39＋6.

[4] Bai M Q，Liu Y，Qi Meng，et al. Current status，challenges，and future directions of university laboratory safety in China[J]. Journal of Loss Prevention in the Process Industries，2022，74：104671.

[5] 李志红．100 起实验室安全事故统计分析及对策研究[J]．实验技术与管理，2014，31(4)：210-213＋216.

[6] 傅贵，殷文韬，董继业，等．行为安全“2-4”模型及其在煤矿安全管理中的应用[J]．煤炭学报，2013，38(7)：1123-1129.

[7] 傅贵，王秀明，李亚．事故致因“2-4”模型及其事故原因因素编码研究[J]．安全与环境学报，2017，17(3)：1003-1008.

[8] 许娜．系统论事故致因理论及其应用[J]．价值工程，2018，37(33)：208-209.

[9] 王瑛，汪送，管明露．复杂系统风险传递与控制[M]．北京：国防工业出版社，2015.

[10] Hosseinian S S，Torghabeh Z J. Major theories ofconstruction accident causation models：A literature review[J]. International Journal of Advances in Engineering & Technology，2012，4(2)：10554.

[11] 杜莉莉，郑前进，姜喜迪，等．基于海因里希事故致因理论的高校实验室安全管理[J]．实验技术与管理，2021，38(08)：257-260＋264.

[12] 周媛媛，李润求，陈卫剑．基于“2-4”模型的高校火灾原因分析——以 2000—2022 年 143 起高校火灾事故为样本[J]．科技创新与应用，2024，14(4)：97-101.

[13] 罗春红，谢贤平．事故致因理论的比较分析[J]．中国安全生产科学技术，2007(5)：111-115.

[14] 阳富强，李施怡，蔡剑英．基于瑟利模型的高校实验室安全管理[J]．化工高等教育，2023，40(5)：91-98.

[15] 闵鑫，李金洪，房明浩，等．新形势下强化高校实验室安全教育的重要性及其发展趋势[J]．科技创新导报，2017，14(13)：201-202.

第2章

化学实验室安全制度

实验室安全制度是管理者对实验安全态度与意志的体现，是以责任为核心，遵照相关法律、行政法规、部门规章、地方性法规、行业标准，结合学科特点制定的一系列行为规则，对特定行为进行约束和许可。安全制度使实验室安全管理有章可循、有据可依。

近 30 年来，国家建立和完善了与高校实践教学和科学研究安全相关的法律法规达 10 余类（见附录一），如《中华人民共和国安全生产法》、《中华人民共和国环境保护法》、《危险化学品安全管理条例》、《易制毒化学品管理条例》（国务院令第 445 号）等。法律法规是指导高校实验室安全运行和管理的纲领性文件，在高校人才培养过程中，应依法依规治理实验室安全，不断强化法律意识，培养具有法治观念的人才，这对于提升我国不同领域的安全水平具有重要的现实意义。

我国教育部、科学技术部等相关部门也陆续制定和颁布了一些规范和标准，涉及实验室安全管理、危险化学品、废弃物、钢瓶及消防等现行的规范和标准等（见附录一），如《高等学校消防安全管理规定》（教育部、公安部第 28 号令）、《高等学校实验室安全规范》（教科信厅函〔2023〕5 号）、JY/T 0616—2023《高等学校实验室消防安全管理规范》、GB/T 29639—2020《生产经营单位生产安全事故应急预案编制导则》等。

实验室安全管理制度的建立是实验室安全管理过程中的重要环节，为了保证实验室安全，必须建立和完善相应的安全管理制度。化学实验室应该按照国家相关规定和管理办法，结合各自实验室的特点，制定严格有效的安全管理制度和实施细则，切实落实各项管理制度。进入实验室的各级各类人员必须严格遵守实验室安全管理制度。实验室安全制度的内涵、建立依据及实验室人员安全守则等见“实验室安全制度”二维码。

实验室安全制度

2.1 化学实验室安全准入管理办法

为了安全有效地完成实验教学和科研工作，增强学生的实验安全意识，强化学生的实验纪律观念和法律意识，杜绝相应的安全隐患，确保师生人身安全和国家财产不受损害，保证各项工作的正常进行，实验室需制定安全准入管理办法，一般包括以下内容和要求。

① 学生在初次进入实验室之前，学院或实验中心应对其开展实验室安全认知教育。学生必须完成化学实验安全课程的学习或完成相关培训等，并参加相应的考试，考试合格，方可准许进入实验室。如考核没有通过，该本科生将被禁止参加相应的实验教学活动。

② 对于大型仪器设备和仪器设备操作复杂的专业实验室，学生须经过专门实验室培训，掌握相关设备的使用和安全要点、突发事件的处理和急救等知识，才有资格进入相关实验室进行实验和研究。

③ 学生参与实验室开放课题、教师的科研课题、创业创新项目、毕业论文等自主实验教学活动时，应在事前与实验指导教师研究好实验方案，做好事故预防工作，指导教师负责对拟开展的实验项目涉及的安全内容进行培训，并应要求实验指导教师全程陪同。

④ 学生必须遵守并执行实验室管理制度以及安全制度，严格在规定的时间、空间按规定的程序进行实验操作。学生必须在教师指定或授权的实验室进行实验，不经教师批准不得带未经授权人员进入实验室。

⑤ 实验教师在授课前必须接受安全教育培训，除了必备的安全知识，还应知晓应急处置预案和事故上报程序、化学安全法律法规，培训合格后，方可上岗。应对实验课程的每一个实验项目评估其风险，梳理出安全注意事项，在实验前重点讲授安全注意事项。

⑥ 实验室技术人员必须接受相关安全防护知识、实验室制度、安全操作规程等相关内容教育培训，了解工作的安全风险，在实际操作前做好安全准备工作。应熟悉岗位职责范围内有关的化学安全知识和相关技术，掌握意外事件和安全事故，特别是化学安全事故的应急处置原则、应急处置预案和事故上报程序。

⑦ 学院和实验室管理人员除了掌握安全知识和法律法规外，需定期参加全国高校实验室安全管理培训班、安全研讨会等。

⑧ 外单位人员进入实验室进行参观、学习等活动应由相关负责人批准，并需要遵守实验室相关的安全规章制度和准入制度，实验室负责人负责对其进行安全培训。

2.2　化学实验室安全总则

化学实验室人员应该遵守的安全总则一般包括以下内容和要求。

① 必须严格遵守国家及学校相关法律法规及规章制度。

② 了解实验室及化学楼的所有安全出口位置和消防通道位置。

③ 熟悉实验室洗眼器和急救箱位置并掌握其使用方法。

④ 了解灭火器和消防栓位置，熟悉它们的使用方法。

⑤ 熟悉本实验室安全信息牌位置及电话号码。

⑥ 熟知所使用的物品、设施和设备具有的潜在危险和应急方式，用前查阅化学品安全技术说明书（MSDS）了解化学品性质及安全防护措施，如不确定，请向实验室管理人或指导教师等相关人员询问。

⑦ 在实验室工作或学习须穿戴个人防护装备，如实验服、手套、化学防护眼镜，必要时佩戴面罩、防尘面具等。实验室不允许戴隐形眼镜。

⑧ 禁止穿着裸露皮肤的短裤、裙子或凉鞋等。

⑨ 长发应束起，衣服上的长链物品或首饰禁止带入实验室，以免缠绕或掉进设备里。

⑩ 严禁在实验室里吸烟、饮食、嚼口香糖、使用化妆品、清洗隐形眼镜和服药。

⑪ 在操作过程中，严格按操作规程正确使用安全设备，包括正确使用通风橱、电热鼓风干燥箱、冰箱、冰柜、加热设备或其他设备。在没有得到设备使用人允许的情况下，不得挪动或操作设备。

⑫ 实验室的冰箱和冰柜不得存放食品。

⑬ 不可用口或鼻直接尝、嗅化学试剂，不要用嘴吸吸管，实验室内任何物品不得入口。皮肤或眼睛沾上化学试剂时，应立即用大量水冲洗至少 15 min。

⑭ 在实验中严格按规范操作，实验人员不得随意离开正在运行的装置和正在操作的化学反应，进行危险实验时需至少 2 人同时在场。

⑮ 不准在实验室大声嬉闹、喧哗、会客、睡觉等。

⑯ 保持良好的卫生习惯，在实验室工作期间负责实验室的安全和卫生，保证实验室安全。

⑰ 一旦事故发生，立即向实验室负责人、指导教师或实验室主任汇报。

⑱ 离开实验室前脱下手套、实验服装等保护装置，把手洗干净，谨防衣服、门把手、门框等上面沾上污染物质。关闭一切电器开关，检查门、窗、水、电和气。

2.3　化学实验室安全守则

化学实验室安全守则通常包括以下内容和要求。

① 必须严格遵守国家及学校相关法律法规及规章制度。

② 实验室管理人负责实验室安全。

③ 要根据本实验室的特点制定出适合本实验室的安全管理制度，张贴在明显位置并严格执行。

④ 实验室执行安全准入制度，凡是进入实验室工作和学习的人员均须参加实验室安全知识培训，考核合格后方可进入实验室工作或学习。

⑤ 实验室门口或明显位置张贴安全信息牌，有危险性的场所、设施、设备、物品及技术操作等要有警示标识。

⑥ 实验室要有仪器设备使用的管理制度、操作规程及注意事项等，操作者要先经过培训并严格按要求进行操作和使用。

⑦ 要制定紧急事故处理的应急预案，一旦发生安全事故，立即根据情况启动事故应急处理预案，并采取有效的应急措施，同时向学院、学校主管部门和保卫处报告。

⑧ 实验室内所用仪器、试剂放置要合理、有序。

⑨ 实验室应通风良好、整洁卫生、地面干燥，及时清理废旧物品，保持消防通道通畅。

⑩ 实验室要加强防卫、防盗，非工作人员不得进入实验室，室内无人时随即关好门窗，不得长时间无人值守。

⑪ 实验室要加强防火、防爆，实验室备有灭火毯、灭火器。易燃易爆的化学药品要妥善分开保管，应按药品的性能，分别贮藏。易燃易爆试剂，须存放于阴凉通风处，不得直接放置于阳光下或接近热源。

⑫ 实验室要做好防水工作，实验室的上、下水道必须保持通畅，冬季做好水管的保暖和防控工作。

⑬ 实验室要做好防毒工作，有毒物质应妥善保管和贮藏，易制毒及危险化学品在入库前要验收登记，入库后要定期检查，严格落实“五双”制度。

⑭ 实验室要安全用电，实验室电闸由各室的管理人员控制，仪器设备不得开机过夜，如确有需要，必须采取必要的预防措施。特别要注意空调、电脑、饮水机等也不得开机过夜，保证人走断电，如确实需要开机，须有防护措施。实验室电路及用电设备要定期检查。

⑮ 实验室要建立试剂存货清单，每学期必须完成并更新化学物质存货清单。

⑯ 实验室产生的废弃物应分类存放，不得随意混合废弃物，及时按学校规定交由环保部门处理，不得随意排放或丢弃。

2.4 化学实验室学生实验守则

化学实验室学生实验守则通常包括以下内容和要求。

① 学生应严格遵守实验室的各项制度和操作规程。

② 学生实验前应认真做好预习和实验准备工作，明确实验目的、原理、方法和步骤，实验前查阅相关试剂的 MSDS，了解化学试剂的性质、安全注意事项及应急防护措施。实验前写好实验预习报告，预习不充分或没有预习报告不得参加实验。

③ 学生应遵守纪律，提前十分钟进入实验室进行课前准备，不得无故缺课。

④ 学生进入实验室应知晓实验室负责人及电话，熟悉实验室环境，了解消防设施、消防通道、警示标识、洗眼器和急救箱的位置并掌握其使用方法。

⑤ 学生进入实验室后必须穿实验服、戴化学防护眼镜等防护用品，不得穿裸露皮肤的衣服和鞋子进入实验室。长发应束扎，禁止佩戴长链物品或首饰。

⑥ 学生在实验室内要保持肃静、整洁，不准吸烟和饮食，不准高声喧哗和乱丢纸屑杂物，严禁在实验桌、橱、墙壁上涂写刻画和粘贴标签。

⑦ 学生在实验中严格按规范操作进行实验，实验仪器应摆放整齐，保持台面清洁，培养良好的实验习惯。对于不听从实验教师指导的学生，教师有权停止其实验。

⑧ 学生应按规定用量取用药品，注意节约。取药品时要小心，不要洒落在实验台上。药品自瓶中取出后，不能再放回原瓶中。称取药品后，应及时盖好瓶盖，放在指定地方的药品不得擅自拿走。学生取用药品要用药勺、镊子等工具，不能徒手取用，实验室内任何物品，不得带出实验室。更多实验室化学试剂规范操作和要求参见“实验室常用化学试剂的使用”二维码。

⑨ 学生在开启装有易挥发物（如氨水、硫酸、乙醇、乙醚、丙酮等）的试剂瓶时，尤其在夏天，不可将瓶口对着自己或他人脸部，以防开启时试剂喷出，造成伤害事故。使用时应远离火源，使用后把瓶塞盖严，放置于阴凉处。低沸点有机溶剂不能直接在酒精灯或电炉上加热，而应在水浴中加热。

实验室常用化学试剂的使用

⑩ 学生在使用浓酸、强碱及具有强烈腐蚀性的药品时应做好安全防护，以防灼伤。

⑪ 学生在实验中要爱护仪器，严格遵守仪器设备操作规程，不得随意动用与本实验无关

的仪器设备。凡因违章操作、不听教师指挥而造成事故、损坏仪器者，按有关规定赔偿损失。

⑫ 学生应注意安全，节约水、电、试剂等消耗材料，实验中若发生仪器故障或其他事故，应立即切断电源、水源等，停止操作，并报告指导教师，待查明原因或排除故障后，方可继续进行实验。在意外、危险或难以控制的事情发生时，立即与指导教师或实验室负责人联系。

⑬ 学生开展产生有毒气体的实验应在通风橱内进行，如制备和使用有毒、有刺激性、恶臭的气体以及加热或蒸发 HCl、HNO_3 和消化试样时应在通风橱内进行操作。有毒药品等不能随意排入下水道。

⑭ 学生应认真观察和分析现象，如实记录实验数据，独自分析实验结果，独立完成实验报告，不得拼凑数据和抄袭他人实验结果。实验数据必须经老师检查签字后方可结束实验。

⑮ 学生在实验完毕后应将自己所用仪器洗净并整齐摆放在实验柜内，并将实验台和试剂架擦净，将公用仪器、工具等整理好放回原位，在仪器使用记录本上签字，请指导教师检查签字后，方可离开实验室。

⑯ 实验结束后，值日生负责打扫和整理实验室，关闭水、电、门、窗，经教师检查合格后，值日生方可离开实验室。

习题

一、单选题

1. 以下选项中错误的是（　　）。

A. 在实验室工作或学习须穿戴个人防护装备，如实验服、手套、化学防护眼镜，必要时佩戴面罩，防尘面具等

B. 实验室允许戴隐形眼镜

C. 禁止穿戴裸露皮肤的短裤、裙子或凉鞋等

D. 进入实验室长发应束起，禁止佩戴长链物品或首饰

E. 严禁在实验室里吸烟、饮食、嚼口香糖、使用化妆品、清洗隐形眼镜和服药

2. 以下选项中错误的是（　　）。

A. 实验室的冰箱和冰柜不得存放食品

B. 实验室内任何物品不得入口

C. 皮肤或眼睛溅上化学试剂时，应立即用大量水冲洗至少 15 min

D. 在实验中严格按规范操作，进行危险实验时可以 1 人在场

3. 下列哪个不是学生进入实验室后的必备防护装备？（　　）

A. 实验服　　B. 化学防护眼镜

C. 运动鞋　　D. 手套

二、多选题

1. 实验室安全制度的制定要遵照相关法律、行政法规、（　　）。

A. 部门规章　　B. 地方性法规　　C. 企业规章　　D. 行业标准

2. 在我国，与高校实践教学和科学研究安全相关的法律有（　　）。

A.《中华人民共和国环境保护法》　B.《中华人民共和国消防法》

C.《中华人民共和国劳动法》　D.《中华人民共和国特种设备安全法》

E.《中华人民共和国安全生产法》

3. 实验人员进入实验室应（　　）。

A. 了解实验室及化学楼的所有安全出口位置和消防通道位置

B. 熟悉实验室洗眼器和急救箱位置并掌握其使用方法

C. 了解灭火器和消防栓位置，熟悉它们的使用方法

D. 熟悉本实验室安全信息牌的位置及电话号码

E. 熟知所使用的物品、设施和设备具有的潜在危险

4. 学生实验前应认真做好预习和实验准备工作，包括（　　）。

A. 明确实验目的、原理、方法和步骤

B. 了解实验所用仪器操作和安全注意事项

C. 实验前查阅相关试剂的 MSDS，了解化学试剂的性质、安全注意事项及应急防护措施

D. 实验前写好实验预习报告

5. 下列哪些行为是违反实验室规定的？（　　）

A. 实验前认真预习　B. 实验中大声喧哗

C. 实验中随意动用与实验无关的仪器设备　D. 实验后整理好实验器材

三、判断题（正确：√；错误：×）

1. 化学实验室应该遵循国家相关法律法规和管理办法，必须建立和完善相应的安全管理制度。（　　）

2. 在没有得到设备使用人允许的情况下，挪动或操作设备。（　　）

3. 离开实验室前脱下手套、实验服装等防护装备，离开实验室前把手洗干净。（　　）

4. 小明同学在实验室招待朋友，夜间在实验室睡觉。（　　）

5. 学生在初次进入化学实验室之前，必须接受实验室安全认知教育。必须完成化学实验安全课程的学习或完成相关培训等，并参加相应的考试，考试合格，方可进入实验室。（　　）

6. 对于高年级学生，进入新的环境、接触到新的大型仪器设备或新的课程，不必再进行安全培训。（　　）

7. 有危险性的场所、设施、设备、物品及技术操作等要有警示标识。（　　）

8. 仪器设备不得开机过夜，但空调、电脑、饮水机等可以开机过夜。（　　）

9. 为节约药品，药品自瓶中取出后，可再放回原瓶中。称取药品后，应及时盖好瓶盖。（　　）

10. 小明同学将装有酒精的烧杯放在电炉上加热。（　　）

11. 小明同学没有带药勺、镊子等工具，徒手取出一块苯酚固体。（　　）

四、简答题

1. 在实验室中，要想成为大家认可和受欢迎的安全人员，应该怎样做呢？

2. 在实验室中，为了保障自身和他人安全、提高工作效率以及维护实验室的安全，实验人员应当遵守哪些实验室安全制度和守则？

第3章

化学实验室基础设施、安全设施和设备、个体防护装备

在2015～2020年间，教育部对高校实验室进行了安全现场检查，统计数据显示，排名前五的隐患类别如下：化学安全问题占比高达35%，安全设施缺陷占12%，实验场所安全问题占11%，规章制度及安全检查流程不足各占11%，责任体系不健全占9%，水电安全和个人防护问题占8%。这些数据揭示了高校实验室在基础设施建设、安全防护措施以及个人防护等方面存在诸多不足。

实验室基础设施建设涵盖总体规划、空间合理布局、稳定供电、高效给水排水系统、良好通风以及环保措施等多个维度，这些都是确保实验室安全、环保、高效运行不可或缺的基石，是实验室人员的第一道防线[1]。个体防护装备是实验室工作人员在实验过程中保护自身安全的重要手段，涉及实验服、防护眼镜、面罩、口罩及手套等防护装备，是第2道防线。同时，安全设施与设备是实验室安全工作的重要保障，包括防火、防爆、防盗设施及危险防护设备等，是实验室人员的最后防线。本章将重点探讨化学实验室基础设施建设、安全设施与设备、个体防护装备等内容。

3.1 化学实验室基础设施

高校化学实验室因其特殊性质对实验室的建设要求较高，实验室建设需要综合考虑实验室总体规划、工艺流程、合理布局、供电、给水、排水、通风、供气、环境保护等基础设施和基本条件。

实验室布局需要进行合理规划的同时，必须满足行业标准和规范要求。在化学类实验室设计和装修中，现行可参照标准主要有JGJ 91—2019《科研建筑设计标准》、GB 50015—2019《建筑给水排水设计标准》、GB 50016—2014《建筑设计防火规范》，以及HG/T 20711—2019《化工实验室化验室供暖通风与空气调节设计规范》等[2]。

3.1.1 实验场所环境空间布局

实验场所的规划应做到布局合理、功能分区明确、安全健康，既方便联系又互不干扰。

在建筑面积允许的前提下，为今后发展留有扩容余地。各类公用设施管网的布置，应综合考虑实验室室内需求及室外设计，做到安全可靠、方便使用和维护，并能满足未来实验室内各项负荷增加后的需求。

① 实验场所的实验区与非实验区分离的布局。在条件允许的情况下，应当将实验区与非实验区分开，使实验区域中可能产生的有毒有害物质控制在比较小的范围内[3]。

② 实验场所的垂直布局。实验区域规划时，垂直布局应遵循便于废气的处理排放与稀释，有利于工程管网设置，以及各类功能区相对独立集中布置的原则。具体来说，为了达到良好的通风效果，可将有机实验室、合成实验室放置在通风效果好的顶层，对于通风要求相对较低的分析实验室则可以放在较低楼层。

③ 特殊要求的实验室布局。大型仪器设备对环境有特殊要求，需要进行屏蔽、抗静电、防振、接地等特殊的设计，从承重、防振动干扰等因素考虑，大型仪器应放置在首层（或地下层）；特别危险的实验室如加氢实验室、高压实验室，应设置在底层靠外墙部位或楼外独立的平房内，并设立泄爆口；有超高设备或有巨大噪声设备的实验室（如化工实验室），需要独立的、相对隔离的区域，必要时进行隔音处理；化学实验进行中会需要一些小型设备比如红外、紫外、电化学测定仪等，这些小型设备如果放在实验室很容易被腐蚀性气体侵蚀，因此在靠近实验区域的附近还需要规划一些小型的仪器室。

④ 实验场所的安全空间布局。实验楼至少应设两个对外出入通道，超过 200 m^2 的实验楼层具有至少两处紧急出口，75 m^2 以上的实验室要有两个出入口；实验楼大走廊保证留有大于 1.5 m 净宽的消防通道，单面布房最小净宽不小于 1.3 m，单走道双面布房最小净宽不低于 1.6 m，走廊地面有高度差不足两步台阶时，应设坡道，便于各类仪器设备等搬运。实验室消防通道通畅，公共场所不堆放仪器和物品。

3.1.2 实验室空间布局

① 开间和进深。实验室的空间布局，尤其是开间和进深的设定，需要精心设计。实验室标准开间由实验台宽度、间距及实验台的布置方式决定。如果开间和进深过大，虽然使用面积增加，但利用率可能降低，建筑成本也会上升。如果开间和进深过小，通道将会变得狭窄，操作空间拥挤，这将对实验环境的安全性构成威胁。因此，实验室的开间、进深一般应不小于 6.6 m，无通风柜时进深不低于 5.7 m。实验室内多人同时进行实验时，人均操作面积不小于 2.5 m^2。

② 建筑层高。由于化学实验需要排布较多的管线，占用大量的顶部空间，因此建筑层高为 4.5 m，净高为 2.7～2.4 m，走廊净高不低于 2.2 m，实验室操作区层高不低于 2 m。实验室可以不设吊顶，特别是有可燃气体的实验室不设吊顶。布设吊顶时，管材的选择和施工要求都比较高。

③ 房间门。宽度为 1.2 m 的子母门（便于设备的进出），高度均不应小于 2.1 m。有特殊要求的房间门尺寸应按具体情况而定。门上必须留有观察窗，便于安全巡视观察。化学实验室的门一般为外开式，与逃生疏散方向一致。同时，由于通风设备使室内呈负压，外开式门有利于门的闭合，不阻挡逃生路径。

④ 实验台。常见的实验台有岛式或半岛式中央实验台、边实验台。边实验台不宜贴靠有窗外墙布置，岛式或半岛式中央实验台不宜与外窗平行布置，必须与外窗平行布置时，其

与外墙净距不小于 1.3 m。实验台应选用合格的防火、耐腐蚀材料。

⑤ 仪器设备。仪器设备安装应符合建筑物承重载荷。靠两侧墙布置的边实验台之间的净距不应小于 1.5 m，当改为靠一侧墙布置排毒柜或实验仪器设备时，其与另一侧实验台之间的净距不应小于 1.8 m。由一个标准单元组成的实验室，靠两侧墙布置的边实验台与房间中间布置的岛式或半岛式中央实验台之间的净距不低于 1.5 m，布置排毒柜或实验室仪器设备时，其与实验台之间的净距不小于 1.8 m，实验台的端部与走道墙之间的净距不宜小于 1.2 m[4]。

实验设备需做好振动减振、电磁屏蔽和噪声降噪：容易产生振动的设备，需考虑建立合理的减振措施；易对外产生磁场或易受磁场干扰的设备，需做好电磁屏蔽；实验室噪声一般不高于 55 dB（机械设备不高于 70 dB）。

3.1.3 实验室系统

3.1.3.1 通风系统

化学实验室通风系统是保障实验室环境安全的重要设施，可最大限度减少实验人员暴露在危险空气中的危害。根据实验室实际情况可采用全面通风、局部通风等形式。通风系统一般由通风柜、通风管道、风机、控制系统、新风系统等组成。

① 通风柜。通风柜（又称通风橱）是实验操作的场所，通过风机将柜体内的有害气体吸入通风管道，从而防止有毒有害气体扩散到实验室内。任何可能产生高浓度有害气体而导致个人暴露或产生可燃、可爆炸气体或蒸气而导致积聚的实验，都应在通风柜内进行，否则，不仅会危及自身安全，还可能对他人造成伤害。

通风柜须配置合理、使用正常、操作合规。实验室排出的有害物质浓度超过国家现行标准规定的允许排放标准时，应采取净化措施，做到达标排放。通风柜的玻璃视窗材料应是钢化玻璃。使用前应检查电源、给排水、气体等开关及管路是否正常，视光源及柜体是否正常，抽风机运转是否正常，抽风系统是否正常工作。

操作时注意以下方面。

a. 进行实验时，通风柜可调玻璃视窗开至离台面 10～15 cm，保持通风，并保护操作人员胸部以上部位。进行实验时，避免将头伸入通风柜内。实验人员在通风柜中进行实验时，不可将一次性手套或较轻的塑料袋等留在通风柜内，以免堵塞排风口。

b. 通风柜在使用时，每 2 h 补风 10 min，使用时间超过 5 h 后开窗通风，避免室内出现负压。

c. 通风柜内放置物品应距离调节门内侧 15 cm 以上，以免掉落；也不要把物品放在靠近通风柜后面隔板的齿缝开度处。

d. 通风柜内及下方的柜子禁止长期堆放过多试验器材或化学物质，禁止通风柜内存放易燃易爆品、插线板、电线以及仪器设备。

e. 普通化学实验室通风柜禁止做生物相关实验，也不能做国家禁止排放的有机化合物和高氯化合物混合的实验。例如，在通风柜操作氯酸，氯酸可能把爆炸性残留物留在通风柜里、排放系统或风扇上，氯酸和有机化合物混合可能形成爆炸性物质。因此，在通风柜里使用氯酸前，要仔细计算氯酸的量。

f. 关机前继续运转几分钟，确保有毒气体和残留气体全部排出。停止使用时，关闭各项开关，彻底清理工作台。清洁并关闭玻璃视窗，移动动作要轻缓。

g. 定期对通风柜进行维护保养。检查各项功能是否正常，通风柜内水槽、排气槽是否堵塞，玻璃视窗活动挡板是否可正常滑动，定期检查通风柜的抽风能力，保持其通风效果。

通风柜

通风柜正确使用及注意事项见“通风柜”二维码。

除了通风柜，实验室常用排风设备还有原子吸收罩、万向排气罩等。原子吸收罩最早是运用于原子吸收光谱仪的排风装置，每小时的排风量为 500 m^3 左右，主要适用于各类大型精密仪器，要求定位安装，具有设定的通风性能参数，也是整体实验室规划中必须考虑的因素之一。一般选用不锈钢材质，在较高抽气量时不变形，同时能耐高温。原子吸收罩的实验室一般采用自然补风。万向排气罩是化学实验中的得力助手，特别适用于简单化学实验和排气需求不大的仪器。它能迅速排除实验过程中产生的粉尘、热气、挥发性气体及有害气体等，保持实验环境的清新。由于其排气量和排气面积相对较小，每小时排风量约 200 m^3，因此它特别适合于小范围内的排气需求[5]。万向排气罩操作灵活，可 360°旋转调节方向，满足各种实验角度的需求。它通常选用高密度 PP 材料和耐老化的高密度橡胶密封圈，既耐用又易于拆卸、重组和清洗。此外，由于排风量较小，万向排气罩一般采用自然补风方式，有效平衡实验室内的风量和气压，确保实验环境的稳定与安全。

② 通风管道。由于化学实验室的防火等级较高，常采用不燃的无机玻璃钢作为风管材料，但此材料的手工制作工艺导致产品质量极不稳定，且法兰接头处不易密合，容易出现漏风现象。在消防允许的情况下建议使用具有阻燃性的 PP 材料或硬聚乙烯材料。

③ 风机。风机是通风系统的动力中心，由于化学实验室的空气中含有腐蚀性的气体，因此需采用耐腐蚀的玻璃钢材质，风机型号根据风量和风压来选择。玻璃钢离心风机放置在屋顶，通过风管进行抽风，排放废气到屋顶。变频风机可以随着通风柜使用的数量多少自动调整风机转速从而降低能耗。在实验中需要使用易燃易爆、可燃试剂时，必须设置相应的防爆风机。

④ 控制系统。由于化学实验室的通风柜数量较多，为了使通风柜满足变风量、面风速恒定的要求，并达到节能的目的，可采用变频、变风量通风控制系统（VAV 控制系统）。其工作原理为：多个通风柜共用一台风机，减少风管的数量；采用变频控制技术，根据通风柜的使用量、通风主管道压力变化自动调节风机的转速，从而达到节能的目的。为了确保通风柜中的有害气体全部排出，防止逸散，通风柜口面风速需恒定，一般以 0.35～0.75 m/s 为宜，要定期进行维护、检修。

⑤ 新风系统。对于通风柜较多的实验室，应合理补充新风以避免出现室内负压过大、门窗开启困难的问题。新风系统气流组织需合理，并保持实验室内气压平衡。需要配置空气净化装置，保障室内空气的洁净度。

3.1.3.2　空调系统

化学实验室对温湿度、压强、洁净度等参数有严格的要求，各个实验室均有其独特需求，而不同实验室之间的气流需避免交叉感染，实验区的气流也严禁流向办公区。因此，在设计实验室空调系统时，除了满足实验室温湿度等控制需求外，还需重视系统的可靠性和富余量。在选购和安装实验室空调系统时，应充分考虑实验室的特点，并综合分析各种因素进行选购和安装。

3.1.3.3 给排水系统

化学实验室的给水系统设计需充分保障水压、水质和用水量的需求。化学实验室须配备紧急喷淋、紧急洗眼器等设备，这些设备均要求有足够的水流和水压。部分实验仪器的循环冷却水在满足各类仪器水质要求的前提下可实现循环使用。

化学实验室的排水系统务必与生活污水及废水排水系统分离，以确保环境和饮用水源的安全。同时，实验室废液需统一收集处理。在实际设计、施工过程中，应关注排水管材料的选择，并充分考虑其耐腐蚀性、阻燃性、连接密封性等指标。

给水、排水系统布置要合理，并能正常运行。对于用水较多的化学实验室，跑水的事故常有发生，因此需重视地漏的设计，保证水槽、地漏及下水道畅通，水龙头、上下水管无破损，各类连接管无老化破损（特别是冷却冷凝系统的橡胶管接口处）。各楼层及实验室的各级水管总阀需有明显的标识。

3.1.3.4 供电系统

化学实验室用电主要包括照明电和动力电两大部分，照明电应单独设闸，照明度应满足实验操作需求，有防爆要求的实验室须按照防爆设计规定，安装防爆开关、防爆灯等。实验室内的动力电主要用于驱动部分大型仪器设备，因此电源功率应根据用电总负荷进行设计，用电量的配置需要有前瞻性，必须预留足够大的余量以备将来的发展所需。实验室用电安全应符合国家标准（导则）及相关行业标准，具体要求如下。

① 实验室需设三相交流电和单相交流电，并设置足够数量的电源插座，插座须有效固定，且需要加装漏电保护装置。

② 实验室电容量、插头插座与用电设备功率需匹配，不得私自改装。

③ 不私自乱拉乱接电线电缆，禁止多个接线板串接供电，接线板不宜直接置于地面。

④ 禁止使用老化的线缆、花线、木质配电板、有破损的接线板，电线接头绝缘可靠，无裸露连接线，穿越通道的线缆应有盖板或护套，禁止使用旧国标接线板。

⑤ 电气设备应配备空气开关和漏电保护器。

⑥ 大功率仪器设备（包括空调等）需单独线路，使用专用插座（不可使用接线板），需要稳压或不间断供电的大型仪器、机房需配备稳压电源或UPS不间断电源。

⑦ 配电箱前不应有物品遮挡并便于操作，周围不应放置烘箱、电炉、易燃易爆气瓶、废液桶等。配电箱的金属箱体应与箱内保护零线或保护地线可靠连接。

3.1.3.5 供气系统

实验室供气系统主要分为分散供气和集中供气两大类。当前，部分实验室采用气体钢瓶作为气源，将其放置在各个仪器分析室，这便是分散供气。然而，这种方式存在一定的安全隐患，如气瓶与实验仪器设备共置于一个房间，且接近实验人员，有的气瓶甚至未使用防爆柜。

集中供气将各类气体钢瓶集中放置在实验室以外的独立气瓶间，实现统一管理。各类气体通过管道从气瓶间输送至各个实验室的实验仪器上，满足不同实验仪器的用气需求。集中供气系统实现了气源的集中管理，将气瓶远离实验室，大大提高了实验人员的安全性。在建设集中供气系统时，需全面考虑气体管路走向、管材选择、施工等多方面因素。此外，这类供气系统的安全技术措施尤为重要，如阻火器的设置、气体管道标识、气体监测报警、气瓶安全防护等。

实验室的水、电、气管线应布局合理，安装施工规范。为便于改造和维修，排布走向应清楚（或者进行明排，即不埋设在墙体或地面内）；水电总管尽量少穿楼板，同层的问题在当层解决；输气管道及阀门无漏气现象，并有明确标识。供气管道有名称和气体流向标识，无破损；高温、明火设备放置位置与供气管道保持安全间隔距离。不用的配电箱、插座、水管水龙头、网线、气体管路等应及时拆除或封闭。

3.1.3.6　环保系统

在化学实验室进行实验时，大量化学药品的使用以及实验过程中因化学反应产生的废气、废液等，都会对环境造成污染。针对污染物排放量大、超标严重的实验室，需安装符合环境保护标准的污染治理设施，确保排放达标。为降低实验室对环境的污染，应将实验室环保系统纳入设计与建设中，使其成为实验室不可或缺的一部分，既有助于防治环境污染问题，也有利于提高实验室的整体环保性能。

3.2　安全设施和设备

化学实验室的安全设施和设备是保障实验教学和科研工作顺利进行的关键要素。全面了解和掌握实验室安全设施和设备的种类和功能，强化防护设施的配置与维护，对预防安全事故发生具有重大意义。根据实验室风险等级、实验内容和要求合理配置防护设施，并确保安全设施及设备布局合理。

化学实验室的安全设施涵盖消防设施、应急设施、信息化设施、危险防护设施和设备以及安全警示标识等，不同设施的介绍侧重点不同。

消防设施：详细介绍可参见后续章节。

应急设施：详细阐述应急喷淋和洗眼设备的种类、技术要求和安全使用等内容。

信息化设施：涉及门禁监控和环境监测设施，如空气质量监测器、温湿度计等。

危险防护设施和设备：详述危险防护设备（如危险化学品储存柜）的安全措施。

安全警示标识：介绍三类防护系统。

3.2.1 消防设施

实验室防火设计必须符合国家现行的建筑设计防火规范。实验室所在楼或楼层必须通过严格的安全评估，以确保其符合使用标准。消防给水及消火栓系统的配备应严格按照要求进行，实验室所在建筑的防烟排烟系统亦应符合要求。此外，实验室所在楼或楼层的消防应急照明、疏散指示系统以及消防安全标识均应合规。

为确保实验室的消防安全，应配备充足的消防设施，如烟感报警器、灭火器、灭火毯、消防砂、消防喷淋等合适的灭火设备。灭火器种类配置正确，应正常有效、方便取用，并定期开展使用训练。除配置必备的消防器材外，还须安装相应的可燃气体浓度监测报警装置。

实验室的消防指示信息应完备。在显著位置张贴紧急逃生疏散路线图，疏散路线图中的逃生路线应有二条（含）以上，路线与现场情况符合；主要逃生路径（室内、楼梯、通道和出口处）有足够的紧急照明灯，功能正常，并设置有效标识指示逃生方向。实验室公共区域的消防设施应有明显标识，以便在紧急情况下迅速找到。

3.2.2 应急设施

应急设施是指在突发事件（如火灾、爆炸等）发生时，为抢救人员生命、减少财产损失、保障民生所需而设置的临时性、永久性设施。应急设施是应对突发事件的关键基础设施。应急防护是在突发事件或紧急情况下采取的一系列措施，是减轻事故伤害、保障生命安全的重要手段，掌握应急防护措施和方法，共同守护生命安全的最后一道防线。

3.2.2.1 应急喷淋和洗眼设备

应急喷淋和洗眼设备主要用于在实验室发生化学品泄漏、溅洒等意外事故时，为实验人员提供紧急冲洗设施。应急喷淋和洗眼设备可以迅速冲洗受污染的眼睛或皮肤，避免化学物质的进一步伤害，或将伤害程度降到最低。《中华人民共和国职业病防治法》第二十五条规定，对可能发生急性职业损伤的有毒、有害工作场所，用人单位应当设置报警装置，配置现场急救用品、冲洗设备、应急撤离通道和必要的泄险区。因此，每个化学实验室都应配有洗眼器，在实验室内部或合适位置安装应急喷淋器。

（1）应急喷淋和洗眼设备的结构及技术要求

按照 GB/T 38144.1—2019《眼面部防护 应急喷淋和洗眼设备 第 1 部分：技术要求》将应急喷淋和洗眼设备分为：应急喷淋器、洗眼器、洗眼/洗脸器、复合式装置以及个人冲洗装置。下面分别介绍。

① 应急喷淋器。应急喷淋器是紧急情况下进行全身冲淋的设备，主要组成结构包括控制阀、喷淋头、阀门驱动装置，见图 3.1[6]。

应急喷淋器的一般技术要求：应以至少 76 L/min 的流量提供冲洗液，保持连续冲洗至少 15 min；喷头喷水的高度应在 2080～2440 mm 之间，该距离从使用者站立的平面计算；在距离使用者站立平面 1520 mm 的地方，喷淋范围直径最小应为 510 mm，冲洗液分散形式应始终保持一致并充分散开。喷淋范围的中心距离任何障碍物的最小距离应为 410 mm；阀门驱动装置到使用者站立平面的高度不应超过 1730 mm[6]。

② 洗眼设备

a. 洗眼器。洗眼器是用于冲洗眼部的设备，是安全和劳动保护的必备设施。在接触酸、碱、有机物等有毒、有腐蚀性物质的场合，洗眼器是不可或缺的防护设施，为工作人员提供切实的保障。洗眼器的主要组成结构包括冲洗液输送管道、喷头、控制阀、阀门驱动装置。

洗眼器的一般技术要求：应确保冲洗液能保持以低流速来冲洗双眼，不会对眼睛造成伤害。喷头应位于距离使用者站立的水平面至少 838 mm 的高度上，但不得超过 1143 mm，且距离墙壁或最近的障碍物至少 153 mm。应以至少 1.5 L/min 的流量提供冲洗液，保持洗眼至少 15 min。在冲洗眼睛时应有充足的空间供使用者用手在冲洗液流中撑开眼皮。

b. 洗眼/洗脸器。用来同时冲洗眼部和脸部的设备，其主要组成结构包括控制阀、洗眼盆、洗眼喷头、阀门驱动装置，见图 3.2。技术要求：应以至少 11.4 L/min 的流量提供冲洗液，保持冲洗至少 15 min。其他同洗眼器技术要求。

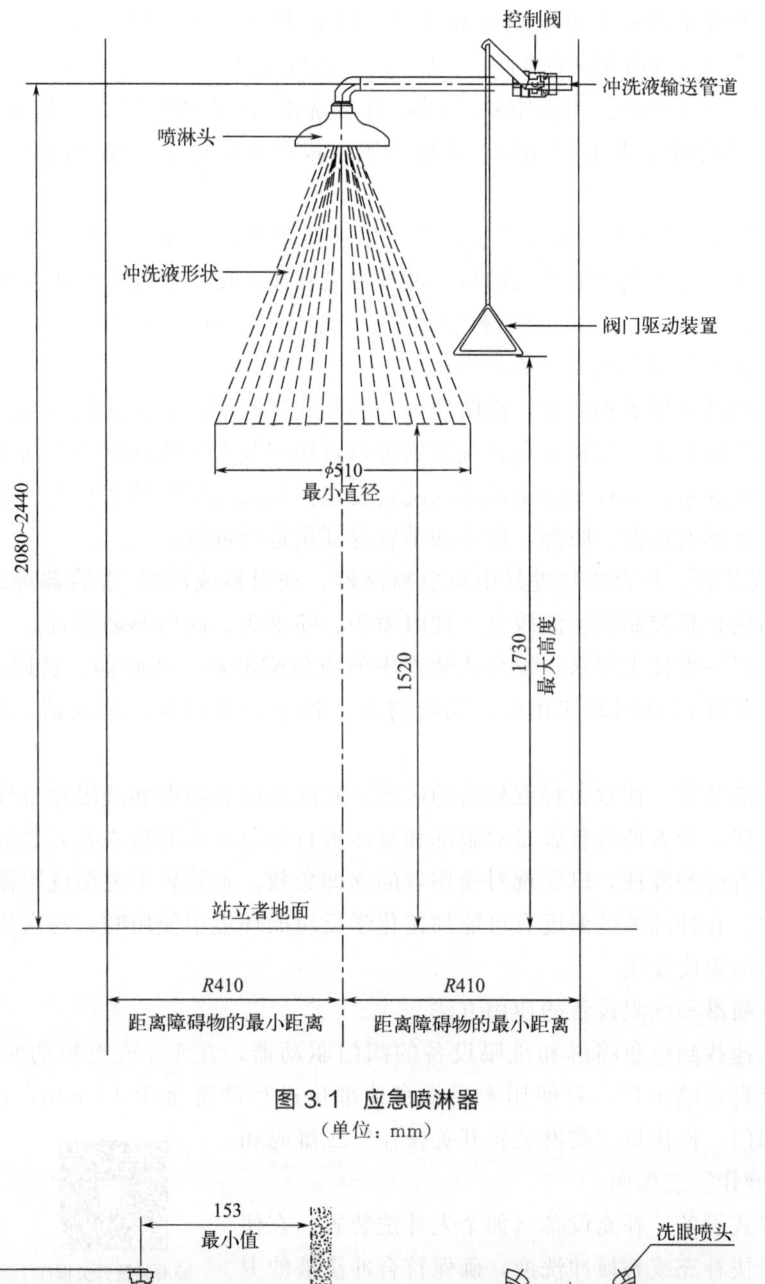

图 3.1　应急喷淋器

（单位：mm）

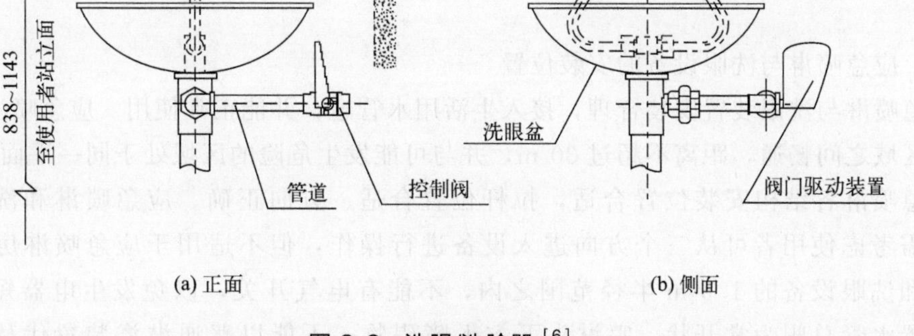

(a) 正面　　(b) 侧面

图 3.2　洗眼/洗脸器 [6]

（单位：mm）

洗眼器标准规定的喷头出水高度和流量：洗眼器只具备洗眼功能时，在洗眼器启动后，冲洗液应在 1 s或者更短时间内自动喷出，持续使用时间不得少于 15 min，且冲洗液流量应至少为 1.5 L/min。当洗眼喷头同时具备洗眼/洗脸功能时，洗眼液流量应至少为 11.4 L/min，并持续不少于 15 min。洗眼装置水量和水压适中（喷出高度 8～10 cm），水流畅通平稳。

c. 自容式洗眼/洗脸器。自容式指设备不用连接水源，自身可以盛装冲洗液，可以独立使用的一种形式。自容式洗眼器启动后，冲洗液应在 1 s 或者更短的时间内自动喷出。持续使用时间不得少于 15 min，且冲洗液流量应至少为 1.5 L/min。自容式洗眼器储存的冲洗液应受保护，不被大气或其他物质所污染。

根据不同的使用场景和需求，洗眼器可分为立式洗眼器、壁挂式洗眼器、便携式洗眼器和实验室台式洗眼器等。实验室台式洗眼器可以直接安装在工作现场的台面上，该洗眼器主要适用于工厂实验室、学校实验室或者医院实验室。台式洗眼器的救护半径范围为 5 m，只有洗眼系统，能够对面部、眼部、脖子和手臂等部位进行冲洗。

③ 复合式装置。复合式装置是由应急喷淋器、洗眼器或洗眼/洗脸器等组合成的装置。其主要组成结构包括控制阀、洗眼盆、洗眼喷头、喷淋头、阀门驱动装置。

复合式装置一般技术要求：复合式装置中的应急喷淋器、洗眼器、洗眼/洗脸器应能同时使用，在单独使用或同时使用时，均应符合上述应急喷淋器、洗眼器、洗眼/洗脸器的规定。

④个人冲洗装置。在危害程度较高的区域，除配备应急喷淋和洗眼设备外，建议适当配备个人冲洗装置。个人冲洗装置是对眼部和身体进行紧急冲洗的独立补充装置，应能立即提供不伤害使用者的冲洗液，以实现对使用者的立即急救。本装置不遵循洗眼器或自容式洗眼器的技术要求。在冲洗液的温度有可能加速化学反应的环境中使用时，每次均按装置上的说明选择最合适的温度使用。

（2）应急喷淋和洗眼设备的使用方法

使用者迅速找到应急喷淋和洗眼设备的阀门驱动器，在 1 s 或更短的时间内将阀门打开，待冲洗液自动喷出后，对使用者受损身体部位进行冲洗至少 15 min，在使用结束后，宜尽快关闭阀门。操作见“喷淋装置开关操作”二维码和“洗眼器开关操作”二维码。

对于自容式设备、补充设备（如个人冲洗装置）在使用完毕后宜尽快补充或替换冲洗液，确保符合冲洗液的卫生要求。

喷淋装置开关操作　　洗眼器开关操作

（3）应急喷淋与洗眼设备的安装位置

应急喷淋与洗眼装置安装合理，接入生活用水管道，并能正常使用。应急喷淋安装地点与工作区域之间畅通，距离不超过 30 m，并与可能发生危险的区域处于同一平面上。

应急喷淋各结构安装位置合适，拉杆位置合适、方向正确。应急喷淋和洗眼设备在安装时需考虑使用者可从三个方向进入设备进行操作，但不适用于应急喷淋房[6]。在应急喷淋和洗眼设备的 1.5 m 半径范围之内，不能有电气开关，以免发生电器短路。应急喷淋装置水管总阀为常开状，喷淋头下方无障碍物；不能以普通淋浴装置代替应急喷淋装置。

(4) 应急喷淋和洗眼设备冲洗液的温度

应急喷淋和洗眼设备进水口冲洗液适宜的温度范围为 16～38℃。温度低于 16℃的冲洗液虽能立即减缓化学反应速率，但长时间接触寒冷的液体会影响人体所需的体温，造成急救治疗的过早中断。超过 38℃的温度被证明可能对眼睛造成伤害并可能加速眼睛中及皮肤上有害物质的化学反应。

(5) 应急喷淋和洗眼设备的维护

建议至少每周一次对应急喷淋和洗眼设备进行操作检查与维护并记录，补充冲洗液，清洗、去除冲洗液中的沉淀物，以及减少设备因长时间存水所产生的细菌污染。如果在维护过程中需要关闭安装在管线上的阀门，应经过授权才可以实施，防止未经许可而直接关闭阀门的情况。维护工作完成后，应将设备恢复到可正常使用状态。对于自容式应急设备，应定期更换冲洗液，确保符合冲洗液的卫生要求。维护过程中如发现洗眼/洗脸器喷头等部件有损坏，应及时更换，必要时，建议更换设备。

(6) 应急喷淋和洗眼设备使用注意事项

① 爱护紧急冲淋洗眼装置，保持取用通道畅通。

② 应急喷淋和洗眼装置的区域有显著标识。

③ 实验人员应被告知喷淋装置的位置，正确掌握操作方法。

④ 专人管理，定期检修，做好记录，保证其性能完好。

⑤ 使用完毕，将周围的卫生打扫干净。

应急设施是保障生命安全的重要基础设施，应高度重视应急设施的建设、管理和维护，为应对突发事件提供有力保障。

3.2.2.2　应急药箱

在化学实验过程中，经常使用各种玻璃仪器和加热装置，一旦使用不当，就会发生割伤和烫伤等意外伤害。为了能对实验中的割伤和烫伤等意外伤害进行及时处理，实验室应根据实验内容和风险等级配备相应的急救物品，并定期检查和更新。在急救箱中常备烫伤膏、酒精棉、医用碘伏、创可贴、消毒纱布、冰袋、绷带、三角巾、胶布、剪刀、镊子、手电筒、急救毯等。配备的药箱不得上锁，实验人员在发生意外伤害时，可以迅速使用急救箱中的物品进行自救或互救，降低事故伤害程度。

3.2.3　信息化设施

实验室信息化设施包括电话、宽带、局域网、门禁监控及环境监测设施等。实验室通信网络系统的设计要满足实验数据传输、信息交流、远程协作等需求，提高实验室的工作效率。

在重点实验场所，比如剧毒品、病原微生物、放射源存放点、核材料等危险源的管理场所，均需安装门禁和监控设施，并设有专人管理。监控不留死角，图像清晰，人员出入记录可查，建议视频记录存储时间大于 1 个月。门禁和监控系统运转正常，与实验室准入制度相匹配。停电时，电子门禁系统应是开启状态或者有备用机械钥匙。

化学实验室应设置环境监测设施（如空气质量监测器、温湿度计等）可实时监测实验室内的环境状况，提供安全的工作环境。

3.2.4 危险防护设施和设备

3.2.4.1 防爆设施

有防爆需求的实验室需符合防爆设计要求，在实验室内，开关、灯具等均为防爆装置。配备相应的防静电措施，操作人员应避免穿易产生静电的内外服装。并且，还需安装必要的气体报警系统、监控系统和应急系统等。在此区域内，譬如可燃气体管道等的设计，应在其进、出口处安装阻火器。室内应加强通风，以使爆炸物浓度控制在爆炸下限值以下。对于具有爆炸危险性并需要妥善保护的仪器设备，需要格外使用合适的安全罩进行防护。使用低闪点、易燃易爆化学品的实验室应配备防爆冰箱。实验室应定期核查防爆设施与防静电设施的功能有效性并保存相关记录。

3.2.4.2 防盗设施

实验室所有房间均须配有应急备用钥匙，应急备用钥匙需集中存放、统一管理，应急时方便取用。针对防盗的具体设施较多，如门禁、防盗窗、监控等。

3.2.4.3 防漏设施

对于用水较多的化学实验室来说，跑水的事故时有发生，因此地漏的设计不可忽视，同时为了防止下水管中的气味逸出，应使用具有 S 弯的地漏。

3.2.4.4 防护设备

主要是指一些危险源的防护设备，比如危险化学品储存柜、气瓶柜等。

(1) 危险化学品储存柜

由于实验室中经常需要使用到各种化学药品和试剂，危险化学品储存柜是用于储存易燃液体、可燃液体、腐蚀性液体、毒害品、压缩气体气瓶等危险化学品的柜体，包括易燃液体储存专用柜、可燃液体储存专用柜、腐蚀性液体储存专用柜、毒害品储存专用柜、压缩气体气瓶储存专用柜等。

根据 DB 4403/T 79—2020《危险化学品储存柜安全技术要求及管理规范》，将危险化学品储存柜按用途分为易燃液体储存柜（简称 Y）、可燃液体储存柜（简称 K）、腐蚀性液体储存柜（简称 F）、毒害品储存柜（简称 D）、压缩气体气瓶储存柜（简称 Q），并规定了五种储存柜柜体的基本识别色及色样。黄色柜存放易燃液体，红色柜存放可燃液体，灰色气瓶柜存放压缩气体气瓶，白色或蓝色柜存放腐蚀性液体，灰白色柜存放毒害品。极少数使用剧毒品的实验室还必须配备保险柜，用于存放剧毒品。

存储容量：易燃液体储存柜、可燃液体储存柜、腐蚀性液体储存柜及毒害品储存柜的最大容积不宜超过 455 L，常见规格有 15 L、45 L、83 L、114 L、170 L、204 L、207 L、227 L、340 L、415 L、435 L 等；压缩气体气瓶储存柜最大容积不宜超过 220 L。

柜体材料：可采用钢制金属材料制造，其厚度不应低于 1.2 m，其抗拉强度不应小于 346 MPa。抗拉强度试验宜按 GB 10409—2019《防盗保险柜（箱）》的规定进行。腐蚀性液体储存柜柜体材料应选择相应的耐蚀材料，防止柜体被泄漏的危化品腐蚀而变形，如采用聚丙烯（PP）材质，厚度不应低于 8 mm。

柜体结构：柜体宜采用双层结构，内外层间至少应保留 38 mm 空间；双层柜体间可用不燃材料填充，并符合不燃材料的标准要求；易燃液体、可燃液体和易燃气体气瓶储存柜柜体应设有防静电接地装置；柜体两侧上下各设置通风孔；除压缩气体气瓶储存柜外，其他储存柜柜底应有预防泄漏的盛漏槽，盛漏槽深度至少 50 mm，且满足危险化学品外溢的要求。

通风：储存柜应设通风孔并张贴通风标识；易燃液体和可燃液体储存柜应在柜体两侧分别设置固定式带阻火功能的上下通风孔，其中阻火功能检测应符合 FM6050 测试要求。

柜锁：储存柜上安装的机械防盗锁或电子密码锁应符合 GB/T 3836.1—2021《爆炸性环境　第 1 部分：设备　通用要求》、GB/T 3836.4—2021《爆炸性环境　第 4 部分：由本质安全型“i”保护的设备》和 GA/T 543.1—2011《公安数据元（1）》的相关要求。

柜门（单/双开门）：柜门应配备自锁装置，柜门宜安装闭门器及高温熔断装置，温度高于 100℃，门自动关闭，闭门器性能应符合 XF 93—2004《防火门闭门器》的规定。

抽气式钢制药品柜：顶部具有抽气管连在主排风管上，24 h 不间断通风，可以有效防止药品柜里气味的扩散，优化实验室内环境。

危险化学品储存柜使用场所应满足以下安全管理要求：

① 使用单位应根据储存危险化学品的性质、数量选择符合要求的储存柜，危险化学品储存柜可储存的常见危险化学品参见 DB 4403/T 79—2020《危险化学品储存柜安全技术要求及管理规范》附录 C。

② 危险化学品储存柜或柜组应独立设置，存放在通风良好的环境，远离火、热源、电源及产生火花的环境，周边 1000 mm 范围内不应放置杂物；当多个存放性质相近危险化学品的储存柜组成柜组时，相邻储存柜的间距不应小于 150 mm。

③ 危险化学品包装容器泄漏、渗漏时，应迅速处理，不应继续存放在危险化学品储存柜内。

④ 易燃液体和可燃液体储存柜柜体防静电接地装置应有效运行，静电接地体的接地电阻值应小于 100 Ω，静电防护的其他要求应符合 GB 12158—2024《防止静电事故通用要求》的要求。

⑤ 危险化学品不应与相应的禁忌化学品混合储存，危险化学品储存禁忌见 DB 4403/T 79—2020《危险化学品储存柜安全技术要求及管理规范》附录 D。

⑥ 使用危险化学品单位应要求危险化学品生产企业提供与其生产的危险化学品相符的化学品安全技术说明书，并在危险化学品包装（包括外包装件）上粘贴或者拴挂与包装内危险化学品相符的化学品安全标签。化学品安全技术说明书和化学品安全标签所载明的内容应当分别符合 GB/T 16483—2008《化学品安全技术说明书 内容和项目顺序》、GB/T 17519—2013《化学品安全技术说明书编写指南》和 GB 15258—2009《化学品安全标签编写规定》的要求，化学品安全技术说明书应在危险化学品储存柜使用场所上墙或悬挂。

⑦ 领用危险化学品时，应做好相关记录。

⑧ 危险化学品储存柜存放场所应按 GB 50140—2023《建筑灭火器配置设计规范》规定配备相应灭火器材。

⑨ 剧毒化学品储存管理应符合 GA 1002—2012《剧毒化学品、放射源存放场所治安防范要求》的要求，实行“五双”管理（双人验收、双人保管、双人发货、双把锁、双本账）。易制爆危险化学品的储存管理应符合 GA 1511—2018《易制爆危险化学品储存场所治安防范要求》的要求。

⑩ 温度控制：部分化学品需要在特定的温度下储存，以保持其稳定性和安全性。确保储存区域内的温度符合化学品的要求，并避免过高或过低的温度，防止化学品分解或产生危险反应。

⑪ 避免在易燃物或易燃气体附近存放其他化学品。将易燃化学品储存在防火柜或专门的储存区域内，远离明火、火源和电气设备，以减少火灾和爆炸的风险。

⑫ 水分和光线控制：对于对水分敏感的化学品，存储时应保持环境干燥，并使用干燥剂来吸收湿气。一些化学品也对光线敏感，因此应储存在暗处或使用遮光容器。

使用单位应定期对危险化学品储存柜进行安全检查、维护，检查项目应包括但不限于：

① 柜体外观完好整洁，无锈蚀。

② 防静电接地装置牢固、无锈蚀，标识清晰完整。

③ 通风口完好畅通，标识清晰完整。

④ 物品摆放整齐，包装无破损、渗漏。

⑤ 气体浓度检测探头准确度标定。

⑥ 盛漏槽无破损、渗漏。

（2）气瓶柜

实验室应配备足够的气瓶柜或气瓶专用支架。

压缩气体气瓶柜设置要求：易燃气体气瓶储存柜应设置可燃气体检测报警装置，有毒气体气瓶储存柜应设置有毒气体检测报警装置，气体检测报警器应在检定有效期内。

气体浓度检测探头安装高度应符合如下要求：

① 检测比空气重的气体，探头安装在柜体下部。

② 检测比空气轻的气体，探头安装在柜体上部。

③ 报警装置应具有声、光显示功能，应安装在工作人员易看到和听到的地方。

④ 毒性气体不应直接排到室外，如设置自动联锁强排风扇，排风管应与吸收处理装置连接。

⑤ 易燃气体气瓶储存柜应设置自动联锁强排风扇，排风管应接到室外，排风管应采用金属管并接地。

⑥ 易燃气体气瓶储存柜采用的防爆型气体检（探）测器应取得防爆合格证。

⑦ 柜内应安装防止气瓶倾倒的固定装置，如固定链条等。

⑧ 柜体颜色应符合要求，并宜在柜体摆放位置标示黄色警示线。

（3）危废暂存柜

实验室有很多危废，有固体的、液体的，如果随便放，很容易发生安全事故，或者引发不可预测的伤害，所以实验室需要配置专门收集危废的柜子或者设施，集中收集、集中处理，避免外泄。

3.2.5 安全警示标识

在实验室内，化学品、仪器、设备和管道繁多且复杂，需要与之匹配的标识系统。标识系统有以下三类。

① 安全信息牌。每个房间门口均挂有安全信息牌，包括安全责任人、紧急联系电话、安全风险点的警示标识、实验室类型（包括安全级别、危险品类型、防护警示等）等信息。

在异常情况发生时，现场人员可以立即联系到相关人员，而救援人员也能迅速识别危险类别和救援方式。

② 安全警示标识。这些标识应张贴在实验室、仪器、设备及管道处。标识内容包括危险类型、防护措施等信息，格式应符合国际或国家通用法规的要求，以确保国内外访客能迅速理解。如毒物和腐蚀的警告，以及“必须佩戴防护眼镜、不得进食”等提示，具有放射性物质和设备的场所，必须有放射性警告标识。气体钢瓶应配有状态标识标签（满瓶、使用中、空瓶），废液区和废弃物区、高温仪器和防护设施区域应张贴警示标签。

③ 消防疏散图及安全出口指示灯。这些设施应张贴在实验室门口及通道中，明确标明所处位置与疏散通道。完备的标识系统能时刻提醒实验室人员注意自我保护。

3.2.6　实验室安全设施和设备的维护

实验室安全防护设施和设备应定期进行检查和维护，确保其正常运行。对于损坏或过期的防护设施和设备，应及时更换，确保实验室安全。对实验人员进行安全防护设施和设备使用和维护培训，使其熟练掌握操作方法，增强安全意识。针对可能发生的安全事故，制定应急预案，确保在突发情况下快速采取有效措施，降低安全事故的危害。

实验室安全保障是一项系统性、全面性的工作，涉及基础设施、安全设施和设备设置、个人防护设备等多个方面。通过建设标准化基础设施、合理设置安全设施、正确使用安全防护设备以及正确佩戴个人防护装备，可以最大程度地降低实验室事故的发生概率和对人员的伤害，保障实验人员的安全和健康。

3.3　个体防护装备

个体防护装备是从业人员为防御物理、化学、生物等外界因素伤害所穿戴、配备和使用的防护用品的总称，包括安全帽、耳塞、自吸过滤式防毒面具、防静电服、安全带等。作为实验室工作人员，正确选用个体防护装备至关重要。这类装备如同一道屏障，能有效减少气溶胶、喷溅物及意外接触等危险对操作人员的威胁。根据工作任务的特性，我们可以选择适合的防护装备。实验室配备了各类安全防护设施，但在实验操作过程中，操作者仍不可避免地会接触到各类危险源。当实验室安全防护装置失效或者不能满足实验要求时，个体防护装备成为操作者与危险源之间的一道防线，保护操作者的人身安全。

在实验室环境中，未按规定穿戴个体防护装备而导致的事故伤害案例屡见不鲜。这些案例为我们敲响了警钟，告诫我们必须高度重视实验室安全，严格遵守相关规定，确保自身和他人的生命安全。2008 年 12 月 29 日，加州大学洛杉矶分校（UCLA）23 岁女研究助理在实验时全身被大面积烧伤，虽经医院全力抢救，仍不幸身亡。由于在操作过程中，将遇空气立即燃烧的叔丁基锂抽入注射器时，不慎使活塞滑出针筒，引发了火灾。由于她未穿戴实验服，身上的涤纶外套被点燃。悲剧的是，女研究助理未能在第一时间使用应急淋浴装置，导致严重烧伤，最终不治身亡。2011 年 4 月 12 日，耶鲁大学一名大四女生在实验室内操作木材加工机器时，由于未按要求将长发束起并戴安全帽，头发被机器绞住，最终窒息而亡。这起事故的发生，让世人深感惋惜，同时也引发了对实验室安全问题的广泛关注。2011 年 9 月 2 日，华东某大学两名研究生在进行氧化反应实验时，因添加双氧水、乙醇等物质过快，未按规定拉下通风橱门并佩戴个体防护装备，导致不幸受伤。这些案例为我们敲响了警钟，未按规定穿戴个体防护装备、不正确使用安全防护设施等行为都可能导致严重的后果，告诫我们必须高度重视实验室安全，严格遵守相关规定，确保自身和他人的生命安全。

3.3.1 个体防护装备选择原则

个体防护装备选择原则如下。

① 根据所处的工作环境和性质选择相应的个体防护装备。

② 根据相应的法律、法规选择合适的标准（如欧标、美标、国标等）个体防护装备。

③ 根据所接触的化学品的安全技术说明书（MSDS）建议选择个体防护装备。

④ 选择有生产资质厂家的个体防护装备，这些厂家按照法律法规和标准生产个体防护装备，并配备质检报告及证书。

⑤ 选择在保质期内的个体防护装备。

3.3.2 个体防护装备种类

个体防护装备定义及相关内容可参考 GB 39800.1—2020《个体防护装备配备规范　第1部分：总则》。常见的防护用具包括：眼和面部保护；听力保护；手部防护；身体防护；足部防护等。常用的个体防护装备有护目镜、口罩、手套、实验服以及防护靴等。

3.3.2.1 眼部防护

眼睛及脸部是实验室中最易被事故所伤害的部位，眼睛也是最脆弱的部位，因而对它们的保护尤为重要。在化学实验室内，实验人员必须戴化学防护眼镜。防护眼镜与普通眼镜的区别在于其具有侧翼防护和眉棱防护等功能，可保护眼睛免受化学溶液溅射、颗粒物及碎屑等损伤以及免受紫外线灯辐射，实验者应根据需要选择合适的防护眼镜。普通眼镜如近视镜不能起到防护作用，可在普通眼镜外另戴防护眼镜[7]。禁止在实验室戴隐形眼镜，因为一旦腐蚀性试剂进入眼睛，大量水冲洗时不能直接冲洗眼球或难以及时取出镜片而造成更严重的伤害，另外隐形眼镜材质会与化学试剂发生化学反应而伤害眼睛。

化学防护眼镜的正确使用方法及注意事项如下。

① 佩戴时一手拉开带子，将橡皮带拉开至头大小。

② 另一只手拿着眼镜正面镜框，戴在眼部。调整舒适度，四周要贴合于脸上。戴化学防护眼镜时，避免接触镜子内面。

③ 摘取眼镜的方法：双手捏住眼镜的系带摘掉护目镜，及时清洁。摘除护目镜时，避免接触镜子外面。

④ 在实验室，化学防护眼镜要一直佩戴在头部，不得放在实验台上，以免试剂污染。

⑤ 镜片有裂纹、明显污渍时停止使用。

⑥ 选用的护目镜要符合 GB 14866—2023 标准，选用经产品检验机构检验合格的产品。

⑦ 佩戴矫正眼镜的人员可将近视镜等框架眼镜戴在防护眼镜里面。

3.3.2.2　面部防护

对于某些易溅、易爆等极易伤害面部以及产生有毒气体和颗粒物的高危性实验，应佩戴防护面具，用于保护口鼻、脸部、喉部以及呼吸系统免受污染和伤害，包括防护面罩、口罩、防毒面具等防护用品。

（1）防护面罩

防护面罩一般由防碎塑料和有机玻璃制成，保护实验室工作人员面部免遭颗粒物和液体飞溅而引起的伤害。在进行有可能喷溅或产生气溶胶的危险实验时，除佩戴化学防护眼镜和口罩外，同时佩戴防护面罩。

（2）呼吸防护用具

在进行高危性、有毒性化学实验过程中，会接触有毒有害物质如烟雾、粉尘、有害气体、腐蚀性物质、纤维等，从而对工作人员造成呼吸道的伤害，必须选择合适的呼吸防护装备。根据 GB 39800.1—2020 标准，一般呼吸防护器分为两大类：一类是自给供气式呼吸防护器，即吸入的空气是另外供给的，不是现场环境的；另一类是自吸过滤式呼吸防护器，吸入的空气是通过过滤装置，滤去污染物质的现场净化空气。选择呼吸防护装备需考虑的因素有：污染物的类别、污染物的浓度、暴露极限、舒适性、使用者的健康要求、使用周期等。化学实验室常用的呼吸防护装备有防护口罩和自吸过滤式防毒面具。

① 防护口罩。目前，中国口罩的几个主要标准为 GB 2626—2019《呼吸防护　自吸过滤式防颗粒物呼吸器》、GB/T 32610—2016《日常防护型口罩技术规范》、YY/T 0969—2013《一次性使用医用口罩》、YY 0469—2011《医用外科口罩》、GB 19083—2010《医用防护口罩技术要求》。

化学实验室常用的防护口罩有防毒口罩和防尘口罩。在实验环境中，含有较低浓度的有害蒸气、气体以及有害气溶胶时佩戴防毒口罩。实验环境中含有不挥发性颗粒物，不含有毒、有害气体和蒸气时佩戴防尘口罩。我国 GB 2626—2019《呼吸防护　自吸过滤式防颗粒物呼吸器》标准，将防尘口罩按过滤性能分为 KN 和 KP 两类，KN 类只适用于过滤非油性颗粒物，KP 类适用于过滤油性和非油性颗粒物。美国国家职业安全卫生研究所（National Institute for Occupational Safety and Health，NIOSH）认证，防护口罩按滤网材质分为 N、R 和 P 系列。N 系列代表不耐油（not resistant to oil），可过滤直径为 0.3 μm 或以上的非油性颗粒物，N95 指颗粒物过滤效率达 95%。R 系列代表耐油（resistant to oil），可 8 h 防护非油性和油性烟雾。P 系列代表防油（oil proof），可无时限防护非油性和油性烟雾。P95 级防护等级高于 N95，适用于化学生物实验室、军事、石化、防化应急响应等情况下使用，是日常防护的最佳选择。

② 自吸过滤式防毒面具。实验环境中含有高浓度有毒、有害气体和蒸气如三氯甲烷等，需佩戴防毒面具。自吸过滤式防毒面具是靠使用者的呼吸作为呼吸器的动力，采用过滤原理，吸入的气体首先通过防毒面具，利用防毒面具的过滤作用，把空气中的毒气成分过滤掉。自吸过滤式防毒面具由防毒面罩和滤毒罐组成，其中起过滤作用的主要是过滤件，根据所防护的不同气体，过滤件类型也不相同（见表 3.1），有关过滤件的选择详见 GB 2890—2022《呼吸防护 自吸过滤式防毒面具》标准。面罩可分为半面罩和全面罩（图 3.3），半面罩仅能罩住鼻、口，全面罩能罩住眼、鼻、口等整个面部。下面分别介绍不同类型的过滤件和自吸过滤式防毒面具的正确使用及注意事项。

表 3.1 不同有毒物质选择不同颜色标识的滤毒盒

颜色	防护对象举例	防毒类型
灰色	无机气体或蒸气：氢氰酸、氯化氢、砷化氢等	综合防毒
褐色	有机气体或蒸气：苯、苯胺类、四氯化碳、硝基苯等	综合防毒
黄色	酸性气体或蒸气：二氧化硫、氯气、含氯有机农药等	综合防毒
绿色	氨	单一防毒
蓝色	硫化氢	单一防毒
红色	汞	单一防毒
白色	一氧化碳	单一防毒

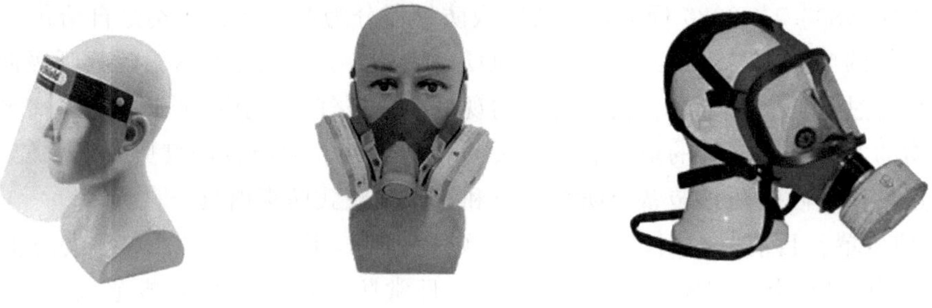

防护面罩　　自吸过滤式防毒面具(半面罩)　　自吸过滤式防毒面具(全面罩)

图 3.3 防护面罩及自吸过滤式防毒面具

过滤件主要有以下类型。

a. 普通过滤件

A 型：用于防护沸点大于 65℃的有机气体或蒸气，例如苯、四氯化碳、硝基苯、环己烷等。

B 型：用于防护无机气体或蒸气，例如氯化氰、氢氰酸、氯气等。

E 型：用于防护二氧化硫和其他酸性气体或蒸气。

K 型：用于防护氨及氨的有机衍生物。

CO 型：用于防护一氧化碳气体。

Hg 型：用于防护汞蒸气。

H_2S 型：用于防护硫化氢气体。

AX 型：用于防护沸点不大于 65℃的有机气体或蒸气。

SX 型：用于防护某些特殊化合物。

b. 多功能过滤件。用于防护普通过滤件中两种或两种以上类型物质的过滤件。

c. 综合过滤件。具有防颗粒物功能的过滤件，按照防护颗粒物性质不同分为 KN 和 KP 两类，其中 KN 类只适用于过滤非油性颗粒物，KP 类适用于过滤油性和非油性颗粒物。

每个过滤件上应明显地标识出下列内容：文件编号和年号；制造商名称、商标或其他可辨别制造商或供货商的标注；过滤件标记和标色；有效期；生产日期或批号；国家有关法律法规规定的应有标识。

自吸过滤式防毒面具的正确使用及注意事项如下。

a. 防毒面具正确佩戴方法

(a) 安装滤毒罐。将过滤件的底部和顶部密封盖去掉，将滤毒罐接口垂直对准面具上的螺纹接口，顺时针方向拧紧后稍微回旋，以避免因旋拧过紧而导致脱扣。

(b) 佩戴面具套装。戴上头罩，拉紧头带，再适当调整头带。

(c) 检查气密性。戴好面具后用手掌堵住滤毒盒进气口用力吸气，面罩与面部紧贴不漏气，则表明面具已经佩戴气密，可以进入危险涉毒区域工作。

b. 防毒面具使用注意事项

(a) 使用前必须弄清作业环境中的毒物性质、浓度和空气中的氧含量，在未弄清楚作业环境条件以前，绝对禁止使用。当毒气浓度大于规定使用范围或空气中氧含量低于18%时，不能使用自吸过滤式防毒面具（或防毒口罩）。

(b) 检查各部件是否完好，导气管有无堵塞或破损，金属部件有无生锈、变形，橡胶有否老化。螺纹接头有无生锈、变形、连接是否紧密。检查滤毒罐表面有无破裂、压伤、螺纹是否完好，罐盖、罐底活塞是否齐全，罐盖内有无垫片，用力摇动时有无响声。检查面具袋内紧固滤毒罐的带、扣是否齐全和完好。

(c) 整套防毒面具连接后的气密性检查。在检查完各部件以后，对整体防毒面具气密性的检查很重要。简易检查方法是：打开橡胶底塞吸气，此时如没有空气进入，则证明连接正确，如有漏气，则应检查各部位连接正确与否。

(d) 正确选用面罩的规格。在使用时，应使罩体边缘与脸部紧贴，眼窗中心位置应选在眼睛正前方下1 cm左右。

(e) 佩戴时如闻到毒气或微弱气味，应立即离开有毒区域，更换新的滤毒剂，必要时应重新检查口罩的致密性。

(f) 应根据劳动强度和作业环境空气中有害物浓度选用不同类型的防毒面具。如低浓度的作业环境可选用小型滤毒罐的防毒面具。

(g) 应严格遵守滤毒罐的有效时间。在使用过程中必须记录滤毒罐使用过的时间、毒物性质、浓度等。若记录卡片上累计使用时间达到滤毒罐规定的时间，应立即停止使用。

(h) 在使用过程中严禁随意拧开滤毒罐（盒）的盖子，并防止水或其他液体进入滤毒罐（盒）中。

(i) 应由专人使用和保管，使用后应清洗，消毒。在清洗和消毒时，应注意温度，不可使橡胶等部件因受温度影响而发生质变或受损。

3.3.2.3 手部防护

在化学实验中，手部直接接触化学品和操作仪器设备，极易遭受烫伤、割伤及腐蚀品灼伤等伤害。选用并佩戴合适的手套，能有效保护手部免受伤害，若手套选择不当，后果可能十分严重。

(1) 手套种类

手套的种类繁多，根据功能可分为隔热手套、耐低温手套、防割手套、一次性手套以及防化学品手套等。需要注意的是，隔热手套、耐低温手套和防割手套等并不能用于化学防护。

① 隔热手套。它是一种具有卓越隔热性能的防护手套，能有效阻隔各种形式的高温热

量，防止手部受到伤害。例如，从电热鼓风干燥箱中取出灼热物品时，需佩戴隔热手套。

② 耐低温手套。它适用于在低温环境（最低可达-50℃）中工作或活动时，对手部起到重要防护作用。例如，在操作液氮时，必须佩戴耐低温手套。

③ 一次性手套。它是一种适用于低风险场合的手套，可保护手部免受液体、颗粒等物质的侵害。一次性乳胶手套、丁腈橡胶手套和聚氯乙烯手套等都属于一次性手套，常用于对实验者手指触感要求较高的场合。

④ 防割手套。它在使用切割机械作业过程中，为手部提供有效保护。

⑤ 防化学品手套。它主要防止化学渗透，常用的有天然橡胶手套、氯丁橡胶手套、丁基橡胶手套、丁腈橡胶手套、聚乙烯醇手套、聚氯乙烯手套等。然而，没有一种手套可胜任所有环境，万能手套并不存在。因此，在实际操作中，选择适合特定环境的防护手套至关重要。

a. 天然橡胶手套。又称天然乳胶手套，主要成分是顺-1,4-聚异戊二烯（$\left[CH_2-CH=\underset{\displaystyle CH_3}{\underset{|}{C}}-CH_2 \right]_n$），属非极性。未经硫化交联的乳胶可以溶解在苯、甲苯等非极性溶剂中。天然橡胶手套对强极性溶剂有较好的防护作用，在处理极性溶剂、酸碱溶液（如50%氢氧化钠、10%盐酸、47%硫酸、30%过氧化氢等溶液）以及无机盐溶液时免受伤害。此外，它还具备抗轻度磨损和手感舒适的特性。但对有机溶剂如芳香化合物、四氯化碳、正戊烷、正己烷、异辛烷、二硫化碳等常见非极性溶剂或弱极性溶剂防护性差，同时，它也不适用于强氧化性的酸如浓硫酸和浓硝酸的防护[8]。此外，其本身容易分解和老化，且对蛋白质过敏者慎用。

b. 氯丁橡胶手套。以氯丁二烯（即2-氯-1,3-丁二烯）为主要原料进行α-聚合而生产的合成橡胶。氯丁橡胶手套具有卓越的耐受性能，包括耐光照、抗老化、抵御酸碱、抗臭氧、防火、耐热以及耐油等性能，还具备良好的柔韧性和手指灵活性，高密度材质使手套不易破损。对醇类、氧化性酸、液压油、苯酚、乙二醇、醚类、酮类、酯类等化学品防护性好，也可用于石油化工产品、润滑剂的防护，但对芳香族化合物和卤代烃防护性差。

c. 丁基橡胶手套。丁基橡胶由异丁烯（$H_2C=C\begin{array}{l}\diagup CH_3\\ \diagdown CH_3\end{array}$）与少量异戊二烯（$H_2C=CH-\underset{\displaystyle CH_3}{\underset{|}{C}}=CH_2$）共聚制成。其最大的特点是具有优异的气密性，是制造自行车黑色内胎的原料。丁基橡胶手套对于极性试剂有着良好的防护性能，如丙酮、环己酮、乙腈、二甲基甲酰胺、二甲基乙酰胺、苯酚、醇类等；而对于非极性试剂，如正己烷、正庚烷、甲苯和二甲苯，防护性能较差。

d. 丁腈橡胶手套。丁腈橡胶是由丁二烯（$H_2C=CH-CH=CH_2$）与少量丙烯腈（$H_2C=CH-CN$）共聚制得的一种合成橡胶。丁二烯组分赋予共聚物弹性和耐寒性，丙烯腈组分具有强极性，$-CN$基能使共聚物具备良好的耐化学腐蚀性，尤其是耐油性（指烷烃类油）好。丁腈橡胶手套不溶于非极性溶剂，可以有效地防护烷烃、环烷烃类非极性溶剂，如正戊烷、正己烷、环己烷等。但对于芳烃类，丁腈橡胶手套的防护性能差异较大。对于苯，防护性能差；对于甲苯，防护性能较差；能够有效防护二甲苯。它能够防护50%氢氧化钠、10%盐酸、47%硫酸（蓄电池用酸）、30%过氧化氢、甲醇、乙醇、正丙醇、戊醇、环已醇等。但对二甲基甲酰胺、丙酮、丁酮、四氢呋喃、三氯甲烷、二氯乙烷、氯苯、苯酚、苯甲醛、乙酸乙酯防护性能差，或不具备防护性能。

e. 聚乙烯醇（PVA）手套。聚乙烯醇（$\left[CH_2-\underset{\underset{OH}{|}}{CH}\right]_n$）是水溶性聚合物，遇水、甲醇、乙醇、正丙醇、异丙醇、异丁醇会溶解，不能用于酸、碱、无机盐溶液、水和水溶液、含醇体系的防护。此手套在正丁醇中，标识为黄色，在正丁醇中也要小心使用。但对戊醇、环己醇和辛醇防护效果良好，这几种醇均标识为绿色。聚乙烯醇手套不耐二甲基亚砜、二甲基甲酰胺和二甲基乙酰胺，这几类极性溶剂均标识为红色。在四氢呋喃中，标识为红色，不能用于防护四氢呋喃。聚乙烯醇不溶于烷烃和芳烃，且在这些试剂中具有良好的抗老化性能和防渗透性能，因此聚乙烯醇手套对烷烃和芳烃的防护效果良好。聚乙烯醇手套对卤代烃的防护性良好。此外，聚乙烯醇手套对一些酮类（丙酮除外）和酯类也有较好的防护性能。聚乙烯醇手套耐刺穿、磨损和切割，硬度大，操作方便性差。

f. 聚氯乙烯（PVC）手套。聚氯乙烯（$\left[CH_2-\underset{\underset{Cl}{|}}{CH}\right]_n$）本身是一种质地较硬的塑料，玻璃化转变温度为 78℃，但是添加增塑剂（如邻苯二甲酸二辛酯、磷酸三甲酯等）后，聚氯乙烯与增塑剂混合物的玻璃化转变温度明显降低。聚氯乙烯防护手套材质中含有增塑剂，必须注意如果长期使用，手套中的增塑剂可能被试剂逐步萃取出来，也会使手套防护性能减弱。聚氯乙烯手套不仅可以用于常见的酸液（包括 48%氢氟酸）、碱液，还可以用于强氧化性的浓硫酸、浓硝酸，如 95%～98%浓硫酸、70%浓硝酸。手套使用时注意时间不能太久。PVC 手套成本低，耐磨性好，但易被割破和刺破，对酮类和苯、甲苯、二氯甲烷等有机溶剂防护性差。

此外，还有一种银保护层手套，具备最高级别的化学品防护能力，能防护各类化学品，但成本较高。这种手套适用于对化学品防护要求极高的场合。

在实验室环境中，各种类型的手套都有其独特的优势和局限。因此，在选择手套时，要根据实际需求和工作环境，选择最合适的类型。这样，才能确保手部得到有效防护，降低实验风险。另外，手套的性能受厚度、化学品浓度、温度、暴露时间等因素影响。对于不明性质化学试剂，可以查其 MSDS，选择最佳防护手套。

（2）手套使用中的注意事项

在手套使用过程中，正确操作和使用注意事项至关重要。手套使用中应注意如下事项。

① 选用的手套要具有足够的防护作用。

② 使用前，尤其是一次性手套，要检查手套有无小孔或破损、磨蚀的地方，尤其是指缝，见“手套检查”二维码。

手套检查

③ 使用中不要将被污染的手套任意丢放。

④ 摘取手套时一定要注意正确的方法，防止将手套上沾染的有害物质接触到皮肤和衣服上，造成二次污染，见“脱手套”二维码。

⑤ 不要共用手套，防止交叉感染。

⑥ 戴手套前要洗净双手，摘掉手套后要洗净双手。

脱手套

⑦ 戴手套前要治愈或罩住伤口，阻止细菌和化学物质进入血液。

⑧ 不要忽略任何皮肤红斑或瘙痒、皮炎等皮肤病，如果手部出现干燥、刺痒、气泡等，要及时请医生诊治。

3.3.2.4 身体防护

化学防护服，用于防护化学物质对人体的伤害，是化学实验室中不可或缺的个体防护装备。在化学实验室，实验人员需穿戴化学防护服，以保护皮肤和身体免受损害，同时防止衣物受到污染。防护服有普通防护服、阻燃防热工作服（用于高温、高热、具有潜在燃烧危险的场合）、防静电服、防毒服等。根据不同的工作环境和性质选择适宜的防护服至关重要，特别是在危险性较高的实验操作中必须穿上专业的防护服，如操作 X 射线仪器时必须穿铅质 X 射线防护服。

普通防护服，通常被称为实验服，主要为白色，材质多为纯棉或麻。它可以反复使用，仅为身体提供初步防护。关于化学防护服的更多内容，可参考我国相关标准，如 GB 24539—2021《防护服装 化学防护服》和 GB/T 24536—2009《防护服装 化学防护服的选择、使用和维护》。

在实验过程中，学生实验服的穿着至关重要。为确保安全、提高防护效果，需注意以下事项。

① 进入实验室的人员必须穿着实验服，并确保所有扣子均已扣好，尤其是袖口的扣子必须系好。

② 实验服材质并不耐化学药品腐蚀。因此，若实验服受到严重腐蚀，必须及时更换以确保安全。

③ 为了防止实验服上附着的化学药品扩散，实验服不得穿到其他公共场所，如食堂、会议室等。

④ 每周至少清洗一次实验服，严禁与其他衣服混洗，且不可使用公共洗衣机进行清洗。

此外，身体其他部位的防护也很重要，如头部、脚部和腿部的防护，工作人员在实验室不得穿凉鞋、拖鞋、高跟鞋、短裤或裙子，预防溢出物、溅出物和掉下来的设备弄伤双脚和腿部。应穿平底、防滑、合成皮或皮质的满口鞋和长裤。实验过程中长发盘起，实验操作中不得佩戴长链等饰物。

3.3.3 个人防护装备管理及使用要求

为使个体防护装备发挥其应有的效用，必须加强管理，其管理和使用要求如下。

① 使用前必须确认所配备的个体防护装备适应防护个体及其防护需要，符合相关标准。

② 加强对使用者的培训，使之充分了解使用个体防护装备的意义并掌握正确的使用方法。

③ 在使用前和使用后要认真检查，确认各种零部件完好、功能正常；一旦发现有任何缺陷或者损坏，应立即停止使用，进行维修或更换。

④ 自进入需要佩戴个体防护装备的实验室开始，在整个实验过程中，必须始终穿戴个体防护装备。

⑤ 离开实验室之前应脱下个体防护装备，按要求做好消毒、清洁、保养工作，不得将

其带入食堂等公共场所。

⑥ 对于不符合国家标准、行业标准或地方标准，与所从事的实验工作类型不匹配，在使用或保管贮存期内遭到损坏或超过有效使用期限，未达到劳动保护安全有关标准或符合报废条件的个体防护装备，应及时报废、更换。

⑦ 使用者应遵照个体防护装备产品使用说明书和生产厂家的有关规定进行日常的清洁、保养，以延长其使用期限、保证其防护效用。没有认真维护保养的个体防护装备，如呼吸器、防毒面具等，可能产生二次污染，甚至直接对人体产生损害。呼吸器或面罩不用时须密封放置。

⑧ 操作机床等旋转设备时，不得穿戴长围巾、丝巾、领带等，长发需盘在工作帽内。

⑨ 穿着化学、生物类实验服或戴实验手套，不得随意进入非实验区。

习题

一、单选题

1. 实验室内多人同时进行实验时，人均操作面积不小于（　　）m^2。

A. 3　　B. 4　　C. 2.5　　D. 1.5

2. 使用通风柜进行实验时，通风柜可调玻璃视窗开至离台面（　　）cm。

A. 10～15　　B. 15～20　　C. 30　　D. 25

3. 下列选项中说法错误的是（　　）。

A. 佩戴自给供气式呼吸防护器，吸入的空气是现场环境供给的

B. 禁止在实验室戴隐形眼镜

C. 在实验室，化学防护眼镜不得放在实验台上，以免试剂污染

D. 自吸过滤式呼吸防护器吸入的空气是滤去污染物质的现场净化空气

4. 关于实验服穿着注意事项，说法错误的是（　　）。

A. 进入实验室的人员必须穿着实验服，并确保所有扣子均已扣好

B. 若实验服受到严重腐蚀，必须及时更换以确保安全

C. 实验服不得穿到其他公共场所，如食堂、会议室等

D. 每周至少清洗一次实验服，可使用公共洗衣机进行清洗

5. 最有可能引起穿戴者产生过敏反应的手套是（　　）。

A. 聚氯乙烯手套　　B. 防热手套　　C. 天然橡胶手套　　D. 丁腈手套

6. 实验中涉及中级极性化合物如苯胺、苯酚、乙二醇醚、酮和醛时，应佩戴（　　）。

A. 丁基橡胶手套　　B. 天然橡胶手套　　C. 氯丁橡胶手套　　D. 丁腈橡胶手套

7. 实验环境中含有较低浓度的有害蒸气、气体，以及有害气溶胶时，应佩戴（　　）。

A. 防毒面具　　B. 防毒口罩　　C. 防尘口罩　　D. 防护面罩

8. 通风柜的作用是（　　）。

A. 防爆　　B. 防火　　C. 排出有害气体　　D. 以上均有

9. 使用通风柜时，下面哪个选项是错误的？（　　）

A. 把仪器设备和化学试剂放在通风柜后面隔板齿缝开度处

B. 不应将移动插线板或电线放在通风柜内

C. 将仪器设备和化学试剂放在通风柜中央的位置

D. 禁止做实验时将头伸进通风柜操作和查看

10. 下列选项中说法错误的是（　　）。

A. 配制 6 mol/L 盐酸溶液后，立即关闭抽风机

B. 为保持足够的风速将有毒有害气体排走，应尽量使柜门放低

C. 开启通风柜前，应打开通风通道如门、窗

D. 通风柜内不应放置大件设备，不可堆放试剂或其他杂物

二、多选题

1. 防毒面具使用注意事项包括（　　）。

A. 当空气中氧含量低于 18%时，不能使用自吸过滤式防毒面具（或防毒口罩）

B. 检查各部件是否完好

C. 整套防毒面具连接后需进行气密性检查

D. 正确选用面罩的规格，在使用时，应使罩体边缘与脸部紧贴

2. 手套的性能受（　　）等因素影响。

A. 厚度　　B. 化学品浓度　　C. 温度　　D. 暴露时间

3. 关于应急喷淋与洗眼设备，说法正确的是（　　）。

A. 应急喷淋安装地点与工作区域之间畅通，距离不超过 30 m，并与可能发生危险的区域处于同一平面上

B. 在应急喷淋和洗眼设备的 1.5 m 半径范围之内，不能有电气开关，以免发生电器短路

C. 应急喷淋和洗眼装置的区域有显著标识

D. 建议至少每周一次对应急喷淋和洗眼设备进行操作检查与维护并记录

4. 过滤件的主要类型有（　　）。

A. 普通过滤件　　B. 多功能过滤件　　C. 综合过滤件　　D. 黑色过滤件

5. 下列选项中说法正确的是（　　）。

A. 眼部是实验中最易被伤害的部位，为避免眼睛受到伤害，在实验中实验者应佩戴眼镜

B. 实验环境中含有不挥发性颗粒物，不含有毒、有害气体和蒸气，应佩戴防尘口罩

C. 实验环境中含有较低浓度的甲醇、丙酮、石油醚具有挥发性且有毒的有机溶剂，应佩戴防毒口罩

D. 实验环境中含有高浓度三氯甲烷，应佩戴防毒面具

6. 下列选项中说法错误的是（　　）。

A. 隐形眼镜可以在实验室佩戴

B. 普通的视力矫正镜能起到可靠的防护作用

C. 对于某些易溅、易爆炸等极易伤害眼部的高危险性操作，一般的防护眼镜防护能力不够，应采取佩戴面罩等更安全的防护措施

D. 操作各种能量大、对眼睛有害的光线时，则须使用特殊眼罩来保护眼睛

7. 实验中涉及酸、碱、无机盐溶液时，应佩戴（　　）。

A. 天然橡胶手套　　B. 氯丁橡胶手套

C. 棉线手套　　D. 聚乙烯醇手套

8. 关于佩戴防护手套，说法正确的是（　　）。

A. 佩戴前应仔细检查所用手套特别是指缝处有无破损，确保质量完好、未老化、无破损

B. 实验操作过程中若需要接触日常物品如手机、笔、门把手，应脱下防护手套，以防有毒有害物质污染扩散

C. 实验者根据所需处理的化学品的危险性选择最合适的防护手套

D. 对于实验中涉及的多种有机化合物，如脂肪族芳香烃和大多数酮、酯、醚类时应佩戴丁腈橡胶手套

E. 有些化学实验操作对手部伤害风险较低，而对手指触感要求高时，可佩戴一次性手套

9. 下列选项中属于气瓶柜安全管理要求的是（　　）

A. 易燃气体气瓶储存柜应设置可燃气体检测报警装置

B. 柜体颜色应符合要求，并宜在柜体摆放位置标示黄色警示线

C. 气体检测报警器应在检定有效期内

D. 柜内应安装防止气瓶倾倒的固定装置

三、判断题（正确：√；错误：×）

1. 在无机化学实验室，应配备聚乙烯醇手套。（　　）

2. 防护浓硫酸，建议使用丁基橡胶手套。（　　）

3. 实验室基础设施建设是实验室安全、环保、高效运行的基础。（　　）

4. 实验室内的布局规划必须满足行业标准规范要求。（　　）

5. 75 m^2 以上实验室要有 1 个出入口；实验楼走廊留有大于 1.5 m 净宽的消防通道。（　　）

6. KP 类口罩适用于过滤非油性颗粒物，KN 类口罩适用于过滤油性和非油性颗粒物。（　　）

7. 每个化学实验室都应配有洗眼器，在实验室内部或合适位置安装应急喷淋器。（　　）

8. 洗眼装置水量和水压适中，喷出高度为 8～10 cm，水流畅通平稳。（　　）

9. 应急喷淋和洗眼设备使用应注意：使用者应迅速找到设备的阀门驱动器，在 1 s 或更短的时间内将阀门打开，对使用者受损身体部位进行冲洗至少 10 min。（　　）

10. 操作液氮时，使用的手套应该是 PE 手套。（　　）

四、简答题

1. 建设一个安全、健康、环保的现代实验室，需要从多个维度进行综合考虑与规划，是一个系统工程，请你谈谈如何建设安全、健康、环保的现代实验室。

2. 进入实验室，如何做好个体防护？

参考文献

[1] 丁璇，Hsu C Y. EHS 硬件系统的本土化案例[J]. 实验室研究与探索，2019，38（10）：246-249.

[2] 沈子靖，黄开胜，艾德生，等．化学类实验室设施安全建设[J]. 实验技术与管理，2021，38（11）：286-288+294.

[3] 李育佳，张剑荣，李翔，等．基于 EHS 理念的化学实验室建设规范的探索和实践[J]. 实验技术与管理，2018，35（10）：203-206+255.

[4] 陈华东,魏三强．新校区实验室建设规范设计的探索与实践[J]．实验室研究与探索，2016，35(6)：262-265.

[5] 柯丁宁，高尚，王凯，等．高校化学类实验室安全设施设计探索与实践[J]．实验技术与管理，2020，37(1)：284-286.

[6] 应急管理部．眼面部防护应急喷淋和洗眼设备 第1部分:技术要求：GB/T 38144.1—2019[S]．北京：中国标准出版社，2019.

[7] 杨玲．化学实验室人身防护的探讨[J]．实验室研究与探索，2013，32(5)：236-238.

[8] 郑媛,兰泉,冯红艳，等．实验室个人安全防护——化学防护手套的选用及解析[J]．大学化学，2021，36(2)：177-184.

第4章

危险化学品

随着科技的飞速发展，每年有近千种新型化学品问世。目前，全球已登记的化学品超过1.42亿种，已有700余万种化学品投入使用，市场上销售的化学品约为10万种，经常使用的则有7万多种。化学品广泛应用于人类活动、美化生活。若无化学品，文明的人类社会将无法存在。

然而，化学品的危险性给人类健康和环境带来了潜在威胁。据统计，在100起事故中，有80起是由危险化学品引发的燃烧、爆炸事故[1]，其中试剂使用环节事故最多，伤亡人数也最多，分别占事故数和伤亡人数的42%和83%。试剂储存环节的事故次之，分别占事故数和伤亡人数的22%和10%。近年来，危险化学品引发的事故呈上升趋势。教育部于2015～2020年连续5年对实验室安全隐患进行现场检查，共检查149所高校，发现安全隐患问题3435项，其中化学品安全问题1195项。多数学校都存在化学品安全管理问题，包括化学试剂存放、气体管理不规范等问题。因此，学习并掌握危险化学品的知识对预防实验室事故至关重要。

4.1 危险化学品介绍

根据《危险化学品安全管理条例》(国务院令第591号)规定，危险化学品是指具有毒害、腐蚀、爆炸、燃烧、助燃等性质，对人体、设施与环境有危害的剧毒化学品和其他化学品。

一般认为，只要同时满足了以上三个特征，即为危险品，如果此类危险品为化学品，则属于危险化学品。

① 具有爆炸性、易燃、毒害、腐蚀、放射性等性质。

② 在生产、运输、使用、储存和回收过程中易造成人员伤亡和财产损毁。

③ 需要特别防护。

危险化学品6000余种，目前最常见的、用途较广的约2000种。《危险化学品目录》(2015版)(以下简称“目录”)包含了剧毒品、易制毒品、易制爆品和其他危险化学品。

根据相关的危险化学品分类标准，“目录”中化学品分为 28 个大项和 81 个小项，共计 2828 个条目。危险化学品目录一栏由序号、品名、别名、CAS 号以及备注组成。

“序号”是指“目录”中化学品的顺序号，按品名首个汉字汉语拼音的首个字母顺序排序。

“品名”是指根据《化学命名原则（1980）》确定的化学品名称。

“别名”是指除“品名”以外的其他名称，包括通用名、俗名。

“CAS 号”是指美国化学文摘社（Chemical Abstracts Service，简称 CAS）为每一种出现在文献中的化学品分配的一个 CAS 编号。

“备注”是指对剧毒化学品的特别标注。

出现在文献中的化学品都有对应的 CAS 号，且具有唯一性，在检索有多个名称的化学物质信息时非常方便。因此，如今的化学数据库普遍都可以用 CAS 号检索。一个 CAS 编号以连字符“—”分为三部分，第一部分有 2～6 位数字；第二部分有 2 位数字；第三部分有 1 位数字，作为校验码。例如 H_2SO_4 的 CAS 号是 7664-93-9。CAS 编号以升序排列且没有任何内在含义，校验码通过第一、第二部分数字计算确定。

应急管理部于 2022 年 11 月 28 日调整了“目录”中的部分内容，自 2023 年 1 月 1 日起实施。

（1）将“目录”中的“四、对生产、经营柴油的企业（每批次柴油的闭杯闪点均大于 60℃的除外）按危险化学品企业进行管理”修改为“四、对生产、经营柴油的企业按危险化学品企业进行管理”。

（2）修改《实施指南》附件《危险化学品分类信息表》第 1674 项内容。

“目录”中有 CAS 号的纯物质及其混合物有 2828 种，包括 148 种剧毒化学品，在“备注”栏以“剧毒”字样标注出来；截至 2023 年增补后有 40 种易制毒化学品，其中第一类易制毒化学品 19 种，第二类易制毒化学品 13 种，第三类易制毒化学品 8 种；74 种易制爆化学品。管制类化学品包括剧毒化学品、易制毒化学品、易制爆危险化学品、麻醉品、精神药品、放射性物质及其化学合成原料等。管制类化学品严格贯彻“五双”管理制度，做到双人验收、双人保管、双人发货、双本账、双把锁。

4.1.1 剧毒化学品

高校实验室常见的剧毒物有氯化汞（安全信息参见附录二 2.1）、二乙基汞、乙酸汞、氧化汞、叠氮化钠、硫酸铊、氰化氢、氰化钾、氰化钠、丙腈、二氟化氧、氟乙酸、四乙基铅、癸硼烷、乙硼烷、戊硼烷等。危险化学品目录中标注为剧毒化学品的详见附录四。更多内容可参见“急性毒性化学品（剧毒化学品）”二维码。

急性毒性化学品（剧毒化学品）

4.1.2 易制毒化学品

易制毒化学品指国家规定管制的可用于制造毒品的化学品，易制毒化学品可分为前体和配剂。前体是指在制毒过程中其成分为毒品的主要成分，如麻黄素、1-苯基-2-丙酮、胡椒基甲基酮等。配剂是指在制毒过程中参与反应或不参与反应的物质，其成分不构成毒品最终产品成分，该类化学品包括试剂、溶剂和催化剂等，如高锰酸钾、乙醚、三氯甲烷、乙酸酐（安全信息参见附录二 2.2～2.5）等。2017～2025 年新增易制毒试剂，目前易制毒化学品共 42 种，详见表 4.1，易制毒化学品的管理详见《易制毒化学品管理条例》。更多内容可参见“易制毒化学品”二维码。

易制毒化学品

表 4.1　易制毒化学品的分类和品种目录

序号	类别	化学品通用名称	CAS 号
1	第一类	黄樟素	94-59-7
2		异黄樟素	120-58-1
3		*N*-乙酰邻氨基苯酸	89-52-1
4		邻氨基苯甲酸	118-92-3
5		麦角酸*	82-58-6
6		麦角胺*	113-15-5
7		麦角新碱*	60-79-7
8		麻黄素、伪麻黄素、消旋麻黄素、去甲麻黄素、甲基麻黄素、麻黄浸膏、麻黄浸膏粉等麻黄素类物质*	321-98-2
9		胡椒醛	120-57-0
10		黄樟油	8006-80-2
11		1-苯基-2-丙酮	103-79-7
12		3,4-亚甲基二氧苯基-2-丙酮	4676-39-5
13		*N*-苯乙基-4-哌啶酮	39742-60-4
14		4-苯氨基-*N*-苯乙基哌啶	21409-26-7
15		*N*-甲基-1-苯基-1-氯-2-丙胺	25394-33-6
16		羟亚胺	90717-16-1
17		1-苯基-2-溴-1-丙酮	23022-83-5
18		3-氧-2-苯基丁腈	5558-29-2
19		邻氯苯基环戊酮	6740-85-8
20	第二类	苯乙酸①	103-82-2
21		苯乙酸钠	114-70-5
22		苯乙酸钾	13005-36-2
23		醋酸酐	108-24-7
24		三氯甲烷	67-66-3
25		乙醚	60-29-7
26		哌啶	110-89-4
27		溴素①	7726-95-6
28		1-苯基-1-丙酮(苯丙酮)	93-55-0
29		3-氧-2-苯基丁酸甲酯	16648-44-5
30		3-氧-2-苯基丁酰胺	102-01-2
31		2-甲基-3-[3,4-(亚甲二氧基)苯基]缩水甘油酸	2167189-50-4
32		2-甲基-3-[3,4-(亚甲二氧基)苯基]缩水甘油酸甲酯	13605-48-6

续表

序号	类别	化学品通用名称	CAS 号
33	第二类	4-哌啶酮	41661-47-6
34		1-叔丁氧羰基-4-哌啶酮	79099-07-3
35	第三类	甲苯	108-88-3
36		丙酮	67-64-1
37		甲基乙基酮	78-93-3
38		高锰酸钾	7722-64-7
39		硫酸	7664-93-9
40		盐酸	7647-01-0
41		苯乙腈	140-29-4
42		γ-丁内酯	96-48-0

① 详细内容参见附录二危险化学品安全信息二维码(2.6、2.7)。

注:1. 第一类、第二类所列物质可能存在的盐类,也纳入管制。

2. 带有 * 标记的品种为第一类中的药品类易制毒化学品,第一类中的药品类易制毒化学品包括原剂。

3. 目前共 42 种易制毒化学品,其中,第一类是可以用于制毒的主要原料,目前共 19 种,第二类、第三类是可以用于制毒的化学配剂,第二类目前共 15 种,第三类目前共 8 种。

4. 第一类 19 种易制毒化学品均不在《危险化学品目录》中。

5. 第二类 15 种易制毒化学品中,乙酸酐、三氯甲烷、乙醚、哌啶、溴素等属于危险化学品。

6. 第三类 8 种易制毒化学品中,除 γ-丁内酯外,其余 7 种均属于危险化学品,其中,高锰酸钾还属于易制爆化学品。

4.1.3 易制爆化学品

易制爆化学品本身不属于爆炸品,但可以作为原料或辅料而制成爆炸品。易制爆化学品通常包括强氧化剂、可/易燃物、强还原剂、部分有机物。目前,易制爆化学品有 74 种,详见表 4.2。更多内容可参见“易制爆化学品”二维码。

易制爆化学品

表 4.2 易制爆危险化学品名录(2017 年版)

序号	品名	别名	CAS 号	主要的燃爆危险性分类
1 酸类				
1.1	硝酸		7697-37-2	氧化性液体,类别 3
1.2	发烟硝酸[①]		52583-42-3	氧化性液体,类别 1
1.3	高氯酸(浓度>72%)[①]	过氯酸	7601-90-3	氧化性液体,类别 1
	高氯酸(浓度 50%~72%)			氧化性液体,类别 1
	高氯酸(浓度≤50%)			氧化性液体,类别 2
2 硝酸盐类				
2.1	硝酸钠		7631-99-4	氧化性固体,类别 3
2.2	硝酸钾		7757-79-1	氧化性固体,类别 3
2.3	硝酸铯		7789-18-6	氧化性固体,类别 3
2.4	硝酸镁		10377-60-3	氧化性固体,类别 3
2.5	硝酸钙		10124-37-5	氧化性固体,类别 3
2.6	硝酸锶		10042-76-9	氧化性固体,类别 3

续表

序号	品名	别名	CAS号	主要的燃爆危险性分类
2.7	硝酸钡		10022-31-8	氧化性固体,类别2
2.8	硝酸镍	二硝酸镍	13138-45-9	氧化性固体,类别2
2.9	硝酸银[①]		7761-88-8	氧化性固体,类别2
2.10	硝酸锌		7779-88-6	氧化性固体,类别2
2.11	硝酸铅		10099-74-8	氧化性固体,类别2
3 氯酸盐类				
3.1	氯酸钠		7775-09-9	氧化性固体,类别1
	氯酸钠溶液			氧化性液体,类别3*
3.2	氯酸钾[①]		3811-04-9	氧化性固体,类别1
	氯酸钾溶液			氧化性液体,类别3*
3.3	氯酸铵		10192-29-7	爆炸物,不稳定爆炸物
4 高氯酸盐类				
4.1	高氯酸锂[①]	过氯酸锂	7791-03-9	氧化性固体,类别2
4.2	高氯酸钠	过氯酸钠	7601-89-0	氧化性固体,类别1
4.3	高氯酸钾	过氯酸钾	7778-74-7	氧化性固体,类别1
4.4	高氯酸铵[①]	过氯酸铵	7790-98-9	爆炸物,1.1项 氧化性固体,类别1
5 重铬酸盐类				
5.1	重铬酸锂		13843-81-7	氧化性固体,类别2
5.2	重铬酸钠	红矾钠	10588-01-9	氧化性固体,类别2
5.3	重铬酸钾[①]	红矾钾	7778-50-9	氧化性固体,类别2
5.4	重铬酸铵	红矾铵	7789-09-5	氧化性固体,类别2*
6 过氧化物和超氧化物类				
6.1	过氧化氢溶液(含量>8%)	双氧水	7722-84-1	(1)含量≥60% 氧化性液体,类别1 (2)20%≤含量<60% 氧化性液体,类别2 (3)8%<含量<20% 氧化性液体,类别3
6.2	过氧化锂	二氧化锂	12031-80-0	氧化性固体,类别2
6.3	过氧化钠	双氧化钠; 二氧化钠	1313-60-6	氧化性固体,类别1
6.4	过氧化钾	二氧化钾	17014-71-0	氧化性固体,类别1
6.5	过氧化镁	二氧化镁	1335-26-8	氧化性液体,类别2
6.6	过氧化钙	二氧化钙	1305-79-9	氧化性固体,类别2
6.7	过氧化锶	二氧化锶	1314-18-7	氧化性固体,类别2
6.8	过氧化钡	二氧化钡	1304-29-6	氧化性固体,类别2
6.9	过氧化锌	二氧化锌	1314-22-3	氧化性固体,类别2
6.10	过氧化脲	过氧化氢尿素;过氧化氢脲	124-43-6	氧化性固体,类别3

续表

序号	品名	别名	CAS 号	主要的燃爆危险性分类
6.11	过乙酸(含量≤16%,含水≥39%,含乙酸≥15%,含过氧化氢≤24%,含有稳定剂)	过醋酸;过氧乙酸;乙酰过氧化氢	79-21-0	有机过氧化物,F 型
	过乙酸(含量≤43%,含水≥5%,含乙酸≥35%,含过氧化氢≤6%,含有稳定剂)			易燃液体,类别 3 有机过氧化物,D 型
6.12	过氧化二异丙苯(52%<含量≤100%)	二枯基过氧化物;硫化剂 DCP	80-43-3	有机过氧化物,F 型
6.13	过氧化苯甲酰[①]	过苯甲酸	93-59-4	有机过氧化物,C 型
6.14	超氧化钠		12034-12-7	氧化性固体,类别 1
6.15	超氧化钾		12030-88-5	氧化性固体,类别 1
7 易燃物还原剂类				
7.1	锂	金属锂	7439-93-2	遇水放出易燃气体的物质和混合物,类别 1
7.2	钠[①]	金属钠	7440-23-5	遇水放出易燃气体的物质和混合物,类别 1
7.3	钾	金属钾	7440-09-7	遇水放出易燃气体的物质和混合物,类别 1
7.4	镁		7439-95-4	(1)粉末:自热物质和混合物,类别 1 遇水放出易燃气体的物质和混合物,类别 2 (2)丸状、旋屑或带状: 易燃固体,类别 2
7.5	镁铝粉	镁铝合金粉		遇水放出易燃气体的物质和混合物,类别 2 自热物质和混合物,类别 1
7.6	铝粉		7429-90-5	(1)有涂层:易燃固体,类别 1 (2)无涂层:遇水放出易燃气体的物质和混合物,类别 2
7.7	硅铝		57485-31-1	遇水放出易燃气体的物质和混合物,类别 3
	硅铝粉			
7.8	硫黄	硫	7704-34-9	易燃固体,类别 2
7.9	锌尘		7440-66-6	自热物质和混合物,类别 1;遇水放出易燃气体的物质和混合物,类别 1
	锌粉			自热物质和混合物,类别 1;遇水放出易燃气体的物质和混合物,类别 1
	锌灰			遇水放出易燃气体的物质和混合物,类别 3

续表

序号	品名	别名	CAS 号	主要的燃爆危险性分类
7.10	金属锆		7440-67-7	易燃固体,类别 2
	金属锆粉	锆粉		自燃固体,类别 1;遇水放出易燃气体的物质和混合物,类别 1
7.11	六亚甲基四胺[①]	六甲撑四胺;乌洛托品	100-97-0	易燃固体,类别 2
7.12	1,2-乙二胺	1,2-二氨基乙烷;乙撑二胺	107-15-3	易燃液体,类别 3
7.13	一甲胺(无水)	氨基甲烷;甲胺	74-89-5	易燃气体,类别 1
	一甲胺溶液	氨基甲烷溶液;甲胺溶液		易燃液体,类别 1
7.14	硼氢化锂	氢硼化锂	16949-15-8	遇水放出易燃气体的物质和混合物,类别 1
7.15	硼氢化钠[①]	氢硼化钠	16940-66-2	遇水放出易燃气体的物质和混合物,类别 1
7.16	硼氢化钾	氢硼化钾	13762-51-1	遇水放出易燃气体的物质和混合物,类别 1
8 硝基化合物类				
8.1	硝基甲烷		75-52-5	易燃液体,类别 3
8.2	硝基乙烷		79-24-3	易燃液体,类别 3
8.3	2,4-二硝基甲苯		121-14-2	急性毒性,类别 3 皮肤腐蚀/刺激,类别 3 生殖细胞致突变性,类别 2 致癌性,类别 2 生殖毒性,类别 2 特异性靶器官系统毒性(反复接触),类别 2 急性(短期)水生危害,类别 1 长期水生危害,类别 1
8.4	2,6-二硝基甲苯		606-20-2	急性毒性,类别 3 水生慢性毒性,类别 3 致癌性,类别 1B 致突变性,类别 2 生殖毒性,类别 2 特异性靶器官毒性(重复接触),类别 2
8.5	1,5-二硝基萘		605-71-0	易燃固体,类别 1
8.6	1,8-二硝基萘		602-38-0	易燃固体,类别 1
8.7	二硝基苯酚(干的或含水<15%)		25550-58-7	爆炸物,1.1 项
	二硝基苯酚溶液			急性毒性,类别 3 特异性靶器官毒性(重复接触),类别 2 危害水环境,类别 1
8.8	2,4-二硝基苯酚(含水≥15%)	1-羟基-2,4-二硝基苯	51-28-5	易燃固体,类别 1

续表

<table>
<tr><th>序号</th><th>品名</th><th>别名</th><th>CAS 号</th><th>主要的燃爆危险性分类</th></tr>
<tr><td>8.9</td><td>2,5-二硝基苯酚(含水≥15%)</td><td></td><td>329-71-5</td><td>易燃固体,类别 1</td></tr>
<tr><td>8.10</td><td>2,6-二硝基苯酚(含水≥15%)</td><td></td><td>573-56-8</td><td>易燃固体,类别 1</td></tr>
<tr><td>8.11</td><td>2,4-二硝基苯酚钠</td><td></td><td>1011-73-0</td><td>爆炸物,1.3 项</td></tr>
<tr><td colspan="5">9 其他</td></tr>
<tr><td rowspan="7">9.1</td><td>硝化纤维素(干的或含水(或乙醇)<25%)</td><td rowspan="6">硝化棉</td><td rowspan="7">9004-70-0</td><td>爆炸物,1.1 项</td></tr>
<tr><td>硝化纤维素(含氮≤12.6%,含乙醇≥25%)</td><td>易燃固体,类别 1</td></tr>
<tr><td>硝化纤维素(含氮≤12.6%)</td><td>易燃固体,类别 1</td></tr>
<tr><td>硝化纤维素(含水≥25%)</td><td>易燃固体,类别 1</td></tr>
<tr><td>硝化纤维素(含乙醇≥25%)</td><td>爆炸物,1.3 项</td></tr>
<tr><td>硝化纤维素(未改性的,或增塑的,含增塑剂<18%)</td><td>爆炸物,1.1 项</td></tr>
<tr><td>硝化纤维素溶液(含氮量≤12.6%,含硝化纤维素≤55%)</td><td>硝化棉溶液</td><td>易燃液体,类别 2</td></tr>
<tr><td>9.2</td><td>2-氨基-4,6-二硝基苯酚钠</td><td>苦氨酸钠</td><td>831-52-7</td><td>爆炸物,1.3 项</td></tr>
<tr><td>9.3</td><td>高锰酸钾</td><td>过锰酸钾;灰锰氧</td><td>7722-64-7</td><td>氧化性固体,类别 2</td></tr>
<tr><td>9.4</td><td>高锰酸钠</td><td>过锰酸钠</td><td>10101-50-5</td><td>氧化性固体,类别 2</td></tr>
<tr><td>9.5</td><td>硝酸胍</td><td>硝酸亚氨脲</td><td>506-93-4</td><td>氧化性固体,类别 3</td></tr>
<tr><td>9.6</td><td>水合肼</td><td>水合联氨</td><td>10217-52-4</td><td>易燃液体,类别 3
急性毒性,类别 3
急性毒性,类别 2
急性毒性,类别 3
皮肤腐蚀/刺激,类别 1B
严重眼睛损伤/眼睛刺激性,类别 1
皮肤过敏,类别 1
致癌性,类别 2
急性(短期)水生危害,类别 1
长期水生危害,类别 1</td></tr>
<tr><td>9.7</td><td>2,2-双(羟甲基)-1,3-丙二醇</td><td>季戊四醇、四羟甲基甲烷</td><td>115-77-5</td><td>眼刺激,类别 2
皮肤刺激,类别 2
特定目标器官毒性——单次接触,类别 3</td></tr>
</table>

① 详细内容参见附录二危险化学品安全信息二维码(2.8~2.18)。

注:1. 各栏目的含义:

"序号":《易制爆危险化学品名录》(2017 年版)中化学品的顺序号。

"品名":根据《化学命名原则》(1980)确定的名称。

"别名":除"品名"以外的其他名称,包括通用名、俗名等。

"CAS 号":Chemical Abstract Service 的缩写。

"主要的燃爆危险性分类":根据《化学品分类和标签规范》系列标准(GB 30000.2—2013~GB 30000.29—2013)等国家标准,对某种化学品燃烧爆炸危险性进行的分类。

2. 除列明的条目外,无机盐类同时包括无水和含有结晶水的化合物。

3. 混合物之外无含量说明的条目,是指该条目的工业产品或者纯度高于工业产品的化学品。

4. 标记"*"的类别,是指在有充分依据的条件下,该化学品可以采用更严格的类别。

4.2　危险化学品分类与标识

危险化学品种类繁多、危险性复杂多样，对其进行分类和标识是获取化学品安全信息和评估其危险性的重要手段，是化学品安全管理的基础，为事故救援和事故调查快速提供基础数据，以便迅速采取相应的安全措施和正确的应急行动，减少安全事故发生或最大限度地降低事故的危害。根据危险化学品本身的危险特性划分其危险性类别及项别，目前国际上公认的危险化学品分类规则主要有国际危险品规则《关于危险货物运输的建议书》（橙皮书）和全球化学品统一分类和标签制度（Global Harmonization of Hazard Classification and Labeling Systems，简称 GHS 制度）（紫皮书）这两套分类体系。我国危险化学品的分类采纳这两套分类体系，制定两种危险化学品分类方法及系列管理标准，并逐渐与国际接轨。更多内容可参见“危险品及化学品分类”二维码。

危险品及
化学品分类

4.2.1　依据国际危险货物运输对危险化学品的分类与标识

国际危险品规则包括联合国的《关于危险货物运输的建议书》（橙皮书）、国际民航组织的《危险物品航空安全运输技术导则》、国际航空运输协会的《危险品规则》、国际海事组织的《国际海运危险货物规则》等，主要规范危险化学品运输过程。联合国 2015 年在《关于危险货物运输的建议书规章范本》（第 19 次修订版）（简称“规章范本”）中，对常用危险货物按其主要危险特性进行了分类，并规定了危险品的包装标志。危险货物分为 9 个类别，这 9 个类别分别为：爆炸品；气体；易燃液体；易燃固体、易于自燃的物质和遇水放出易燃气体的物质；氧化性物质与有机过氧化物；毒性物质和感染性物质；放射性物质；腐蚀性物质；杂项危险物质和物品。

世界各国对化学品的危险性进行了不同的分类，如加拿大 WHMIS 分为 6 类，欧共体分为 15 类，日本消防法分为 6 类，美国环保署分为 4 类。我国根据 GB 6944—2025《危险货物分类和品名编号》将危险货物按其危险性或最主要的危险性划分为 9 大类别、21 个小项（见表 4.3）。基本与联合国《关于危险货物运输的建议书规章范本》（第 19 次修订版）一致，本标准适用于危险货物的运输包装。

我们可通过简洁明了的安全标志和标签等信息，快速识别其危害特性。危险化学品安全标志是通过图案、文字说明、颜色等信息，鲜明、简洁地表征危险化学品的危险特性和类别，向作业人员传递安全信息的警示性资料。危险化学品标志用于危险化学品的包装标识。

危险化学品的安全标志是由表示危险特性的图案、文字说明、底色和危险品类别号四个部分组成的菱形标志。“规章范本”依据危险货物的 9 个危险性类别，分别设置了 26 个安全标志。我国 GB 190—2009《危险货物包装标志》标准依据“规章范本”，规定了危险货物包装图示安全标志 25 个（见表 4.3），表中图形分别标示了 9 类危险货物的主要特性。

表 4.3 危险货物分类表及安全标志

序号	分类	主要类型	说明与举例	安全标志
1	爆炸品	1.1 有整体爆炸危险的物质和物品	整体爆炸:指瞬间能影响到几乎全部载荷的爆炸。高氯酸、三硝基甲苯	(符号:黑色;底色:橙红色)
		1.2 有迸射危险,但无整体爆炸危险的物质和物品	发烟、催泪弹药	
		1.3 有燃烧危险并有局部爆炸危险或局部迸射危险或这两种危险都有,但无整体爆炸危险的物质和物品	二硝基甲苯、闪光粉	
		1.4 不呈现重大危险的物质和物品	导火索	(符号:黑色;底色:橙红色)
		1.5 有整体爆炸危险的非常不敏感物质	E 型爆破炸药	(符号:黑色;底色:橙红色)
		1.6 无整体爆炸危险的极端不敏感物品		(符号:黑色;底色:橙红色)
2	气体	2.1 易燃气体	甲烷、乙烷、乙烯、乙炔、一氧化碳	(符号:黑色;底色:正红色) (符号:白色;底色:正红色)

续表

序号	分类	主要类型	说明与举例	安全标志
2	气体	2.2 非易燃无毒气体	氧气、压缩空气等	 （符号：黑色；底色：绿色）  （符号：白色；底色：绿色）
		2.3 毒性气体	氯气、一氧化碳、硫化氢、二氧化硫	 （符号：黑色；底色：白色）
3	易燃液体	易燃液体或液态退敏爆炸品	易燃的液体或液体混合物，或在溶液或悬浮液中有固体的液体，其闭杯试验闪点不高于 60℃，或开杯试验闪点不高于 65℃	 （符号：黑色；底色：正红色）  （符号：白色；底色：正红色）
		低闪点液体	指闭杯闪点低于−18℃的液体，如乙醚、乙醛、丙酮、汽油	
		中闪点液体	指闭杯闪点在−18℃至 23℃的液体，如甲苯、乙腈	
		高闪点液体	指闭杯闪点在 23℃至 61℃的液体，如氯苯、正丁醇	
4	易燃固体、易于自燃的物质和遇水放出易燃气体的物质	4.1 易燃固体	红磷、硫黄、松香、铝粉、镁条、萘等	 （符号：黑色；底色：红白色）
		4.2 自燃物质	白磷或黄磷、三乙（甲）基铝、连二亚硫酸钠（保险粉）、硫化钠、含油废棉等	 （符号：黑色；底色：上白下红）

续表

序号	分类	主要类型	说明与举例	安全标志
4	易燃固体、易于自燃的物质和遇水放出易燃气体的物质	4.3 遇水易燃物质	金属钠、钾、铝粉、锌粉、金属氢化物、磷化物、硼氢化物等	 （符号：黑色；底色：蓝色）  （符号：白色；底色：蓝色）
5	氧化性物质与有机过氧化物	5.1 氧化性物质	过氧化钠、高锰酸钾、重铬酸钾、硝酸钠等	 （符号：黑色；底色：柠檬黄色）
		5.2 有机过氧化物	分子结构中含有过氧键的有机物，其本身易燃易爆，极易分解，对热、振动和摩擦极为敏感，如过氧乙酸、过氧化苯甲酰等	 （符号：黑色；底色：红色和柠檬黄色）  （符号：白色；底色：红色和柠檬黄色）
6	毒性物质和感染性物质	6.1 毒性物质	指经吞食、吸入或与皮肤接触后可能造成死亡或严重受伤或损害人类健康的物质，如三氧化二砷、四乙基铅、金属铊、氰化物、氯化汞、草酸、氯仿、苯酚	 （符号：黑色；底色：白色）

续表

序号	分类	主要类型	说明与举例	安全标志
6	毒性物质和感染性物质	6.2 感染性物质	指已知或有理由认为含有病原体的物质。 不属于危险化学品，归为危险生物品类	 （符号：黑色；底色：白色）
7	放射性物质	一级放射性物质	指任何含有放射性核素并且其活度浓度和放射性总活度都超过 GB 11806—2019 规定限值的物质，如硝酸钍、夜光粉。 不属于危险化学品，归为危险物理品类	 （符号：黑色；底色：白色，附一条红竖条）
		二级放射性物质		 （符号：黑色；底色：上黄下白，附两条红竖条）
		三级放射性物质		 （符号：黑色；底色：上黄下白，附三条红竖条）
8	腐蚀性物质	腐蚀性物质	酸性腐蚀品：盐酸、硫酸等；碱性腐蚀品：氢氧化钠、乙醇钠等。 其他腐蚀品：邻（对）甲苯硫酚、甲醛溶液等	 （符号：黑色；底色：上白下黑）
9	杂项危险物质和物品，包括危害环境物质	杂项危险物质和物品	指存在危险但不能满足其他类别定义的物质和物品，包括危害环境物质	 （符号：黑色；底色：白色）

当危险货物具有两种或两种以上的危险性并需要同时表示时，除用主安全标志表示其主危险性外，还用副安全标志来表示其他的危险性。副安全标志图形中没有危险品类别号，副标志有 11 种（见图 4.1）。

图 4.1　副安全标志

4.2.2　依据 GHS 制度对危险化学品的分类与标识

为消除各国在化学品分类、标签和安全信息方面的差异，2003 年，联合国推行全球化学品统一分类和标签制度。GHS 制度旨在对世界各国不同的危险化学品分类进行统一，提高对人类和环境的保护，为尚未制定相关系统的国家提供一种公认的系统框架，有利于促进化学品的国际贸易，同时可以减少对化学品的重复测试和评估，是指导各国控制化学品危害和保护人类与环境的规范性文件。GHS 制度在实施范围上涵盖了化学品（包括单一物质和混合物）生产、经营、储存、运输、使用、废弃处置等各个环节，是全面的化学品安全管理制度。

GHS 制度主要包括两个部分。一是危险性分类，GHS 制度将化学品分为物理危险性、健康危险性和环境危险性三大类，包括 29 种危害分类，其中物理危险性分为 17 类，健康危险性分为 10 类，环境危险性分为 2 类。每个危险类别下又分若干子类别，用以指明危险的严重程度。二是危险信息公示，包括标签和化学品安全技术说明书（MSDS）。GHS 制度规定了通过标签和 MSDS 等方式公示化学品危险性信息以及防护措施的要求。

作为指导各国监控化学品危害和保护人类与环境的规范性文件，GHS 制度不断修订，以完善现有化学品分类和标签体系，规范危险化学品使用。GHS 制度自颁布以来被世界各国纳入其化学品管理体系，但由于 GHS 制度采用“积木式”原则，各国可自行确定选择哪些积木以适用于其制度，而且，各国当局可在原本联合国 GHS 制度的基础上增添更多要求。现阶段，每个国家宣传、推广和实施 GHS 制度的进度是不同的，推广 GHS 制度相对活跃的是欧盟、日本、新西兰、美国、澳大利亚等。

随着危险化学品安全管理力度的不断加大，我国也做了很多与 GHS 制度相关工作，对现有的法规和标准进行了修订或制订，同时发布了一系列基于 GHS 制度的国家标准，全面推进 GHS 实施。

为规范化学品 GHS 分类，我国参照 GHS 制度，2006 年 10 月 24 日批准发布了 GB 20576—2006～GB 20602—2006《化学品分类、警示标签和警示性说明安全规范》等 26 个强制性标准，该系列标准自 2008 年 1 月 1 日起在生产领域实施，2008 年 12 月 31 日起在流通领域实施，目前该系列标准已被废止。

2008 年，基于 GHS 制度，发布国家标准 GB/T 22234—2008《基于 GHS 的化学品标签规范》和 GB/T 16483—2008《化学品安全技术说明书　内容和项目顺序》。

2009 年，根据 GHS 制度第二版，制定 GB 13690—2009《化学品分类和危险性公示　通则》和 GB 15258—2009《化学品安全标签编写规定》，于 2010 年 5 月 1 日实施。目前 GB 13690—2009《化学品分类和危险性公示　通则》已被废止。

2011 年，修订《危险化学品安全管理条例》（国务院 591 号令）。

2013 年，发布 GB/T 17519—2013《化学品安全技术说明书编写指南》，发布 GHS 新国标 GB 30000.2—2013～GB 30000.29—2013《化学品分类和标签规范》系列标准，2014 年国标 GB 30000—2013《化学品分类和标签规范》系列标准正式实施，为现行的危险化学品分类标准。原国标 GB 20576—2006～GB 20602—2006《化学品分类、警示标签和警示性说明安全规范》已废止。

2015 年，依据 GHS 制度，调整了危险化学品分类体系，重新将 2002 版《危险化学品名录》3823 条目删减为 2828 条，发布了《危险化学品目录（2015 版）实施指南（试行）》，取消了旧版《剧毒化学品目录》，同时将新版《剧毒化学品目录》一同合并到《危险化学品目录（2015 版）》中。目前，我国的危险化学品分类已实现与 GHS 接轨。

2025 年，基于 GHS 制度，发布了 GB 30000.1—2024《化学品分类和标签规范 第 1 部分：通则》，替代 GB 13690—2009《化学品分类和危险性公示　通则》。根据 GB 30000.1—2024《化学品分类和标签规范 第 1 部分：通则》，化学品危险性分为物理危险、健康危害和环境危害，分类如表 4.4 所示。

表 4.4　化学品危险性分类表

危险类型	危险品分类
物理危险(17)	爆炸物 易燃气体 气雾剂(气溶胶)和加压化学品 氧化性气体 加压气体 易燃液体 易燃固体 自反应物质和混合物 发火液体(自燃液体) 发火固体(自燃固体) 自热物质和混合物 遇水放出易燃气体的物质和混合物 氧化性液体 氧化性固体 有机过氧化物 金属腐蚀物 脱敏爆炸物

续表

危险类型	危险品分类
健康危害(10)	急性毒性 皮肤腐蚀/刺激 严重眼损伤/眼刺激 呼吸或皮肤致敏 生殖细胞致突变性 致癌性 生殖毒性 特异性靶器官毒性　一次接触 特异性靶器官毒性　反复接触 吸入危害
环境危害(2)	危害水生环境 危害臭氧层

GHS制度对三类危险特性统一规定了9种象形图作为安全标志以传达危险信息。象形图包括一个符号加上其他图形要素，如边界、背景图样或颜色。所有的象形图都是红色边框的菱形图案，边框要足够宽，使用黑色符号和白色背景，象形图及危险种类见表4.5。

表4.5　化学品危险特性象形图

符号说明	爆炸的炸弹	火焰	火焰在圆环上
象形图			
危险种类	不稳定的炸药、自反应物质和混合物、有机过氧化物	易燃气体、易燃气溶胶、易燃液体、易燃固体、自反应物质和混合物、自燃液体、自燃固体、自我放热物质和混合物、与水接触放出易燃气体的物质和混合物、有机过氧化物	氧化性气体、氧化性液体
符号说明	高压气瓶	腐蚀	骷髅和交叉骨
象形图			
危险种类	压力下的气体、压缩气体、液化气、冷冻液化气体、溶解气体	腐蚀金属、腐蚀皮肤、严重眼损伤	急性毒性(口服，皮肤接触，吸入)
符号说明	健康危害	惊叹号	环境
象形图	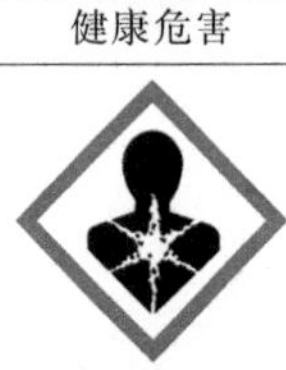		
危险种类	呼吸道过敏、生殖细胞突变、致癌性、生殖毒性、特定目标器官毒性一次接触、特定目标器官毒性反复接触、吸入危险	急性毒性(口服，皮肤接触，吸入)、皮肤刺激、眼刺激、皮肤过敏、特定目标器官毒性一次接触	对水环境的危害、急性危害、慢性危害

4.3　化学品安全标签

化学品安全标签是指危险化学品在市场上流通时由生产销售单位提供的附在化学品包装上的安全标签。根据 GB 15258—2009《化学品安全标签编写规定》，标签是用于标示化学品所具有的危险性和安全注意事项的一组文字、象形图像编码组合，它可粘贴、挂拴或喷印在化学品的外包装或容器上，用简单、明了、易于理解的文字、图形表述有关化学品的危险特性及安全处置注意事项，警示能接触到此化学品的人员安全操作和正确处置。安全标签比安全标志包含更多的安全信息。安全标签分为化学品安全标签和作业场所化学品安全标签两种。

在法规层面，化学品安全标签有着严格的要求。《中华人民共和国安全生产法》第二十八条规定，生产经营单位在存在较大危险因素的生产经营场所和有关设施、设备上，必须设置明显的安全警示标志。《危险化学品安全管理条例》第十四条规定，生产危险化学品，应当在包装（包括外包装件）上加贴或者拴挂与包装内危险化学品完全一致的化学品安全标签。危险化学品生产企业发现其生产的危险化学品有新的危害特性时，应当立即公告，并及时修订安全标签。《作业场所安全使用化学品公约》第七条“标签和标识”要求，所有化学品都应加以标识以表明其特性。这些规定要求旨在提高人们对化学品危险性的认识，预防事故的发生，保障人民群众的生命和财产安全。

4.3.1　化学品安全标签有关单位职责

在化学品生产、使用、销售和运输过程中，安全标签的正确使用与管理至关重要。为确保化学品的安全流通与使用，各相关单位需承担相应责任。

生产企业职责：在化学品出厂时，务必配备清晰、完整的标签。使用场所应有相应的安全标签或警示标识。单位应定期检查并修订标签内容，确保其准确性。对企业员工进行充分的安全培训，使其了解并掌握化学品特性及安全措施。

使用单位职责：使用单位应认真核对安全标签，并及时更换损坏的安全标签。在转移或分装化学品时，务必重新贴上标签。在使用场所明显位置悬挂安全标签，提醒员工注意。同时，确保员工经过培训，能够正确识别和理解标签内容。

销售商和运输单位职责：销售商须确保出售的危险化学品配备安全标签。对于进口的危险化学品，必须使用我国标准的中文安全标签。运输单位在承运危险品时，对无标签或标签不符合规定的危险品，应拒绝运输。

4.3.2　化学品安全标签内容

根据 GB 15258—2009《化学品安全标签编写规定》，化学品安全标签包括化学品标识、象形图、信号词、危险性说明、防范说明、应急咨询电话、供应商标识、资料参阅提示语等 8 个方面的内容。在 GHS 制度中，一个完整的标签至少含有 5 个方面，目前我国标签与 GHS 标签接轨。

化学品标签内容参见“危险化学品安全标签”二维码。

危险化学品安全标签

① 化学品标识：用中文和英文分别标明化学品的化学名称或通用名称，位于标签的上方，要醒目清晰，名称应与化学品安全技术说明书中的名称一致，也可标出CAS号、危险成分的名称（混合物）。对混合物应标出对其危险性分类有贡献的主要组分的化学名称或通用名、浓度或浓度范围。当需要标出的组分较多时，组分个数以不超过5个为宜。对于属于商业机密的成分可以不标明，但应列出其危险性。

② 象形图：在GHS制度中共有9种象形图，标签采用GB 30000.2—2013～GB 30000.29—2013《化学品分类和标签规范》系列标准规定的象形图。象形图的顺序规定是当某种化学品具有两种或两种以上危险性时，物理危险象形图的先后顺序根据GB 12268—2025《危险货物品名表》中的主次危险性确定。对于未列入GB 12268—2025《危险货物品名表》的化学品，以下危险性类别的危险性总是主危险：爆炸物、易燃气体、易燃气溶胶、氧化性气体、压力气体、自反应物质和混合物、发火物质、有机过氧化物。其他主危险性按照联合国《关于危险货物运输的建议书规章范本》的危险性先后顺序进行确定。对于健康危害按照以下先后顺序：如果使用了骷髅和交叉骨符号，则不应出现感叹号符号；如果使用了腐蚀符号，则不应出现感叹号符号来表示皮肤或眼睛刺激；如果使用了呼吸致敏物的健康危害符号，则不应出现感叹号符号来表示皮肤致敏物或者皮肤/眼睛刺激。

③ 信号词：表明危险的严重程度的词语，根据化学品的危险程度和类别，用“危险”和“警告”两个词分别进行危害程度的警示。信号词位于化学品名称的下方，要求醒目、清晰。根据GB 30000.2—2013～GB 30000.29—2013《化学品分类和标签规范》系列标准选择不同类别危险化学品的信号词。当某种化学品具有两种或两种以上的危险性时，如果在安全标签上选用了信号词“危险”，则不应出现信号词“警告”。

④ 危险性说明：描述一种危险产品危险性质的短语。居信号词下方。根据GB 30000.2—2013～GB 30000.29—2013《化学品分类和标签规范》系列标准选择不同类别危险化学品的危险性说明，如：“高度易燃液体和蒸气”“遇热可能会爆炸”“对水生生物毒性极大，并具有长期持续影响”。当某种化学品具有两种或两种以上的危险性时，所有危险性说明都应出现在安全标签上，按理化危险、健康危害、环境危害顺序排列。

⑤ 防范说明：表述化学品在处置、搬运、储存和使用作业中所必须注意的事项和发生意外时简单有效的救护措施等，要求内容简明扼要、重点突出。该部分应包括安全预防措施、意外情况（如泄漏、人员接触或火灾等）的处理、安全储存措施及废弃处置等内容。各类化学品安全标签防范说明可从GB 15258—2009《化学品安全标签编写规定》附录C中查到。

⑥ 供应商标识：包括供应商名称、地址、邮编和电话号码等信息。

⑦ 应急咨询电话：填写化学品生产商或生产商委托的24 h化学事故应急咨询电话。国外进口化学品安全标签上应至少有一家中国境内的24 h化学事故应急咨询电话。

⑧ 资料参阅提示语：提示化学品用户应参阅安全技术说明书。

4.3.3 化学品安全标签编写及样例

标签正文应使用简洁、明了、易于理解、规范的汉字或同时使用少数民族文字或外文表述。标签内象形图的颜色根据GB 30000.2—2013～GB 30000.29—2013《化学品分类和标签规范》系列标准的规定执行，一般使用黑色图形符号加白色背景，方块边框为红色。正文使用与底色反差明显的颜色，一般采用黑白色。若在国内使用，方块边框可以为黑色。标签的尺寸大小根据容器或包装容积大小来确定，实验室试剂容器体积一般为 500 mL～3 L，标签最小尺寸 50 mm×75 mm，容积小于 100 mL，使用简化标签。

（1）简化 GHS 标签样例（甲醇）

甲醇

危险

高度易燃液体和蒸气，吞咽会中毒，皮肤接触会中毒，吸入会中毒，对器官造成损害

请参阅化学品安全技术说明书

供应商：××××××××××××××××

电话：××××××

化学事故应急咨询电话：××××××

（2）GHS 标签样例（甲醇）

甲醇

Methanol

危险

高度易燃液体和蒸气，吞咽会中毒，皮肤接触会中毒，吸入会中毒，对器官造成损害

[预防措施]

远离热源、火花、明火、热表面。禁止吸烟。

保持容器密闭。

采取防止静电措施，容器和接收设备接地和等势连接。

使用防爆电器、通风、照明等设备。

使用不产生火花的工具。

戴防护手套、防护眼镜、防护面罩。

操作时不可进食、饮水。

保持通风良好。

作业后彻底清洗接触部位。

[事故响应]

皮肤（或头发）接触：立即脱掉所有被污染的衣服。用水冲洗皮肤、淋浴。

食入：催吐，立即就医。

吸入：立即转移到空气新鲜处，保持呼吸舒适体位。

火灾：用抗溶性泡沫、干粉、二氧化碳灭火剂。

[安全存储]

存放于阴凉、通风良好处，保持容器密闭。

上锁保管。

[废弃处置]

本品或其容器按照地方、区域、国家、国际法规处置。

请参阅化学品安全技术说明书

供应商：××××××××××××××××　　电话：××××××

地址：××××××××××××××××××　　邮编：××××××

化学事故应急咨询电话：××××××

（3）传统标签样例（苯酚）

传统标签依据 GB 6944—2012《危险货物分类和品名编号》和 GB 12268—2012《危险货物品名表》编制。较之于 GHS 标签，传统标签安全措施较简略，象形图是用主安全标志和副安全标志表示，缺乏健康危害和环境危害方面的安全标志和标识。虽然传统标签逐渐被 GHS 标签取代，但是，在实验室，我们仍然会看到早期的容器或包装上的传统标签。

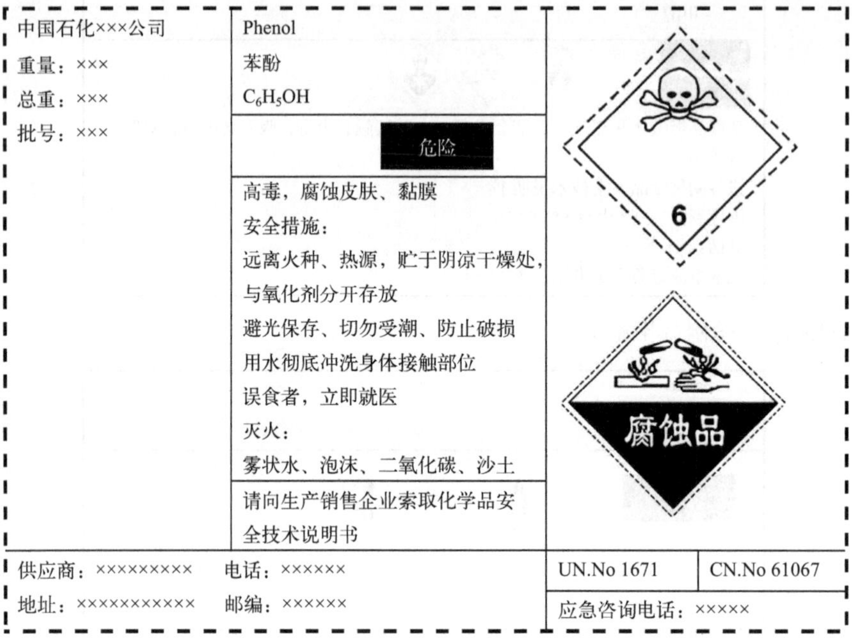

4.3.4 化学品安全标签使用注意事项

① 安全标签应由生产企业在货物出厂前粘贴、挂拴或喷印，标签应牢固，应在化学品包装或容器的明显位置。

② 当与运输标志组合使用时，运输标志可以放在安全标签的另一面，将之与其他信息分开，也可放在包装上靠近安全标签的位置。后一种情况下，若安全标签中的象形图与运输标志重复，安全标签中的象形图应删掉。

③ 对组合容器，要求内包装加贴（挂）安全标签，外包装上加贴运输象形图。

④ 如果不需要运输标志可以加贴安全标签。

⑤ 盛装危险化学品的容器或包装，在经过处理并确认其危险性完全消除之后，方可撕下安全标签，否则不能撕下相应的标签。

⑥ MSDS 是了解化学品的危险性、评估实验风险、做好安全防护和应急预案最为专业和权威的数据资料，实验人员要养成查阅 MSDS 的习惯。

4.3.5 NFPA 704 危险品标签识别系统

NFPA 704 是由美国消防协会（National Fire Protection Association，NFPA）制定的危险品紧急处理系统鉴别标准。它提供了一套简单判断化学品危害程度的系统，由蓝、红、黄、白四色警示菱形表示，蓝色表示健康危害性，红色表示可燃性，黄色表示反应性，白色用于标记化学品的特殊危害性。蓝、红、黄根据危害程度被分为 0、1、2、3、4 五个等级。用相应数字标识在颜色区域内，其中 0 代表危险性最小，4 代表危险性最大。NFPA 704 标签在工作场所安全中扮演着重要的角色，借助它，工作者能够简单快速地了解相应危险品的危害。

4.3.5.1　蓝色/健康危害性

在 NFPA 704 分类系统中，蓝色表示健康危害性，主要涉及急性毒性（经口、经皮、吸入）、腐蚀性、器官损害性等危害。危害等级描述如表 4.6 所示。常见的健康危害性物质有氟（危害等级 4）、氯（危害等级 3）、硝化甘油（危害等级 2）、丙酮（危害等级 1）等。

表 4.6　蓝色/健康危害等级

等级	描述	示例
4	短时间的暴露可能会导致死亡或重大持续性伤害	氯化氰、一氧化碳、氟
3	短时间的暴露可能导致严重的暂时性或持续性伤害	氯化氢、氯
2	高浓度或持续性暴露可能导致暂时失去行为能力或可能造成持续性伤害	氯甲烷、碳酸钠、硝化甘油
1	暴露可能导致不适，但是仅可能有轻微持续性伤害	丙酮
0	暴露在火中时对人体造成的危害不超过一般可燃物	水

4.3.5.2　黄色/反应活性

在 NFPA 704 分类系统中，黄色表示反应活性，主要危害体现在爆炸性、自反应性、放热性等方面，反应活性等级描述如表 4.7 所示。

表 4.7　黄色/反应活性等级

等级	描述	示例
4	可以在常温常压下迅速发生爆炸	硝酸甘油、雷酸银
3	可以在某些条件下（如被加热或与水反应等）发生爆炸	乙炔、硝酸铵
2	在加热加压条件下发生剧烈化学变化，或与水剧烈反应，可能与水混合后发生爆炸	钙、白磷
1	通常情况下稳定，但是可能在加热加压的条件下变得不稳定，或可以与水发生反应	氧化钙、丙烯
0	通常情况下稳定，即使暴露于明火中也不反应，并且不与水反应	氦、氨

4.3.5.3　红色/可燃性

在 NFPA 704 分类系统中，红色表示可燃性，分类依据主要有闪点、沸点、物质形态、燃烧速率等等。物质状态不同，所参照的分类依据也有所不同。可燃性等级描述如表 4.8 所示。常见的可燃性物质有甲烷（危害等级 4）、汽油（危害等级 3）、苯基硫脲（危害等级 2）、甘油（危害等级 1）等。

表 4.8 红色/可燃性等级

等级	描述	示例
4	在常温常压下迅速或完全汽化,或是可以迅速分散在空气中,可以迅速燃烧	甲烷、氢
3	在各种环境温度下可以迅速被点燃	汽油
2	需要适当加热或在环境温度较高的情况下可以被点燃	柴油、苯基硫脲
1	需要预热才可点燃	甘油、鱼肝油
0	不会燃烧	水、二氧化碳

4.3.5.4 白色/特殊危害性

在 NFPA 704 分类系统中，除了上述几类危害外，还有一些其他危害被纳入了“特殊危害性”的行列，如氧化性、遇水反应性、生物危害性、放射性等。对于这些危害，需要在警示菱形的白色区域填写对应的字母符号。常见“特殊危害性”符号如表 4.9 所示。

表 4.9 白色/特殊危害性

符号	含义	示例
W	与水发生剧烈反应	钾、钠、钙等
OX(OXY)	氧化剂	高锰酸钾、双氧水等
SA	需要简单保护气,保护气可以是氮气和稀有气体	—
COR	腐蚀性	浓硫酸、氢氧化钾等
ACID	强酸	硫酸、盐酸等
ALK	强碱	氢氧化钠、氢氧化钙等
BIO	生物危害性	溴化乙锭等
RAD	放射性	铀等
CRY 或 CRYO	低温	液氮等

注:表中前三个符号是 NFPA 704 标准中规定的符号,其他符号化学品厂商可根据需要添加。

4.4 化学品安全技术说明书

从化学品的安全标志和安全标签可以快速获得简明安全信息，从化学品安全技术说明书(material safety data sheet) 可以获得危险化学品的详细安全信息。化学品安全技术说明书是 GHS 的一项重要内容，国际上称作化学品安全信息卡，简称 MSDS、SDS 或 CSDS，是一份关于危险化学品燃爆、毒性和环境危害以及安全防护、急救措施、安全储运、泄漏应急处置、主要理化参数、法律法规等方面信息的综合性文件。化学品安全技术说明书是传递化学品危害信息的重要文件，描述了现场自救或互救的简要处理方法，概述了化学物质的理化特性，提供化学品的毒理学等信息。

化学品安全技术说明书是化学品生产、流通、使用过程中安全保障的关键指导性文件。它构建了化学品生产企业、经营单位和用户之间的信息网络，为应急作业人员提供技术指引，为危险化学品安全操作规程的制定提供技术信息，同时也是企业开展安全教育的重要依据[2]。

4.4.1　化学品安全技术说明书内容

化学品安全技术说明书包括化学品及企业标识、成分等 16 个部分。

1. 化学品及企业标识	9. 理化特性
2. 成分/组成信息	10. 稳定性和反应性
3. 危险性概述	11. 毒理学资料
4. 急救措施	12. 生态学资料
5. 消防措施	13. 废弃处置
6. 泄漏应急处理	14. 运输信息
7. 操作处置与储存	15. 法规信息
8. 接触控制/个体防护	16. 其他信息

化学品安全技术说明书可以归纳为以下四部分。

① 在紧急事态下首先需要知道是什么物质，有什么危害？（第 1、2、3 部分）

② 危险情形已经发生，应该怎么做？（第 4、5、6 部分）

③ 如何预防和控制危险发生？（第 7、8、9、10 部分）

④ 其他一些关于危险化学品安全的主要信息。（第 11、12、13、14、15、16 部分）

4.4.2　化学品安全技术说明书查询

化学品安全技术说明书不是标准，是供应商依据国家标准编制的，购买化学品时商家都会赠送一份 MSDS。但一般只有一部分化学品会有，其他的需要自行查阅。通常正规的化工企业比如 Sigma、DuPont、BASF 等公司都维护着一个很大的 MSDS 数据库。专业 MSDS 数据平台的主要功能是集合各家企业发布的 MSDS 数据，通过一个搜索程序，为查询 MSDS 报告的企业或个人提供服务。

4.5　危险化学品性质及安全使用

了解危险化学品的性质，有助于我们更好地认识和管理危险化学品，在实际生产、储存、运输和使用过程中，规范操作，确保危险化学品的安全可控。同时，加强对危险化学品的监管，增强企业和从业人员的安全意识，对于预防事故的发生具有重要意义。

下面将按照 GB 6944—2025《危险货物分类和品名编号》中的分类标准，分别介绍 9 个类别的危险化学品。

4.5.1　爆炸品

4.5.1.1　爆炸品一般规定及项别

爆炸品包括如下内容。

① 爆炸性物质（物质本身不是爆炸品，但能形成气体、蒸气或粉尘爆炸环境者，不列入第 1 类），不包括那些过于危险以致不能运输或其主要危险性符合其他类别的物质。

② 爆炸性物品，不包括下述装置：其中所含爆炸性物质的数量或特性，不会使其在运

输过程中偶然或意外被点燃或引发后因迸射、发火、冒烟、发热或巨响，而在装置外部产生任何影响。

③ 为产生爆炸或烟火效果而制造的，①和②中未提及的物质或物品。

爆炸性物质是指固体或液体物质（或物质混合物），自身能够通过化学反应产生气体，其温度、压力和速度高到能对周围造成破坏，还包括烟火物质。烟火物质是指通过不起爆的自持放热化学反应，用来产生热、光、声、气或烟的效果或综合效果的爆炸性物质。爆炸性物品是指含有一种或几种爆炸性物质的物品。

根据爆炸危险性大小，将爆炸品分为六项，详见表 4.3 危险货物分类表及安全标志。

4.5.1.2 爆炸品危险特性

爆炸品具有爆炸性强、敏感度高和破坏性大等特点。热、火花、撞击、摩擦、冲击波、光、静电、特定的催化剂或杂质等都可能引发爆炸品发生爆炸反应。爆炸时反应速率快，通常在万分之一秒内完成反应；一些化合物的起爆能非常低、十分敏感，稍有不慎即可引发爆炸。例如雷酸银，稍经触动即能发生爆炸；爆炸产生的大量热量来不及释放，会产生很高的温度，有时甚至高达数千度；生成大量的气体，具有毒性或窒息性（CO、HCN、CO_2、NO_2、NO、N_2），形成高温高压气体，压力往往可达数十万大气压。

化学爆炸是由物质发生化学反应引起，按化学组成将爆炸物分为爆炸性化合物和爆炸混合物，爆炸性化合物含有爆炸性原子团，表 4.10 为常见的爆炸性化合物及其含有的爆炸性原子团。

表 4.10 常见爆炸性化合物

常见爆炸性化合物	爆炸性原子团	举例
乙炔类化合物	C≡C	乙炔银、乙炔汞
叠氮化合物	N≡N	叠氮化铅、叠氮化钠
雷酸盐类化合物	N≡C	雷酸汞、雷酸银
氯酸或过氯酸化合物	O—Cl	氯酸钾、高氯酸铵
硝基化合物	R—NO_2	三硝基甲苯、三硝基苯酚
硝酸酯类	R—ONO_2	硝化甘油、硝化棉

4.5.1.3 爆炸品的储存及灭火剂

爆炸品必须专库、限量存储，不得混存；必须严格管理，需上双锁保管并做好使用登记，贯彻“五双”管理制度。库房保持通风，远离火种、热源，防止阳光直射；防止摩擦、撞击和震动。实验室需建立并及时更新化学品台账，及时清理废旧化学品。

爆炸品着火可用水、空气泡沫、二氧化碳、干粉等扑灭剂施救，最好的灭火剂是水。因为水能够渗透到爆炸品内部，在爆炸品的结晶表面形成一层可塑性的柔软薄膜，将结晶包围起来使其钝感。爆炸品着火首要的就是用大量的水进行冷却，灭火时应注意防毒。不能用沙土盖压，以免增强爆炸物品爆炸时的威力。

4.5.2 气体

4.5.2.1 气体一般规定及项别

属于危险化学品的气体应符合下面两种情况之一。

①在50℃时，其蒸气压力大于300 kPa的物质。

②20℃时在101.3 kPa压力下完全是气体的物质。

本类危险化学品包括压缩气体、液化气体、溶解气体和冷冻液化气体、一种或多种气体与一种或多种其他类别物质的蒸气混合物、充有气体的物品和气雾剂。压缩气体是指在－50℃下加压包装运输时完全是气态的气体，包括临界温度小于或等于－50℃的所有气体。液化气体是指在温度大于－50℃下加压包装供运输时部分是液态的气体，可分为：高压液化气体（临界温度在－50～65℃之间的气体）和低压液化气体（临界温度大于65℃的气体）。溶解气体是指加压包装供运输时溶解于液相溶剂中的气体。冷冻液化气体是指包装供运输时由于其温度低而部分呈液态的气体。

按危险特性可将本类化学品分为易燃气体、非易燃无毒气体和毒性气体三类。易燃气体是指在20℃和101.3 kPa标准压力下，满足下列条件之一的气体：爆炸下限小于或等于13%的气体；不论其爆炸下限如何，其爆炸极限范围或燃烧极限范围大于或等于12%的气体。非易燃无毒气体是指满足下列条件之一的气体：窒息性气体是指会稀释或取代空气中氧气的气体；氧化性气体是指比空气更能引起或促使其他材料燃烧的气体；不属于其他项别的气体。毒性气体是指满足下列条件之一的气体：其毒性或腐蚀性对人类健康造成危害的气体；LC_{50}值小于或等于5000 mL/m^{3}的毒性或腐蚀性气体。

4.5.2.2 气体危险特性

在实验室中，即使微小的隐患，尤其是使用易燃、易爆和有毒气体，都可能因为一时的疏忽，引发巨大的事故，带来无法估量的损失。

因此，在使用易燃、易爆和有毒气体等化学品时，必须了解其性质，时刻保持警惕，加强安全管理，确保实验过程的安全。同时，实验室人员应掌握必要的安全知识和应急处理技能，以应对可能发生的事故。

气体的危险特性总结如下。

① 膨胀爆炸性。由于压缩气体和液化气体是把气体经高压压缩贮藏于钢瓶内，无论是哪种气体处于高压下时，它们在受热、撞击等作用时均易发生物理爆炸。

② 易燃易爆性。常用的压缩气体和液化气体，超过半数是易燃气体。与易燃液体、固体相比，易燃气体更易燃烧，且燃烧速度快，着火爆炸危险性大。

③ 健康危害。本类气体中的绝大多数气体对人体健康具有危害性，如毒性、刺激性、腐蚀性或窒息性。

④ 氧化性。危险气体中很多具有氧化性，包括含氧的气体，如氧气、压缩空气、臭氧、一氧化二氮、二氧化硫、三氧化硫等；还包括一些不含氧的气体，如氯气、氟气。这些气体遇到还原性气体或物质（如多数有机物、油脂等）易发生燃烧爆炸。在储存、运输和使用过程中要将这些气体与其他可燃气体分开。

⑤ 扩散性。气体由于分子间距大，相互作用力小，所以非常容易扩散。比空气轻的气体在空气中容易扩散，易与空气形成爆炸性混合物；比空气重的气体往往沿地面扩散，聚集在房屋角落等处，长时间不散，遇着火源发生燃烧或爆炸。

4.5.2.3 实验室常见危险气体

实验室常见危险气体如下。

① 常见危险易燃气体：氢气、甲烷、乙烷、乙烯、丙烯、乙炔、环丙烷、丁二烯、一氧化碳、甲醚、环氧乙烷、乙醛、丙烯醛、氨、乙胺、氰化氢、丙烯腈、硫化氢、二硫化碳等。

② 常见有毒气体：光气、溴甲烷、氰化氢、硫化氢、氟化氢、氧化亚氮等。

③ 常见非易燃无毒气体：纯氧、氮气、二氧化碳、惰性气体等。

4.5.3 易燃液体

易燃液体包括易燃液体和液态退敏爆炸品。易燃液体是指闭杯试验闪点不高于 60℃或开杯试验闪点不高于 65.6℃时放出易燃蒸气的液体或含液体的混合物，或是在溶液或悬浊液中含有固体的液体（例如油漆等涂料，但不包括由于其危险特性已列入其他类别的物质），还包括满足下列条件之一的液体：在温度等于或高于其闪点的条件下提交运输的液体；以液态在高温条件下运输或提交运输并在温度等于或低于最高运输温度下放出易燃蒸气的物质。液态退敏爆炸品是指为抑制爆炸性物质的爆炸性能，将爆炸性物质溶解或悬浮在水中或其他液态物质后，而形成的均匀液态混合物。易燃液体具有易燃性、易流动扩散性、受热膨胀性、带电性（汽油、苯、甲苯、液态烷烃等）、毒害性（1-氯-1,3-丁二烯、2-氯丙烯、3-氯丙烯、丙烯醛）等特性。

根据 GB 30000.7—2013《化学品分类和标签规范 第 7 部分：易燃液体》，易燃液体是指闪点不高于 93℃的液体，分为 4 类，见表 4.11。

表 4.11 易燃液体分类标准和标签要素

类别	标准	标签要素	
1	闪点小于 23℃且初沸点不大于 35℃	图形符号	
		信号词	危险
		危险说明	极易燃液体和蒸气
2	闪点小于 23℃且初沸点大于 35℃	图形符号	
		信号词	危险
		危险说明	极易燃液体和蒸气
3	闪点不小于 23℃且不大于 60℃	图形符号	
		信号词	警告
		危险说明	易燃液体和蒸气

续表

类别	标准	标签要素	
4	闪点大于 60℃且不大于 93℃	图形符号	无图形符号
		信号词	警告
		危险说明	可燃液体

注：1. 为了某些管理目的，可将闪点范围在 55～75℃的燃料油、柴油和民用燃料油视为一特定组。

2. 闪点高于 35℃，但不超过 60℃的液体如果在联合国《关于危险货物运输的建议书 试验和标准手册》(以下简称《试验和标准手册》)的第 32 节第Ⅰ部分中 1.2 持续燃烧性试验中得到否定结果，则可以为了某些管理目的(如运输)，将其视为非易燃液体。

3. 为了某些管理目的(如运输)，某些黏性易燃液体，如色漆、磁漆、喷漆、清漆、黏合剂和抛光剂可视为一特定组。将这些液体归类为非易燃液体或考虑将这些液体归类为非易燃液体的决定可以根据相关规定或由主管部门作出。

4. 气溶胶不属于易燃液体。

4.5.4　易燃固体、易于自燃的物质和遇水放出易燃气体的物质

4.5.4.1　易燃固体、自反应物质、固态退敏爆炸品和聚合性物质

易燃固体是指易于燃烧的固体和摩擦可能起火的固体，其燃点低，对热、撞击、摩擦、高能辐射等敏感，易被外部火源点燃，燃烧迅速，发出有毒烟雾或者有毒气体，如硫黄、氨基化钠、红磷、三硫化磷、铝粉等。易燃固体的危险特性如下。

① 易燃性。易燃固体的着火点都比较低，一般都在 300℃以下，在常温下很小能量的着火源就能引燃易燃固体。有些固体在发生摩擦、撞击等外力作用时也能引起燃烧。

② 爆炸性。绝大多数易燃固体与酸、氧化剂，尤其是与强氧化剂接触时，能够立即引起着火或者爆炸。易燃固体粉末与空气混合极易发生粉尘爆炸。

③ 毒害性。很多易燃固体本身具有毒害性，或者燃烧后产生有毒物质。

自反应物质是指即使没有氧气（空气）存在，也容易发生激烈放热反应的热不稳定物质。固态退敏爆炸品是指为抑制爆炸性物质的爆炸性能，用水或酒精湿润爆炸性物质或用其他物质稀释爆炸性物质后，而形成的均匀固态混合物。聚合性物质是指在不添加稳定剂的情况下，在正常运输条件下可能发生强烈放热反应，生成较大分子或形成聚合物的物质。

4.5.4.2　易于自燃的物质

易于自燃的物质是指燃点低，在空气中易发生氧化反应，放出热量而自行燃烧的物质，包括发火物质和自热物质。发火物质是指即使只有少量与空气接触，不到 5 min 时间便燃烧的物质，包括混合物和溶液（液体或固体）；而自热物质是指发火物质以外的与空气接触不需要外部热源便能自己发热的物质。实验室常见自燃物质有黄磷、还原铁、还原镍、金属有机化合物三异丁基铝、三丁基硼等。

易于自燃的物质具有自燃性、化学活性和毒害性等危险特性。自燃物质都是比较容易氧化的，接触空气中的氧时会产生大量的热，积热达到自燃点而着火、爆炸。同时，潮湿、高温、包装疏松、结构多孔（接触空气面积大）、助燃剂或催化剂存在等因素，可以促进自燃。自燃物质一般都比较活泼，具有极强的还原性，极易被氧化（如黄磷、硫化亚铁、硫化钠、烷基铝、油棉纱等），与氧化剂可发生剧烈的反应、爆炸。有相当大部分的自燃物质本身及其燃烧产物不仅有毒或剧毒，还可能有刺激性、腐蚀性等。

4.5.4.3 遇水放出易燃气体的物质

遇水放出易燃气体的物质是指遇水放出易燃气体，且该气体与空气混合能够形成爆炸性混合物的物质，如钠、钾、连二亚硫酸钠、锌粉等，其危险特性如下。

① 遇水易燃性。遇水、潮湿空气、含水物质可剧烈反应，放出易燃气体和大量热量，引起燃烧、爆炸，或可形成爆炸性混合气体，从而形成危险；如金属钠、金属钾、铝粉、金属氢化物、碳化钙、磷化锌等。

② 遇氧化剂、酸反应更剧烈。除遇水剧烈反应外，也能与酸类或氧化剂发生剧烈反应，且反应更加剧烈，燃烧、爆炸的危险性更大。

③ 自燃危险性。磷化物，如磷化钙、磷化锌，遇水形成磷化氢，其在空气中能自燃，且有毒。

④ 毒害性和腐蚀性。一些遇水放出易燃气体的物质本身具有毒性或放出有毒气体。由于易与水反应，故有腐蚀性，使用这类物质时应防止接触皮肤、黏膜，以免灼伤，取用时要戴橡皮手套操作。

易燃物质更多内容见“易燃、自燃化学品、氧化性和有机过氧化物化学品”二维码。

易燃、自燃化学品、氧化性和有机过氧化物化学品

4.5.5 氧化性物质和有机过氧化物

氧化性物质是指本身未必燃烧，但通常因放出氧可能引起或促使其他物质燃烧的物质，如高氯酸盐、高锰酸盐、重铬酸盐、过氧化物。此外，碱土金属和碱土金属的氯酸盐、硝酸盐、亚硝酸盐、高氧化态金属氧化物以及含有过氧基（—O—O—）的无机化合物也属于此类物质。有机过氧化物指含有两价过氧基（—O—O—）结构的有机物质。其本身易燃易爆、极易分解，对热、振动和摩擦极为敏感，如：过氧化苯甲酰、过氧化甲乙酮、过氧化二苯甲酰、过氧化二异丙苯、叔丁基过氧化物、过甲酸、三过氧化三丙酮等。氧化性物质和有机过氧化物的危险特性如下。

① 强氧化性。氧化性物质和有机过氧化物的突出特性是具有较强的获得电子能力，即强的氧化性和反应性。在遇到还原剂、有机物时会发生剧烈的氧化还原反应，引起燃烧、爆炸，放出反应热，极易造成事故。更多内容见“易燃、自燃化学品、氧化性和有机过氧化物化学品”二维码。

② 易分解性。氧化剂和有机过氧化物受热、撞击、摩擦、振动极易分解（如过氧化苯甲酰、过氧化二叔丁醇、过氧化甲乙酮等）。

③ 燃烧爆炸性。氧化剂多数本身是不可燃的，但能导致或者促进可燃物燃烧，如硝酸盐。有机过氧化物本身是可燃物，易着火燃烧，受热分解后更易燃烧爆炸。有机过氧化物比无机氧化剂具有更大的火灾危害性。一些氧化剂遇水易分解放出氧化性气体，遇火源可导致可燃物燃烧。多数氧化剂和有机过氧化物遇酸反应剧烈，甚至发生爆炸，尤其是碱性氧化剂，如过氧化钠、过氧化二苯甲酰等。

4.5.6 毒性物质和感染性物质

毒性物质是指经吞食、吸入或皮肤接触后可能造成死亡、严重受伤或损害人类健康的物

质，如氰化钾、氯化汞、氢氟酸（氢氟酸安全信息见附录二中 2.19 二维码）等。感染性物质是指已知或有理由认为含有病原体的物质。感染性物质分为 A 类和 B 类，A 类是指以某种形式运输的，在与之发生接触（发生接触，是在感染性物质泄漏到保护性包装之外，造成与人或动物的实际接触）时，可造成健康的人或动物永久性残疾、生命危险或致命疾病的感染性物质。B 类是指除 A 类以外的感染性物质。

实验室常见毒害品有无机毒性物质和有机毒性物质。无机毒性物质包括有毒气体，如卤素、卤化氢、氢氰酸、二氧化硫、硫化氢、氨、一氧化碳等；氰化物，如 KCN、NaCN 等；砷及其化合物，如 As_2O_3；硒及其化合物，如 SeO_2；其他，如汞、锑、氟、铯、铅、钡、磷、铊、碲及其化合物。有机毒性物质包括卤代烃及其卤化物类，如氯乙醇、二氯甲烷、光气等；有机金属化合物类，如二乙基汞、四乙基铅、硫酸三乙基锡等；有机磷、硫、砷及腈、胺等化合物类，如对硫磷、丁腈等；某些芳香环、稠环及杂环化合物类，如硝基苯、糠醛等；天然有机毒品类，如鸦片、尼古丁等；其他有毒物质，如硫酸二甲酯、正硅酸甲酯等。毒性物质的危险特性如下。

① 毒性。毒性是这类物质的主要特征。无论通过口服、吸入，还是皮肤接触，毒性物质侵入机体后会对机体的功能与健康造成损害，甚至死亡。毒性物质的溶解性越好，其危害越大。这里的溶解性不仅包括水溶性还包括脂溶性。如易溶于水的氯化钡（安全信息见附录二中 2.20 二维码）对人体危害大，而难溶的硫酸钡则无毒；具有致癌、生殖、遗传毒性的二噁英就是脂溶性毒品。多数有机毒害品挥发性较强，容易引起吸入中毒。固体毒物颗粒越小，分散性越好，越容易通过呼吸道和消化道进入体内。

② 隐蔽性。有相当部分的毒性物质没有特殊颜色和气味，容易和面粉、盐、糖、水、空气等混淆，不易识别和防范。如氰化银，为白色粉末，无臭无味；铊盐溶液为无色透明状液体，容易和水混淆；一氧化碳为无色无味气体等。另一些毒性物质，如苯、四氯化碳、乙醚、硝基苯（安全信息见附录二中 2.21 二维码）等蒸气久吸会使人嗅觉减弱，使人放松警惕。

③ 易燃易爆性。目前列入危险品的毒害品有 500 多种，有火灾危险的约占其总数的 90%。这些毒害品遇火源和氧化剂容易发生燃烧、爆炸。含硝基和亚硝基的芳香族有机化合物遇高热、撞击等有可能引起爆炸并分解出有毒气体。

④ 遇水、遇酸反应。大多数毒害品遇酸或酸雾，会放出有毒的气体，有的气体还具有易燃和自燃危险性，有的甚至遇水会发生爆炸。

4.5.7　放射性物质

放射性物质是指任何含有放射性核素并且其活度浓度和放射性总活度都超过 GB 11806—2019《放射性物品安全运输规程》规定限值的物质。一般放射性物质都是原子质量很高的金属，如铀，而其辐射放出的射线对人体的危害很大。本类物质按其放射性大小细分为一级放射性物品、二级放射性物品和三级放射性物品，如金属铀、六氟化铀、金属钍等。

4.5.8　腐蚀性物质

腐蚀性物质是指通过化学作用对皮肤造成不可逆转的损伤或在渗漏时对其他货物或运输

工具造成严重损害甚至完全损坏的物质。本类包括满足下列条件之一的物质：在暴露时间不超过 4 h 后，在不超过 14 d 的观察期内，造成完好皮肤组织不可逆损伤的物质；被判定不引起完好皮肤组织不可逆损伤的液体和在运输过程中可能变成液体的固体，但在 55℃试验温度下，对钢或铝的表面腐蚀率超过 6.25 mm/a 的物质。腐蚀性物质按化学性质分为三类：酸性腐蚀品、碱性腐蚀品、其他腐蚀品。腐蚀性物质的危险特性如下。

① 强烈的腐蚀性。腐蚀性物质的化学性质比较活泼，能和很多金属、有机化合物、动植物机体等发生化学反应，从而灼伤人体组织，对金属、动植物机体、纤维制品等具有强烈的腐蚀作用。腐蚀品中的酸能与大多数金属反应，溶解金属，酸还能和非金属发生作用。腐蚀品中的强碱也能腐蚀某些金属和非金属。

② 毒性。多数腐蚀品有不同程度的毒性，有的还是剧毒品，如氢氟酸、重铬酸钠等。

③ 易燃性。许多有机腐蚀物品都具有易燃性，这是由于它们本身的组成和分子结构，如冰醋酸、甲酸、苯甲酰氯、丙烯酸等接触火源时会引起燃烧（甲酸等腐蚀品的安全信息详见附录二中 2.22～2.24 二维码）。

④ 氧化性。腐蚀品中有些物质具有很强的氧化性，其中多数是含氧酸和酸酐，如浓硫酸、硝酸、氯酸、高锰酸、铬酸酐等。当强氧化性的腐蚀品接触木屑、食糖、纱布等可燃物时，会发生氧化反应，引起燃烧、爆炸。

腐蚀性物质可对金属或皮肤产生不可逆的损坏，在使用或生产过程中，应主要注意如下事项。

① 在生产过程中，不得直接接触腐蚀性物质。

② 部分腐蚀性物质，如硝酸、硫酸、氢碘酸等具有强氧化性，不可接触木屑、纱布等可燃物质。

③ 腐蚀性物质着火，一般可用雾状水或干砂、泡沫、干粉等扑救，不宜用高压水，以防酸液或碱液四溅，伤害扑救人员。

④ 腐蚀性物质一旦发生泄漏，人员首先需要撤离现场至安全地区，在进行泄漏物的清理时，可考虑通过中和酸液或碱液的方法，首先将泄漏物的 pH 值调至安全范围，再做进一步泄漏处置。

⑤ 腐蚀性物质在储存时，需隔离存放，且包装需耐腐蚀，提供 MSDS 报告。腐蚀性物质的更多内容参见“腐蚀品”二维码。

腐蚀品

4.5.9 杂项危险物质和物品

杂项危险物质是指未被其他类别收录的危险物质，主要包括以下三类。

① 危害环境的物质，如海洋污染物、水生环境危害物质。

② 在高温下运输或提交的物质，如运输或要求运输的高温物质，液态温度达到或超过 100℃，或固态温度达到或超过 240℃。

③ 经过基因修改的微生物或组织，它们不属于感染性物质，但能够以非正常的天然繁殖结果的方式改变动物、植物或微生物物质。

其他如强磁性物品、白石棉、干冰、锂电池组、可危害健康的超细粉尘，具有较弱的燃烧或腐蚀性能的物质等均属于此项。

4.6 危险化学品危害

4.6.1 燃爆危害

爆炸下限越低，爆炸极限范围越宽，危险性越大。闪点越低，燃烧危险性越大，反之则越小。若液体的温度低于闪点，则液体是不会发生闪燃的，更不会发生着火。

在实验过程中，要充分了解实验过程中使用的各种易燃易爆气体及药品的特性，掌握闪点、燃点以及自燃点等。

（1）闪点

在规定的试验条件下，液体挥发的蒸气与空气形成的混合物，遇火源能够闪燃的液体最低温度（采用闭杯法测定），称为闪点。闪点是可燃性液体性质的主要标志之一，是衡量液体火灾危险性大小的重要参数。

闪点分为开口闪点和闭口闪点两种，一般测试润滑油的开口闪点，同一个油品，其开口闪点较闭口闪点高 20～30℃。

① 开口闪点。用规定的开口闪点测定器所测得的结果称为开口闪点，以℃表示。在开口闪点的测试中，容器向空气敞开，温度缓慢升高，点火源从顶部流过，直至“闪烁”或点燃。该测试中的关键变量是杯上点火源的高度。开口闪点多用于润滑油及重质石油产品，因为用开口杯法测定时，石油产品受热后所形成的蒸气不断向空气中扩散，不易聚积达到爆炸下限的浓度。

② 闭口闪点。在一稳定的空气环境中，可燃性液体或固体表面产生的蒸气在试验火焰作用下被闪燃时的最低温度。闭口闪点测试是液体燃烧试验方法之一。将液体试样装入规定的封闭杯内（杯上有一小出气孔），使试样按要求的升温速率升温，然后按一定的温度间隔用规定的外部点火源快速通过出气孔上方，直至着火为止，将此时的温度记作该液体的闪点。不同种类的液体有具体的试验要求和相应的试验方法。GB/T 21615—2008《危险品 易燃液体闭杯闪点试验方法》中描述了采用闭口杯法测定危险品及易燃液体闪点的标准方法。该方法适用于易燃的液体、液体混合物、含有固体物质液体的闪点测定，但不适用于由于其危险特征已列入其他类别的液体，其闭杯试验闪点等于或低于 60℃。

（2）燃点

在规定的试验条件下，应用外部热源使物质表面起火并持续燃烧一定时间所需的最低温度，称为燃点。可燃物的温度没有达到燃点时是不会着火的，物质的燃点越低，越易燃烧。

易燃液体的燃点一般高出其闪点 1～5℃，且闪点越低，这一差值越小。因此，评定这类液体火灾危险性大小时，一般用闪点。固体的火灾危险性大小一般用燃点来衡量。

（3）自燃点

定义：在规定的条件下，可燃物质产生自燃的最低温度，称为自燃点。在这一温度时，物质与空气（氧）接触，不需要明火的作用，就能发生燃烧。

下面是几起由于危险化学品的爆燃危害引发的事故。

1974 年，英国弗利克斯巴勒（Flixborough）一家化学厂临时管道破裂，泄漏 50 t 可燃物（环已烷），酿成严重爆炸事故，事故造成 28 人死亡，数百人受伤，损失达 1 亿英镑。

2005 年 3 月 23 日 13 时 20 分，英国石油公司（BP）位于美国得克萨斯州（Texas）的炼油厂异构化装置发生了严重的火灾爆炸事故，造成 15 名承包商员工丧生，170 余人受伤，直接经济损失超过 15 亿美元，是近 20 年来美国最严重的工业事故。事故直接原因是操作工在异构化装置开车前误操作，操作工对阀门和液面检查粗心大意，没有及时发现液面超标等。

2015 年 8 月 12 日 23：30 左右，天津市滨海新区天津港某公司危险品仓库发生火灾爆炸事故，本次事故爆炸总能量约为 450 吨 TNT 当量，造成 165 人遇难，8 人失踪，798 人受伤，304 幢建筑物、12428 辆商品汽车、7533 个集装箱受损。事故直接原因是该公司危险品仓库运抵区南侧集装箱内的硝化棉由于湿润剂散失出现局部干燥，在高温天气等因素的作用下加速分解放热，积热自燃，引起相邻集装箱内的硝化棉和其他危险化学品长时间大面积燃烧，导致堆放于运抵区的硝酸铵等危险化学品发生爆炸。

4.6.2 毒性危害

化学品的毒性危害主要包括引发刺激、过敏反应，导致缺氧、昏迷和麻醉状态，以及造成全身中毒、致癌、致畸、致突变和肺尘埃沉着病等严重后果。其核心危害在于能够导致人体中毒。这些有毒物质主要通过三种途径进入人体：一是通过呼吸吸入，二是随食物摄入，三是经由皮肤吸收。化学品毒性危害的表现为急性中毒或慢性中毒，短时间内大量接触有毒化学品，导致机体功能受损，甚至危及生命。长期接触有毒化学品，逐渐产生毒性作用，会引发疾病和健康问题。下面是几起严重的危险化学品中毒事故。

有毒气体泄漏事件。1977 年，意大利赛维索（Seveso）工厂，阀门泄漏导致大量有毒蒸气泄漏，造成 30 人伤亡，迫使 22 万人紧急疏散。1984 年，印度博帕尔农药厂发生甲基异氰酸盐泄漏的恶性中毒事故，有 4000 多人中毒死亡，20 余万人中毒受伤且其中大多数人双目失明，67 万人受到残留毒气的影响。

北京某大学铊中毒事件。1994 年，北京某大学学生朱某在校期间离奇地出现了铊中毒的症状，导致其身体健康遭受严重损害。自 1994 年 11 月 24 日起，朱某开始呈现出异常的中毒症状：首先，她腹痛且食欲不振；随后（12 月 5 日），胃部不适；最后（12 月 8 日），她的头发开始脱落，并在短短几天内全部掉光。经过几十年的康复治疗，朱某的铊中毒症状得到了一定程度的缓解。然而，由于铊中毒造成的损伤具有不可逆转性，她的智力、视觉、机体和语言功能仍未完全恢复。这使得朱某生活无法自理，长期依赖年迈的父母照料。2023 年 12 月 22 日，朱某去世。

金属钾或锰中毒事件。2005 年 3 月 21 日，重庆九龙坡区某小学三名学生上完实验课后清洗试管，三人中一名男生没向试管注水就将粉末倒出，粉末扬起，三名学生均有不同程度吸入。十分钟后，三人出现不同程度的昏迷、胸闷、气喘，三天后，清洗试管的男生出现流鼻血、呕吐、腰痛等症状，重庆医科大学儿童医院接诊专家诊断三名学生为金属钾或金属锰中毒。

4.6.3 环境危害

重金属、农药、挥发酚类、氰化物、砷化合物等污染物可在水生生物体内富集，造成其损害、死亡，破坏生态环境。石油类污染可导致鱼类、水生生物死亡，还可引起水上火灾。由于人类活动产生的相当范围内的大气污染、水质污染、土壤污染，会对人类健康和生活环境带来损害。20 世纪 30 年代到 60 年代，在世界各地发生过许多公害事件。使众多人群非正常死亡、残废、患病的公害事件不断出现。其中严重的有八起污染事件，被称为“八大公害”事件，包括马斯河谷烟雾事件、美国光化学烟雾事件、伦敦烟雾事件、多诺拉烟雾事件、水俣病事件、骨痛病事件、哮喘事件、米糠油事件。这“八大公害”事件都由危险化学品直接或间接导致环境污染。我国也发生过重大化学品的环境污染事件。2005 年 11 月 13 日，吉林某石化公司双苯厂一车间发生爆炸事故。爆炸发生后，事故产生的约 100 吨苯、硝基苯等有机污染物流入松花江，直接经济损失 6908 万元，引发该水域发生重大水污染事件，沿岸数百万居民的生活受到影响。2010 年发生的中石油大连石化公司“7·16”输油管道燃烧爆炸事故导致部分原油泄漏入海，受污染海域达 50 平方公里，带来一场严重的生态、环境危机，威胁着美丽的滨城。

4.7 危险化学品存储要求

4.7.1 存储基本原则

危险化学品存储的基本原则如下。

① 在处理危险化学品的存储时，必须遵循一系列严格的原则和规定，以确保人类和环境的安全。首先，必须仔细查阅化学品的安全技术说明书（MSDS），以了解危险化学品的种类、属性、存储基本要求以及其危险系数。在此基础上，应按照 GB 15603—2022《危险化学品仓库储存通则》的规定进行存储。危化品的存储分为三种：隔离贮存、隔开贮存和分离贮存。

a. 隔离贮存。这种存储方式要求在同一房间或区域内，将不同的化学品之间保持一定的距离，并用通道来分隔非禁忌物料，以确保它们之间有足够的空间。

b. 隔开贮存。这种方式要求在同一房间或区域内，利用隔板或墙将化学品与禁忌物料分离开来，以减少潜在的交叉污染风险。

c. 分离贮存。这是最为严格的存储方式，要求在不同建筑物或远离所有建筑的外部区域内进行存储，特别适用于那些化学性质相抵触或灭火方法不同的化学物料。需要注意的是，禁忌物料和化学性质相互抵触的物料绝对不能混放。

② 配制化学品的要求。必须确保所有化学品和配制试剂都贴有清晰的标签，杜绝标签丢失、信息不全或不清所导致的混乱。此外，所有配制的试剂和反应产物都应有名称、浓度或纯度、责任人、日期等详细信息。同时，存放化学品的场所必须保持整洁、通风、隔热、安全，并且要远离热源和火源。

③ 存储危化品的量的要求。在存储危险化学品的量方面，实验室应严格遵守规定，不得存放大桶试剂（单个超过 10 kg），并且严禁存放大量的易燃易爆品及强氧化剂。化学品应密封、分类、合理存放，切勿将不相容的、相互作用会发生剧烈反应的化学品混放。

④ 管制类化学品严格贯彻“五双”管理制度，做到双人验收、双人保管、双人发货、双本账、双把锁。

4.7.2 存储一般要求

危险化学品存储的一般要求如下。

① 遵守化学品存储的基本要求。

② 为防止不相容材料的意外混合，必须按危险等级将化学品隔离存储。易燃和可燃物、氧化物、腐蚀剂和有毒物质必须分开。

③ ≥3.785 L的玻璃或塑料容器中的燃点低于37.8℃的化学品，必须存放在合格的易燃物安全柜内。强酸、强碱放在耐强腐蚀的PP药品柜中，易燃易爆的液体放在易燃易爆化学品柜中。

④ 禁止在危化品贮存区域内堆积可燃废弃物品，同时须远离热源和火源。

⑤ 存储危化品，请一定先查询MSDS卡，查找危化品所属类别（强酸、强碱、强氧化剂、强还原剂、易燃液体等），熟知其危险特性、灭火方式以及存储方式。

⑥ 实验室所有危化品，建议一定要有危险品安全信息卡（MSDS明细）手册，要有危化品的目录、动态台账以及使用记录。

4.7.3 存储特别要求

危险化学品的特别存储要求如下。

① 与灭火方法相抵触的危险化学品，不得在同一仓库或同一储存室内存放。

② 危化品仓内的货架或储存堆垛之间主要通道的安全距离不应窄于1.0 m，主要通道上不得堆积物品，必须保持通畅。

③ 化学性质不相容但两者都不燃烧的化学品，存储时分隔距离不小于0.5 m；化学性质不相容且其中至少有一种属可燃/易燃化学品，存储时分隔距离不小于6 m。

④ 遇火、遇热、遇潮能引起燃烧、爆炸或发生化学反应，产生有毒气体的危化品不得在露天或在潮湿、积水的建筑物中贮存。

⑤ 压缩气体和液化气体必须与爆炸物品、氧化剂、易燃物品、自燃物品、腐蚀性物品隔离贮存。易燃气体不得与助燃气体、剧毒气体同贮；氧气不得与油脂混合贮存，盛装液化气体的容器，必须有压力表、安全阀、紧急切断装置，并定期检查，不得超装。

⑥ 易燃液体、遇湿易燃物品、易燃固体不得与氧化剂混合贮存。

⑦ 氧化剂与还原剂及有机物等不能混放。特别注意某些有机物遇氧化剂时会剧烈燃烧或爆炸。存放时，应将有机化学品和强氧化剂（如氯酸钾、浓硝酸、过氧化物等）分开存放。

⑧ 有毒物品应贮存在阴凉、通风、干燥的场所，不要露天存放，不得接近酸类物质。

⑨ 腐蚀性物品的包装必须严密，不允许泄漏，严禁与液化气体和其他物品共存。

⑩ 一切爆炸品严禁与氧化剂、自燃物品、酸、碱、盐类、易燃可燃物、金属粉末和钢铁材料器具等混储混运。易发生反应的易燃易爆品、氧化剂宜在20℃以下隔离存放。

4.7.4 存储具体要求

危险化学品存储的具体要求如下。

① 易挥发药品应远离热源、火源，于避光阴凉处保存，通风良好，不能装满。这类药品多属一级易燃物、有毒液体。这类药品贮存时要特别注意，最好保存在防爆冰箱内。

② 腐蚀性液体应放在防腐蚀试剂柜的下层；或下垫防腐蚀托盘，置于普通试剂柜的下层。

③ 产生有毒气体或烟雾的药品应存放在通风橱中。

④ 剧毒化学品应与酸隔离，专柜上锁（专门保险柜；高挥发、低闪点的剧毒品应存放在防爆冰箱中）。

⑤ 致癌药品应上锁存储，并做好相关使用记录。

⑥ 易燃类固体宜存于 20℃以下，最好保存在防爆试剂柜、防爆冰箱内。

⑦ 易燃、易爆品及强氧化剂只能少量存放，且置于阴凉避光处保存。

⑧ 特别保存的物品。金属钠、钾等碱金属，贮于煤油中。黄磷，贮于水中。上述两种物品，很易混淆，要隔离贮存。镁、铝（粉末或条片），避潮保存，以免积聚易燃易炸氢气。吸潮物和易水解物应贮于干燥处，封口应严密。易氧化、易分解物存于阴凉暗处，用棕色瓶或瓶外包黑纸盛装。双氧水不要用棕色瓶（有铁质促使分解）装，最好用塑胶瓶装，外包黑纸。

⑨ 互相作用化学品应隔离存放。存储禁忌可参见表 4.12、表 4.13。

⑩ 强酸尤其是硫酸忌与强氧化剂的盐类（如高锰酸钾、氯酸钾等）混放；与酸类反应产生有害气体的盐类（如氰化钾、硫化钠、亚硝酸钠、氯化钠、亚硫酸钠等），不能与酸混放。

⑪ 易水解的药品（如醋酸酐、乙酰氯、二氯亚砜等等）忌水、酸及碱。

⑫ 卤素（氟、氯、溴、碘）忌氨、酸及有机物。氨忌与卤素、次氯酸、酸类及汞等接触。许多有机物忌氧化剂、硫酸、硝酸及卤素，引发剂忌与单体混放、忌潮湿保存。

常用化学试剂管理

更多内容可参见“常用化学试剂管理”二维码。

了解并掌握化学品的存放禁忌是确保化学品存储安全的重要环节。应严格遵守化学品存放的基本原则和禁忌，加强化学品存放的安全管理，预防事故的发生。常见化学品存放禁忌可参见表 4.12。

表 4.12　常见危险化学品存放的禁忌物表

化学品	存放禁忌物
硫酸	铬、高氯酸盐、高锰酸盐
硝酸	乙酸、苯胺、铬酸、氢氰酸、硫化氢、易燃性液体、易燃性气体等易燃物质和可硝化物质（其中浓硝酸不能与丙酮、乙醇共存，会发生反应）
草酸	银、汞
高氯酸	乙酸酐、铋和它的合金、乙醇、纸、木材、润滑脂、油
氢氰酸	酸类、碱类、氧化剂
醋酸	铬酸、硝酸、含羟基化合物、乙烯、甘醇、高氯酸、过氧化物、高锰酸钾
铬酸	乙酸、萘、樟脑、甘油、松节油、乙醇和其他易燃物质
碱和碱土金属	水、二氧化碳、四氯化碳和其他氯代烃

续表

化学品	存放禁忌物
硝酸铵	各类酸、金属粉末、易燃性液体、氯酸盐、亚硝酸盐、硫黄、有机物或易燃性细小颗粒
氯酸盐	铵类、各类酸、金属粉末、硫黄以及细碎的有机物、易燃性化合物
高氯酸钾	酸(也可参考高氯酸)
高锰酸钾	甘油、乙二醇、苯甲醛、硫酸
过氧化钠	任何可氧化物质,如乙醇、甲醇、冰醋酸、乙酸酐、苯甲醛、二硫化碳、甘油、乙二醇、乙酸乙酯、乙酸甲酯
大部分有机过氧化物	各类酸(有机或矿物),避免摩擦,冷贮存
活性炭	次氯酸钙、所有氧化剂
二氧化氯	氨、甲烷、磷化氢、硫化氢
过氧化氢	铜、铬、铁等大多数金属及其盐,任何易燃性液体,易燃材料和硝基甲烷
硫化氢	发烟硝酸、氧化性气体
氧气	各类油、润滑脂、氢气、易燃性液体、固体、气体
氯气	氨、乙炔、丁二烯、丁烷和其他石油气、氢气、乙炔钠、松节油、苯和细小粒状金属
氟气	所有化学品都要隔离,需要单独存放
丙酮	浓硝酸和浓硫酸的混合物
乙炔	氯气、溴气、氟气、铜(管)、银、汞
苯胺	硝酸、过氧化氢
银	乙炔、酒石酸、胺类化合物
铜	乙炔、过氧化氢、叠氮化合物
汞	乙炔、雷汞酸(HONC)和氨
碘	乙炔、氨(无水或者含水)
磷	苛性碱或者还原剂
溴	氨、乙炔、丁二烯、丁烷和其他石油气、乙炔钠、松节油、苯、细小粒状金属
氨(无水)	卤素、汞、次氯酸钙和氟化氢
烃	卤素、铬酸、过氧化物
肼	过氧化氢、硝酸、大部分氧化剂

有些化学品在外界作用下，能发生剧烈化学反应，瞬间产生大量的气体和热量，使周围压力急剧上升，发生爆炸，表 4.13 列出了常用化学试剂的混合后果。

表 4.13 化学试剂混合后果

主要物质	互相作用的物质	产生后果
浓硝酸	松节油、乙醇	燃烧
过氧化氢	乙酸、甲醇、丙酮	燃烧
高锰酸钾	乙醇、乙醚	浓硫酸作用下引起爆炸
高氯酸钾	乙醇、有机物;硫黄、有机物	爆炸

续表

主要物质	互相作用的物质	产生后果
钾、钠	水	爆炸
乙炔	银、铜、汞化合物	爆炸
硝酸盐	酯类、乙酸钠、氯化亚锡	爆炸
过氧化物	镁、锌、铝	爆炸
硫	氯酸盐、二氧化铅	撞击、加热引起爆炸
红磷	氯酸盐、二氧化铅	加热、摩擦引起爆炸
白磷	空气、强氧化性酸	燃烧、爆炸
氯气	氢气、甲烷、乙炔	光照下引起燃烧、爆炸
丙酮	过氧化氢	燃烧、爆炸
硝酸铵	锌粉、少量水	爆炸

4.8　危险化学品火灾扑救

危险化学品容易发生火灾、爆炸事故，但不同的化学品以及在不同情况下发生火灾时，其扑救方法差异很大，若处置不当，不仅不能有效扑灭火灾，反而会使灾情进一步扩大。此外，由于化学品本身及其燃烧产物大多具有较强的毒害性和腐蚀性，极易造成人员中毒、灼伤。因此，扑救危险化学品火灾是一项极其重要又非常危险的工作。

一旦发生火灾，每个人都应清楚地知道各自的职责，掌握有关消防设施的规范操作、人员的疏散程序和危险化学品灭火的特殊要求等内容。

扑救化学品火灾时，应注意以下禁止事项。

(1) 禁止用沙土覆盖的物品

爆炸物品一旦着火，一般来讲，只要不堆积过高，不装在密封容器内，散装不一定会形成爆炸。可以用密集的水流或喷雾水枪扑救。切忌用沙土覆盖，阻碍气体扩散，加速爆炸反应，增大爆炸威力。

(2) 禁止用水（包括含水的泡沫）灭火的物品

① 遇水燃烧物品发生火灾，不能用水和含水的泡沫灭火，因为遇水燃烧物品的化学性质活泼，能置换水中的氢，产生可燃气体，同时释放热量。如金属钾、金属钠遇水后，能置换水中的氢，产生的热量达到氢的燃点，三乙基铝、三异丁基铝、铝粉、镁粉等都有类似情况。有的物品遇水后产生可燃的碳氢化合物（气体），同时放出热量引起燃烧、爆炸。如碳化钙遇水产生乙炔气，三丁基硼遇水产生丁醇。上述物品发生火灾后，主要用干沙土扑救。

② 氧化剂中的过氧化物与水反应，能放出氧加速燃烧，如过氧化钠、过氧化钾、过氧化钙、过氧化钡等，起火后不能用水扑救，要用干沙土、干粉扑救。

③ 硫酸、硝酸等酸类腐蚀物品，遇加压密集水流，会立即沸腾起来，使酸液四处飞溅。所以，发烟硫酸、氯磺酸、浓硝酸等发生火灾后，宜用雾状水、干沙土、二氧化碳灭火剂扑救。

④ 有的危险化学品遇水能产生有毒或腐蚀性的气体，如甲基二氯硅烷、三氯甲基硅烷、

磷化锌、磷化铝、三氯化磷、氯化硫等遇水后，能和水中的氢生成有毒或有腐蚀性的气体。

⑤ 粉状物品如硫黄粉、有机颜料、粉剂农药等，起火不能用加压水冲击，以防粉末飞扬，扩大事故，可用雾状水。

⑥ 相对密度小于1，且不溶于水的易燃液体、有机氧化剂发生火灾，不能用水扑救，因水会沉在液体下面，可能形成喷溅、漂流而扩大火灾。

上述物品的火灾，宜用泡沫、干粉、二氧化碳、1211 等扑救。

(3) 禁用泡沫灭火的物品

一部分毒害品中的氰化物，如氰化钠、氰化钾及其他氰化物等，遇泡沫中的酸性物质能生成剧毒气体氰化氢。因此，不能用化学泡沫灭火，可用水及沙土扑救。

(4) 禁止使用二氧化碳灭火的物品

遇水燃烧物品中的锂、钠、钾、铯、锶、镁、铝粉等，金属性质十分活泼，能夺取二氧化碳中的氧，起化学反应而燃烧。这类物品起火后，一般情况下用干沙土扑救，也可以用1211 扑救。易燃固体中的闪光粉、镍合金等，也不能用二氧化碳灭火。

另外，要禁止站在下风方向和不佩戴氧气呼吸器或空气呼吸器等防毒面具扑救无机毒害品中的氰化物、磷、砷和硒的化合物及大部分有机毒害品火灾。

习题

一、单选题

1. 剧毒化学品的申购必须经过什么手续？（　　）

   A. 简单的申请手续　B. 严格的审批手续　C. 口头申请　D. 无需任何手续

2. 下列哪一项不属于易制毒化学品的管理要求？（　　）

   A. 未经公安部门批准备案，任何单位和个人都不得擅自购进、使用、转让、接收、销售、储存、运输易制毒化学品

   B. 易制毒化学品要贮存在专用的存放柜之中，双人保管，要详尽记录出入库记录和使用记录

   C. 使用易制毒化学品进行实验时，须由两人或两人以上同时操作，应遵循“即领即用”和“用多少领多少”的原则，并如实进行实验记录

   D. 易制毒化学品可以随意转让给其他单位或个人

3. 标明了安全使用注意事项和防护基本要求的是（　　）。

   A. 化学品标志　B. 化学品安全标签　C. 危险化学品标志　D. 化学品标签

4. 四色危险标签识别系统中代表健康危险的菱形颜色为（　　）。

   A. 蓝色　B. 红色　C. 黄色　D. 白色

5. 哪项不属于 GB 30000.1—2024 规定的化学品危险性分类（　　）。

   A. 理理危险　B. 健康危害　C. 环境危害　D. 生物危害

6. 四色危险标签识别系统中危险等级中的数字是（　　）。

   A. 0～5　B. 1～5　C. 0～4　D. 1～4

7. 下列选项不属于 GB 30000.1—2024 规定的健康危害的是（　　）。

   A. 急性毒性　B. 慢性毒性　C. 致癌性　D. 生殖毒性

8. 四色危险标签中的红色代表的意义为（　　）。

A. 健康危害　　B. 可燃性　　C. 反应性　　D. 特殊危害

9. 下面选项中说法不正确的是（　　）。

A. 灭火方法相抵触的危险化学品，不得在同一仓库或同一储存室内存放

B. 易燃液体、遇湿易燃物品、易燃固体不得与氧化剂混合贮存

C. 压缩气体和液化气体与腐蚀性物品混合贮存

D. 还原剂和氧化剂应单独存放

10. 下面选项中说法正确的是（　　）。

A. 铝粉、镁粉等发生火灾后，可用干沙土扑救

B. 过氧化钠等起火后可用水基型灭火器扑救

C. 氰化钠、氰化钾等起火可用化学泡沫灭火

D. 碳化钙、三丁基硼等物品发生火灾后，可用水灭火

11. 化学文摘索引登记号的英文缩写是（　　）。

A. MSDS　　B. CAS　　C. GHSA　　D. GHS

12. 下面关于化学品安全技术说明书（MSDS）的说法不正确的是（　　）。

A. 描述了现场自救或互救的简要处理方法

B. 概述了化学物质的理化特性

C. 提供化学品的毒理学信息

D. 概述了化学品的制备方法

二、多选题

1. 配制化学试剂时应贴好标签，标签应包括（　　）。

A. 试剂名称　　B. 试剂纯度　　C. 配制人　　D. 配制时间

2. 危险化学品的特性包括哪些？（　　）

A. 具有爆炸性、易燃、毒害、腐蚀、放射性等性质

B. 在生产、运输、使用、储存和回收过程中易造成人员伤亡和财产损毁

C. 需要特别防护　　D. 可以随意处置

3. 下列选项不属于 GB 30000.1—2024 规定的环境危害的是（　　）。

A. 危害水生环境　　B. 危害土壤环境　　C. 危害大气环境　　D. 危害臭氧层

4. 关于危险化学品存储说法正确的是（　　）。

A. 金属钠、钾等碱金属，贮于煤油中；黄磷，贮于水中

B. 镁、铝粉需避潮保存

C. 氯酸钾、浓硝酸与乙醇混合存放

D. 甲醇、丙酮与过氧化氢混合存放

5. 下面选项中说法正确的是（　　）。

A. 闪点越低，燃烧危险性越大。若液体的温度低于闪点，则液体会发生着火

B. 爆炸下限越低，爆炸极限范围越窄，危险性越大

C. 闭杯闪点测定法适用于易燃的液体、液体混合物、含有固体物质液体的闪点测定

D. 开口闪点多用于润滑油及重质石油产品

6. 爆炸性化合物包括（　　）。

A. 三硝基甲苯　　B. 硝化甘油　　C. 氯酸钾　　D. 乙炔汞

7. 实验室常见的自燃物质有（　　）。

A. 三异丁基铝　　B. 黄磷、还原铁、还原镍

C. 金属有机化合物　　D. 乙醇

8. 高校实验室常见的剧毒物有（　　）等。

A. 氯化汞　　B. 硫酸铊　　C. 丙腈　　D. 四乙基铅

9. 实验室常见的易制毒化学品有（　　）等。

A. 盐酸、硫酸、苯乙酸　　B. 乙醚、甲醇、三氯甲烷、高锰酸钾

C. 甲苯、丙酮　　D. 硝酸

10. 化学品安全技术说明书国际上称作（　　）。

A. MSDS　　B. CSDS　　C. ASDS　　D. GHS

三、判断题（正确：√；错误：×）

1. 化学品安全标签指的是用文字、图形符号和编码组合形式表示化学品所具有的危险性和安全注意事项。（　　）

2. 一个危险化学品安全标志去掉下角的数字标志即为其副安全标志。（　　）

3. 化学品安全标志和化学品安全标签是同一个概念。（　　）

4. 一个化学品只能有一个化学安全标志。（　　）

5. 爆炸品只有一个化学安全标志。（　　）

6. GHS 是《全球化学品统一分类和标签制度》的英文缩写。（　　）

7. NFPA 704 四色危害标志中的数字越大代表的是危害程度越小，越安全。（　　）

8. 美国化学文摘社为每一种出现在文献中的物质分配一个 CAS 编号，这是为了避免化学物质有多种名称的麻烦，在生物化学上便成为物质唯一识别码的代称。（　　）

9. NFPA 是中国消防协会的简称。（　　）

10. 在存储危险化学品的数量方面，实验室不得存放大桶试剂（单个超过 20 kg）。（　　）

11. 乙醚和乙醛属于低闪点液体，苯和乙醇属于高闪点液体。（　　）

12. MSDS 的目标是迅速、广泛地将关键性的化学产品安全数据信息传递给用户，避免他们受到化学产品的潜在危害。（　　）

四、简答题

1. 在化学实验室，如何规范管理与使用危险化学品，增强安全意识和操作技能，有效预防事故的发生？

2. 如何对危险化学品进行分类和识别？

参考文献

[1] 李志红．100 起实验室安全事故统计分析及对策研究[J]．实验技术与管理，2014，31(4)：210-213 +216.

[2] 何蕾，叶欣欣，李羽让，等．MSDS 对高校化学实验室管理的意义及作用[J]．实验室研究与探索，2010，29(3)：181-185.

第5章

实验室常用仪器设备安全

高校实验室仪器设备是教师开展教学、科研等活动的物质基础，其安全管理及正常运行是教学和科研正常进行的重要保障。实验室常见设备有马弗炉、电热鼓风干燥箱（烘箱）、电炉（明式电炉和箱式电炉）等高温设备，还有冰箱、高速设备（离心机）、压力容器、加热设备以及大型分析仪器等，如果操作不当，极易发生火灾、爆炸、触电等事故，因此，实验室应有仪器设备使用的管理制度、操作规程及注意事项，实验人员必须掌握这些仪器的正确使用方法和注意事项。

5.1 实验室仪器设备分类

实验室仪器设备可分为以下几类。

① 实现温度条件的仪器设备。包括电加热装置（恒温水浴锅、电陶炉、电热鼓风干燥箱（烘箱）、马弗炉、旋转蒸发仪等）、明火加热装置（煤气灯、酒精灯、酒精喷灯等）、低温设备（冰箱、冰柜、真空冷冻干燥机、低温液氮循环制冷系统等）。

② 实现压力条件的仪器设备。包括高压装置（如高压锅、高压釜、气体钢瓶）、真空装置（如各类真空泵）。

③ 机械设备。包括离心机、球磨机、机械搅拌机等。

④ 玻璃仪器及玻璃装置。包括烧器类、容器类、量器类和减压蒸馏等反应装置。

⑤ 测试仪器设备。包括小型测试仪器如酸度计、天平、分光光度计、电导率仪等，大型测试仪器如色谱仪、质谱仪、原子吸收仪等。

5.2 实现温度条件的仪器设备安全

5.2.1 电加热装置安全

加热设备有直接加热装置和间接加热装置两种。直接加热装置包括明火电炉、管式电阻炉、恒温箱、干燥箱、电热板、加热套等。间接加热装置有水浴、油浴等设备。电加热装置使用时应按操作规程，特别是高温装置，操作和维护不当，会引发火灾和人身伤亡事故。

直接加热装置使用时应注意以下事项。

① 配电插座（板、箱）的额定功率应和所使用的电热设备匹配，严重老化的电源线应及时更换。

② 确保加热装置的温控、绝缘等性能完好。

③ 加热仪器装置需放置在阻燃的稳固的实验台上进行操作，高温装置如马弗炉与台面保持 1 cm 距离。仪器周围不得堆放易燃、易爆物或者杂物。

④ 使用加热装置时必须采取必要的防护措施，严格按照操作规程进行操作。使用时人员不得离岗；使用完毕，必须关掉电源。

⑤ 控制加热装置至合适的温度和适当的加热时间。不要在电热装置的上限温度上长时间使用。禁止空烧，特别是电热板。

⑥ 禁止用电热装置烘烤溶剂、油品、塑料筐等易燃、可挥发物。若加热时会产生有毒有害气体，应在通风橱内进行。

⑦ 玻璃仪器外部特别是底部擦干后放在装置上加热。防止加热介质溢出器皿。

⑧ 应在断电的情况下，采取安全的方式取放被加热物品。严禁徒手拿加热的容器，可用烧杯夹或坩埚钳夹取，禁止戴手套拿取装有加热化学品的容器，特别注意化学试剂和水蒸气灼伤。

⑨ 高温电炉、电热板及电陶炉在使用中和使用后，电源线一定远离加热的面板和试剂。使用完毕，及时切断电源。

⑩ 明火电炉需经学校各部门审批；不得用明火电炉加热易燃易爆品；不得加热塑料容器；明火电炉周围不得放置易燃易爆化学试剂或纸板箱等物品。

当直接加热导致被加热仪器受热不均匀或温度难以控制时，可采用水浴或油浴间接加热。

恒温水浴锅使用注意事项如下。

恒温水浴锅必须先加水后通电，要有足够的水以免烧干。水位应在 1/2～2/3 之间，严禁无水或水位低于加热管加热，否则会损坏加热管。水箱需勤换水，最好加入去离子水，以防加热管产生水垢，影响加热效果或烧裂。注意不要将水溅到电器盒里，严禁手指伸入水中试水温。更多内容参见“恒温水浴锅”二维码。

恒温水浴锅

恒温油浴锅使用注意事项如下。

恒温油浴锅宜用硅油等导热油。用油浴加热前先按需要的容量加油，以缩短加热的时间。要注意加油不可过多，以免沸腾时油溢至锅外；锅内油量也不能过低，以免锅内电热管露出油面，烧坏电热管。加热油使用时间较长应及时更换，否则易引起着火。必须采取防护措施，避免水等物质溅入加热油中，否则加热时会产生泡沫或引起飞溅。防止油外溢或油温过高，引起火灾，油锅冒烟时应立即停止加热。更多内容参见“恒温油浴锅”二维码。

恒温油浴锅

5.2.1.1　电陶炉

电陶炉是将电能转化为热能的一种炉灶设备，它具有功能多、无明火、不挑器具、无辐射、导热均匀等多种特性。电陶炉使用安全注意事项如下。

① 注意用电安全，勿接触高温面板，防止烫伤。

② 不要将电源线搭在高温板面上，防止电线烧焦漏电，发生危险。

③ 使用过程中，如果发现炉具面板破裂，应立即关闭电源，以免发生触电事故。

④ 加热前应将容器外表擦干，以防加热时炸裂。

⑤ 加热坩埚或蒸发皿时必须垫上泥三角固定。

⑥ 加热烧杯、锥形瓶等容器，应垫上石棉网，尤其高温加热时，使容器受热均匀，以免炸裂。

电陶炉

电陶炉的安全操作可参见“电陶炉”二维码。

5.2.1.2　电热鼓风干燥箱

电热鼓风干燥箱又名“烘箱”，是采用电加热方式进行鼓风循环干燥的试验仪器。鼓风干燥就是通过循环风机吹出热风，保证箱内温度平衡。工作室温度可在室温至 300℃之间任意恒温，温度控制精度可达±0.1℃，可以自动切断电源，保护设备和试品。电热鼓风干燥箱是实验室必备的仪器设备，主要用来干燥样品，也可以提供实验所需的温度环境。电热鼓风干燥箱使用时严格按操作规程进行，注意操作安全事项。

（1）电热鼓风干燥箱操作规程

① 干燥箱在环境温度不大于 40℃，空气相对湿度不大于 85％条件下工作。

② 用专用的插头插座，并用导线接地。使用前检查电气绝缘性能，并注意有无断路、短路及漏电现象。

③ 箱上放入温度计，打开电源，调节温控旋钮到设定温度，至交流接触开关刚好断开时检查温度计的读数与设定值是否相符，如果有出入则进行微调，直至恒温温度符合设置温度。

④ 待一切准备就绪，可放入试品，关上箱门，打开顶部或底部排气孔排除箱内湿气。

⑤ 通上电源，绿色指示灯亮，开启鼓风开关，鼓风电机运转，开启加热电源，干燥箱即进入工作状态。

⑥ 当温度升到所需的温度时，指示灯灭。刚开始恒温时可能会出现温度继续上升，此乃余热影响，此现象约半小时后会趋于稳定。在恒温过程中，借助箱内控温器自动控温，不需人工管理。

⑦ 使用完毕，温度调回室温，关闭电源，自然降温。

（2）电热鼓风干燥箱使用注意事项

① 电热鼓风干燥箱要放在通风良好的室内，周围不得存放易燃易爆物品，不得置于酸碱腐蚀性环境中；不要在高温、高湿、易燃、易爆和强电磁场环境中存放或者使用。

② 外壳需接地，连续工作时间不可过长，不得过夜。

③ 干燥箱内严禁放入易燃、易挥发物品，以防爆炸。一般只能用于烘干玻璃、金属容器和在加热过程中不分解、无腐蚀性的样品，禁止烘烤溶剂、油品等易燃、可燃挥发物或刚用乙醇、丙酮淋洗过的样品、仪器。

④ 试品钢板最大平均负荷为 15 kg，放置切勿过重、过密，一定要留有空隙，烘干物不得放在下方的散热板上。

⑤ 烘干过湿物品需开大排气窗和鼓风。

⑥ 烘干玻璃仪器，要等温度降低后戴纱线手套或隔热手套方可取出。

⑦ 烘干物品时，不得经常打开烘箱门。

⑧ 烘干不同物品时，要了解烘干物的性质，判断是否可以混烘。

⑨ 使用湿布或者清洁剂来清洗仪器外壳，请勿使用摩擦物或溶剂。

电热鼓风干燥箱的安全操作可参见“烘箱及马弗炉”二维码。

烘箱及马弗炉

5.2.1.3 马弗炉

马弗炉也称为电炉、电阻炉、茂福炉、马福炉。马弗炉是一种通用的加热设备，依据结构可分为箱式炉、管式炉、坩埚炉等类型，常用于材料热处理、定量分析中灼烧沉淀的制备(或准备)、测定沉淀物在一定温度下热分解灰分的制备等工作。热力丝结构的马弗炉，使用温度上限为 950℃，短时间可以用到 1000℃。硅碳棒式马弗炉的发热元件是炉内的硅碳棒，使用温度上限为 1350℃，常用工作温度为 1300℃。马弗炉根据使用需求又分为固定温度升温和程序温度升温两种类型。

马弗炉炉膛由耐高温而无胀缩碎裂的氧化硅结合体制成。炉膛内外壁之间有空槽，炉丝串在空槽中，炉膛四周都有炉丝，通电后，整个炉膛周围被均匀加热而产生高温。炉内的温度控制采用温度控制器，主要是由一块毫伏表和一个继电器组成，连接一支相匹配的热电偶进行温度控制。电阻丝式马弗炉一般配镍铬-镍铝热电偶。硅碳棒式马弗炉，发热元件硅碳棒（一般配铂-铂铑热电偶）分布在炉膛两侧。

马弗炉使用注意事项如下。

① 高温电炉必须放置在稳定的绝缘防火操作平台上，将热电偶棒从高温炉背后的小孔插入炉膛内，将热电偶的专用导线接至温度控制器的接线柱上，注意正、负极，不要接错，以免温度指针反向而损坏。应确保导线与加热棒接触良好。

② 查明高温电炉所需电源电压，配置功率合适的插头和保险丝，并接好地线，避免触电危险。炉前地面上应铺设厚胶皮，这样操作时较安全。

③ 马弗炉炉膛内保持清洁，炉子周围不要堆放易燃易爆物品。

④ 高温实验禁止接触水，高温物品一旦混入水或落入水中，水急剧汽化，发生水蒸气爆炸。因此，含有水分的样品需要经过干燥，方能进入炉内。

⑤ 马弗炉在使用时，要注意看守，防止自动控制失灵，造成电炉丝烧断等事故。注意防护高温对人体的辐射，需要长时间注视炽热物质或高温火焰时，要戴绿色防护眼镜。夜间无人看守时，切勿启用高温电炉。

⑥ 马弗炉使用结束断电后应使之缓慢冷却后再打开炉门，以免出现炸膛、玻璃器皿骤冷炸裂等。取高温马弗炉内高温物品必须用马弗炉专用的坩埚钳，并需佩戴隔热防护手套，且要使用干燥手套，防止手套中水分汽化灼伤手部。

⑦ 马弗炉不用时应切断电源，将炉门关好，防止耐火材料受潮气侵蚀。

马弗炉的安全操作可参见“烘箱及马弗炉”二维码。

5.2.1.4 电加热套

电加热套是有机化学实验常用的一种公用仪器，由无碱玻璃纤维和金属加热丝编制的半球形加热内套和控制电路组成，多用于玻璃容器的精确控温加热。其具有升温快、温度高、操作简便、经久耐用的特点，并且具有磁力搅拌的功能，可以配合搅拌子共同使用。由于加热套表面涂有油质，第一次使用时升温后冒白烟，随即表面变成棕色，放在通风橱内数分钟后即可正常使用。使用时，不要将液体溢入加热套内。液体溢入套内时，应迅速关闭电源，将电加热套放在通风处，待干燥后方可使用，以免漏电或电器短路发生危险。电加热套的操作可参见“电加热套”二维码。

电加热套

5.2.1.5　旋转蒸发仪

旋转蒸发仪是实验室常用设备，由马达、蒸馏烧瓶、加热锅、冷凝管等部分组成，主要用于减压条件下连续蒸馏易挥发性溶剂，也可以用于反应产物的分离和纯化。

蒸馏瓶是一个带有标准磨口接口的茄形或圆底烧瓶，通过回流蛇形冷凝管与减压泵相连，回流冷凝管另一开口与带有磨口的接收烧瓶相连，用于接收被蒸发的有机溶剂。在冷凝管与减压泵之间有一三通活塞，当体系与大气相通时，可以将蒸馏烧瓶、接液烧瓶取下，转移溶剂，当体系与减压泵相通时，则体系应处于减压状态。

基本原理：通过电子控制，使烧瓶在最适合速度下，恒速旋转以增大蒸发面积。通过真空泵使蒸发烧瓶处于负压状态。蒸发烧瓶在旋转的同时，置于水浴锅中恒温加热，瓶内溶液在负压下在旋转烧瓶内进行加热蒸发。旋转蒸发器系统可以密封减压至 400～600 mm 汞柱；用水浴加热蒸馏烧瓶中的溶剂，加热温度可接近该溶剂的沸点；同时还可进行旋转，速度为 50～160 r/min，使溶剂形成薄膜，增大蒸发面积。此外，在高效冷却器的作用下，热蒸气可被迅速液化，加快蒸发速率。

使用时，应先减压，再开动电动机转动蒸馏烧瓶，结束时，应先停电动机，再缓慢通大气，以防蒸馏烧瓶在转动中脱落。作为蒸馏的热源，常配有相应的恒温水槽。使用时要注意以下几点。

① 各接口、接头、密封面在安装前都要涂一层真空脂。

② 蒸馏烧瓶中的液体量不能超过蒸馏烧瓶容积的 50%。

③ 使用时，先将系统内的真空度抽到 0.03 MPa，再开启旋转，以防止蒸馏烧瓶滑落。停止时，应先停止旋转，手扶蒸馏烧瓶，连通大气，待真空度降到 0.04 MPa 左右时，再关真空泵，以防倒吸。

④ 若样品黏度很大应降低旋转速度，便于形成新的液面以利于溶剂蒸出。

旋转蒸发仪的操作及安全使用注意事项可参见“旋转蒸发仪”二维码。

旋转蒸发仪

5.2.2　明火加热装置安全

明火加热装置有煤气灯、酒精喷灯和酒精灯等，如果操作不慎，将会造成火灾事故。下面将分别介绍煤气灯、酒精喷灯和酒精灯安全使用，三种加热器具的比较见表 5.1。

表 5.1　三种加热器具比较

热源	火焰温度	燃料	一般用途	优缺点
酒精灯	400～600℃，不定，亦可达 800℃	乙醇，对浓度要求不高	加热一般的液体；促进一般的化学反应	操作简单；很难熔化玻璃，且火焰会受气流干扰而飘忽。现今的实验室多以电加热器配磁力搅拌器代替之

续表

热源	火焰温度	燃料	一般用途	优缺点
煤气灯	800～900℃	煤气	灼烧固体;高温熔化晶体;玻璃加工;其他要求强加热的过程	操作较繁复,对于不熟练的实验者,这样的高温易引起危险;火焰较稳定并可灵活调节火力
酒精喷灯	约 1000℃	95%乙醇		

5.2.2.1 煤气灯

煤气灯是实验室中供加热用的器具。由连有煤气入口管的灯座、螺丝栓、下部有小孔的金属管等组成（图 5.1）。旋转螺丝栓可调节进入灯座内的煤气量；旋转金属管可调节进入灯座的空气量，以达到控制火焰温度的作用。煤气灯使用时要确保管线、阀门、计量表完整正常，以防泄漏，严禁个人私自拆换。煤气主要含有一氧化碳、氢气和烷烃类等物质，是无色、易燃、易爆、有毒气体，爆炸上限为 26%～55%，爆炸下限为 5%～7%。火焰内层为水蒸气、一氧化碳、二氧化碳和氮、氧的混合物，温度约 300℃，称为焰心。中层内煤气开始燃烧，但燃烧不完全，火焰呈淡蓝色，温度约 500℃，称还原焰。外层煤气燃烧完全，火焰呈淡紫色，温度可达 800～900℃，称为氧化焰，此处的温度最高。操作时必须先点火，再打开煤气阀门。出现“侵入火焰”和“临空火焰”，都应立即关闭煤气开关，冷却至室温后重新按正确操作开启、点燃、调整。实验结束后，要首先关闭煤气开关，火焰自然熄灭，然后旋转灯管，关闭入口。

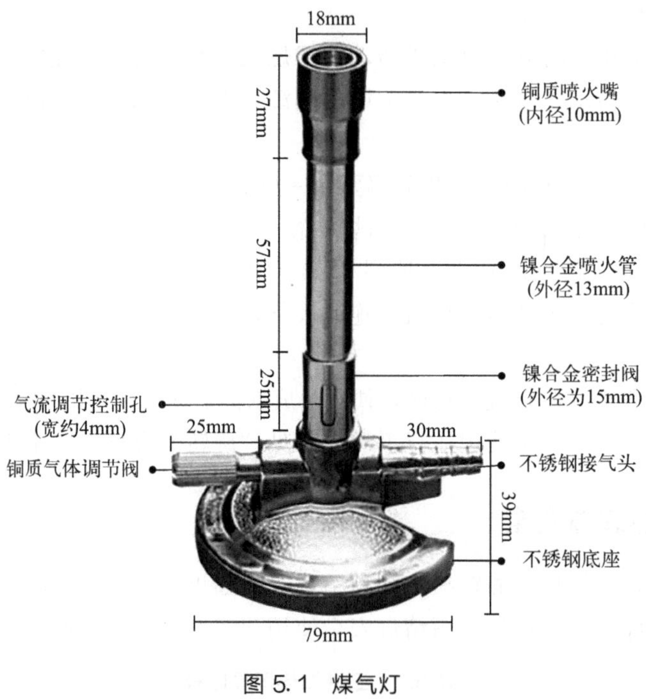

图 5.1 煤气灯

5.2.2.2 酒精喷灯

酒精喷灯为实验室常用的方便热源，火焰温度可达 1000℃左右，常用于玻璃仪器的加工。常用的酒精喷灯有酒精贮存在灯座内的座式喷灯（图 5.2）和酒精贮罐挂于高处的挂式喷灯。喷灯点火时，首先调小灯管上的空气调节杆，在预热盘中注入酒精并点燃，使铜质灯管受热；待盘中酒精将近燃完时，喷管温度上升使自贮罐内上升的酒精在灯管内受热汽化，与来自气孔的空气混合，火柴点燃管口即可产生高温火焰。此时可以调节调节杆来控制火焰的大小。用毕后，挂式喷灯座旋紧开关，同时关闭酒精贮罐下的活栓，使灯焰熄灭。座式酒精喷灯需用石棉网覆盖喷口以熄灭火焰。酒精喷灯安全使用注意事项如下。

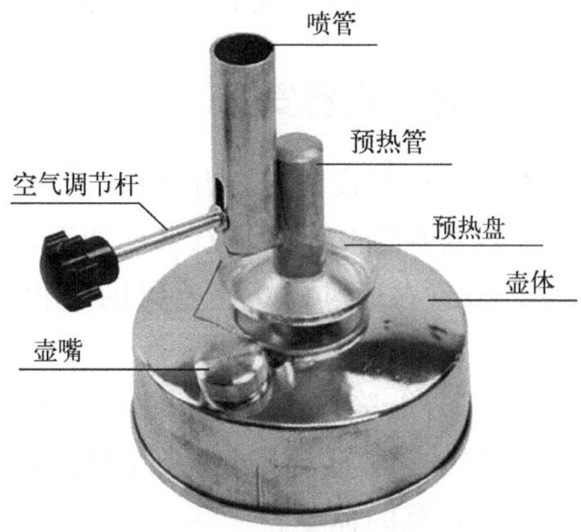

图 5.2　酒精喷灯

① 喷灯工作时，灯座下绝不能有任何热源，周围不要有易燃物。

② 若经过两次预热后，喷灯仍然不能点燃，应暂时停止使用。应检查接口处是否漏气（可用火柴点燃检验），喷出口是否堵塞（可用探针进行疏通）和灯芯是否完好（灯芯烧焦，变细应更换），待修好后方可使用。

③ 使用喷灯时如发现罐底凸起，要立即停止使用，检查喷口有无堵塞，酒精有无溢出等。

④ 在开启开关、点燃管口气体前必须充分灼热灯管，否则酒精不能全部汽化，会有液态酒精由管口喷出，可能形成“火雨”（尤其是挂式喷灯），甚至引起火灾。

⑤ 每次连续使用的时间不要过长，连续使用时间以 30～40 min 为宜。如发现灯身温度升高或罐内酒精沸腾（有气泡破裂声），要立即停用，避免罐内压强增大导致罐身崩裂。

⑥ 当罐内酒精耗剩 20 mL 左右时，停止使用。如需继续工作，要把喷灯熄灭后再增添酒精，不能在喷灯燃着时向罐内加注酒精，以免引燃罐内的酒精蒸气。

5.2.2.3　酒精灯

酒精灯是实验室较常用的加热仪器，如果操作不当，也会酿成火灾或爆炸事故，所以在使用酒精灯加热时必须注意安全，一定要正确规范操作。酒精灯的安全操作可参见“酒精灯”二维码。

酒精灯

① 酒精灯使用前一定要检查玻璃是否有裂纹，是否有酒精渗漏。检查灯芯，灯芯要平整，如已烧焦或不平整，要用剪刀修正。灯芯不要太短，一般浸入酒精后还要长 4～5 cm。

② 检查完毕，清理周围易燃物，酒精灯远离试剂架。

③ 长时间未用的旧灯，在取下灯帽后，应提起灯芯瓷套管，用洗耳球或嘴轻轻地向灯内吹一下，以赶走其中聚集的酒精蒸气。

④ 酒精的量不应超过酒精灯容积的三分之二，不少于三分之一。

⑤ 绝对禁止向燃着的酒精灯里添加酒精；绝对禁止用燃着的酒精灯去点燃另一只酒精灯。

⑥ 给玻璃仪器加热时应把仪器外壁擦干。

⑦ 要用酒精灯的外焰加热，注意防侧风，一旦外焰进入灯内，将会爆炸。

⑧ 酒精灯不能长时间加热。使用完毕，必须用灯帽盖灭，不可用嘴去吹。

⑨ 如果洒出的酒精在灯外燃烧，可用湿抹布或灭火毯扑灭。

5.2.3 低温设备安全

常见的低温设备主要有冰箱、冰柜、真空冷冻干燥机、低温液氦循环制冷系统等。冰箱等低温设备存储化学品注意事项如下。

① 放置在通风良好处，周围不得有热源、易燃易爆品、气瓶等，且保持一定的散热空间。

② 存储化学药品时必须使用具有耐腐蚀、防爆功能的专门冰箱。

③ 严禁存放实验用品之外的物品，如食物、饮品等，所有存放于冰箱及冰柜中的化学品均应有规范的标签。

④ 放于冰箱和冰柜的容器必须密封，若存放化学品则必须用防水笔清楚地标明其名称、使用人、存放时间、潜在危险等内容，并定期清洗冰箱以及清除不需要的样品和试剂。

⑤ 需要冷冻干燥的溶液必须在干冰中预冷至结冰之后，再放入冷冻干燥机。冷冻干燥机在使用之后必须除霜，油泵应该经常换油。

⑥ 要了解所使用的低温类设备，操作过程中实验人员应戴好防低温手套和其他防护用品，以免冻伤。

⑦ 根据所存储化学品的性能，调节冰箱或冷冻机至合适的工作温度，若因停电等原因而较长时间停止工作，必须及时将存储的化学品转移并妥善存放。

使用冷阱、干冰、液氮、液氦等低温物质时需注意的安全事项如下。

① 在搬运、转移固态低温物质时，应戴好专用的防低温手套或用钳子、铲子等工具进行操作，以免冻伤。

② 在转移、倾倒液态低温物质时，要小心操作，尽量避免低温液体溅出。同时应穿好厚工作服，减少暴露在外面的皮肤面积。戴上透明防护面具，防止低温液体溅射到脸上。戴好专用的防低温手套，注意不能戴孔隙较多的普通劳保线手套，粘到手套上的低温液体容易被吸收反而不易挥发，渗透到皮肤上造成灼伤。

③ 使用易挥发的低温物质时应注意通风，否则产生的大量气体会使房间中的氧气比例降低，严重时会产生窒息危险。

常用的冷冻剂有冰与食盐（或氯化钙）混合物，最低温度可达－20℃；干冰与丙酮（或乙醇）混合物，温度可达－60～－80℃；低温液化气体，温度可达－180～－200℃。

操作低温液化气体时的注意事项如下。

① 低温液化气体气化，体积膨胀800～900倍，容器应放在没有阳光照射、通风良好的地点，使用时要轻、快、稳。

② 液化气体不能放入密闭容器中，装液化气体的容器必须开设排气口，用玻璃棉做塞子，以防着火和爆炸。

③ 操作需熟练，且二人操作；初次使用，需有经验人员指导操作；不要把脸靠近容器的正上方。

④ 发生人员窒息时，将人员移到空气新鲜处做人工呼吸，并及时就医。

5.3 实现压力条件的仪器设备安全

实现压力条件的仪器设备的用途非常广泛，在石油化学工业、能源工业、科研和军工等国民经济的各个部门都起到重要的作用。实验室用到的压力容器主要有高压灭菌锅、高压反应釜、反应罐、反应器和各种压力储罐以及真空泵等。此类仪器设备具有在高温、高压、高真空、高速等条件下运行的特点，是化学实验中广泛使用的具有潜在危险的设备。有的在高温高压下工作，有的用于盛装易燃、易爆、有毒介质如气体钢瓶，有的在高真空、高速下运行如真空泵，一旦发生事故，会造成严重人身伤亡及重大财产损失。因此，必须重视其安全，对这类设备、设施均实行特殊监管和正确操作，以保障安全。

5.3.1 压力容器定义

根据《特种设备安全监察条例》附录中的定义，压力容器是指盛装气体或者液体，承载一定压力的密闭设备，其范围规定为最高工作压力大于或者等于 0.1 MPa（表压），且压力与容积的乘积大于或者等于 2.5 MPa・L 的气体、液化气体和最高工作温度高于或者等于标准沸点的液体的固定式容器和移动式容器；盛装公称工作压力大于或者等于 0.2 MPa（表压），且压力与容积的乘积大于或者等于 1.0 MPa・L 的气体、液化气体和标准沸点等于或者低于 60℃液体的气瓶；氧舱等。

5.3.2 压力装置使用注意事项

压力容器的使用要求如下。

① 压力容器的操作人员在取得质量技术监督部门统一颁发的“压力容器操作人员证”后，方可上岗工作。操作人员一定要熟悉本岗位的工艺流程、容器的结构、类别、主要技术参数和技术技能，严格按照操作规程操作。掌握处理一般事故的方法，认真填写有关记录。

② 压力容器严禁超温、超压运行。压力容器的使用压力不能超过压力容器的最高工作压力，以保证压力容器的正常运行。实行压力容器安全操作挂牌制度或采用机械联锁机制防止误操作。检查减压阀失灵与否。装料时避免过急过量，液化气体严禁超量装载，并防止意外受热等。

③ 定期将高压设备的压力表送技术检测部门检测校验，合格者方可继续使用。

④ 压力容器要平稳操作。压力容器开始加载时，速度不宜过快，要防止压力突然上升。高温容器或工作温度低于 0℃的容器，加热或者冷却都应缓慢。

⑤ 使用过程中，操作人员不得离开。发现异常现象，立即停止使用，并通知设备管理人员。

⑥ 在设备内压力未恢复正常、温度未恢复正常前，切勿开启。

⑦ 开启时，需戴上防护用品，不要面对着开启处，以防止热气灼伤。

5.3.3 高温高压反应釜安全

实验室高温高压反应釜是一种能分解难溶物质的密闭容器，可用于仪器分析中的溶液预处理和小剂量的合成反应，还可利用罐体内强酸或强碱且高温高压密闭的环境来达到快速消解难溶物质的目的。高温高压反应釜是测定微量元素及痕量元素时消解样品的容器，还可作为一种耐高温耐高压防腐高纯的反应容器以及用于有机合成、水热合成、晶体生长或样品消解萃取等方面。在样品前处理过程中消解重金属、农残、食品、淤泥、稀土、水产品、有机物等。因此，此类设备在石油化工、生物医学、材料科学、地质化学、环境科学、食品科学、商品检验等部门的研究和生产中被广泛使用。

高温高压反应釜使用时应注意以下事项。

① 高压反应釜要在指定的地点使用，并按照使用说明进行操作。

② 查明刻于主体容器上的试验压力、使用压力及最高使用温度等条件，要在其容许的条件范围内进行使用。禁止超压、超温使用。

③ 压力计最好在其标明压力的 1/2 以内使用，并经常把压力计与标准压力计进行比较，加以校正。

④ 要避免氧气用的压力计与其他气体用的压力计混用。

⑤ 要使用经过定期检查符合规定要求的安全阀及其他安全装置。

⑥ 高压反应釜内部及衬垫部位要保持清洁。

⑦ 在装釜盖时，将釜盖按固定位置小心地放在釜体上，拧紧主螺母时，必须按对角、对称地分多次逐步拧紧。

⑧ 操作结束后，可自然冷却、通水冷却或置于支架上空冷。待温降后，再放出釜内带压气体，使压力降至常压（压力表显示零），再将主螺母对称均等旋松，再卸下主螺母，然后小心地取下釜盖，置于支架上。

⑨ 每次操作完毕，应清除釜体、釜盖上的残留物。主密封口应经常清洗，并保持干净，不允许用硬物或表面粗糙物进行擦拭。

5.3.4 真空泵安全

真空是指在给定的空间内低于一个大气压力的气体状态，是一种物理现象。实验室常用的真空泵有循环水真空泵和机械泵。

循环水真空泵在使用中应保持水质清洁，这是设备能长期稳定工作的关键。必须定期换水、清洗水箱。某些腐蚀性气体可导致水箱内水质变差，产生气泡，影响真空度，故应注意不断循环换水。对特殊强腐蚀性气体，应认真判断是否与本设备所使用的材料有反应，并谨慎使用，不能抽粉尘和固体物质。更多内容参见“循环水真空泵”二维码。

循环水真空泵

机械真空泵注意检查真空泵外连接管道、接头及容器绝对不能漏气，否则影响极限真空及真空泵寿命；不能直接抽可凝性蒸气、挥发性液体等，因为这些气体进入泵后会破坏泵油的品质，降低油在泵内的密封和润滑作用；也不适用于对金属有腐蚀性的、对泵油起化学反应的、含有颗粒尘埃的气体，以及含氧过高的、有爆炸性的气体。实验室真空泵使用前，应查看油位，停泵时注油至油标中心为宜，油位过低时，对排气阀不能起油封的作用，油位过高时，可能会引起通大气启动时喷油。停止抽气时应使机械泵与抽空系统隔开而与大气相通，再关闭真空泵的电源，这样既可保持系统的真空度，又避免泵油倒吸。更多内容参见“机械真空泵”二维码。

机械真空泵

对于玻璃装置真空系统如旋转蒸发仪等真空系统，真空度越高，玻璃器壁承受的大气压力越大。由于球形容器受力均匀，故应尽可能使用球形容器。实验过程中和实验结束时，不要使大气猛烈冲入系统，否则有可能造成局部压力突变，导致系统破裂，应缓慢调节缓冲瓶进气旋钮、空阀、压力表，缓慢降低读数。

5.3.5 气瓶安全

气瓶是指在正常环境（−40～60℃）下可重复充气使用，公称工作压力为 1.0～30 MPa（表压），公称容积不大于 3000 L，用于盛装气体的移动式压力容器。气瓶主要用于充装压缩气体、液化气体、溶解气体、吸附气体、混合气体与标准气体。气瓶属于移动式承压设备，具有爆炸危险，且其充装介质一般具有易燃、易爆、有毒、强腐蚀等性质，使用环境又因其移动、重复充装、操作使用人员不固定和使用环境变化的特点，比其他压力容器更为复杂、恶劣。气瓶一旦发生爆炸或泄漏，往往会发生火灾或中毒，甚至引起灾难性事故，带来严重的财产损失、人员伤亡和环境污染。所以在安全方面还有一些特殊的规定和要求，使用前必须掌握关于气瓶的一些基本知识和正确操作。

5.3.5.1 气瓶分类

根据 TSG 23—2021《气瓶安全技术规程》可将气瓶作如下分类。

① 按瓶体结构划分。气瓶按照瓶体结构分为以下几种。

无缝气瓶：是用无缝钢管制成的管制气瓶，即瓶体无接缝的气瓶。

焊接气瓶：瓶体有接缝的气瓶。焊接气瓶多用于盛装低压液化气体，例如液化二氧化硫等。

纤维缠绕气瓶：以金属材料或塑料为内层筒体（亦称瓶胆），其外侧缠绕高强纤维并以树脂固化作为增强层的气瓶。

低温绝热气瓶：在内胆与外壳的夹层之内包扎绝热材料并使其处于真空状态的用于存储低温液化气体（临界温度小于等于−50℃的气体）的气瓶。

内装填料气瓶：包括溶解气体气瓶和吸附气体气瓶。

② 按公称工作压力划分。气瓶按照公称工作压力分为高压气瓶、低压气瓶。高压气瓶是指公称工作压力大于或者等于 10 MPa 的气瓶。低压气瓶是指公称工作压力小于 10 MPa 的气瓶。

对于盛装压缩气体的气瓶，公称工作压力系指在基准温度（一般为 20℃）下，瓶内气体达到完全均匀状态时的限定压力；对于盛装液化气体的气瓶，公称工作压力系指温度为 60℃时瓶内气体压力的上限值；对于充装溶解气体的气瓶，公称工作压力系指瓶内介质达到化学、热量以及扩散平衡时的静置压力；对于焊接绝热气瓶，公称工作压力系指在气瓶正常工作状态下，内胆顶部气相空间可能达到的最高压力。

③ 按公称容积划分。气瓶按照公称容积（指水容积）可分为小容积气瓶、中容积气瓶、大容积气瓶。小容积气瓶是指公称容积小于或者等于 12 L 的气瓶。中容积气瓶是指公称容积大于 12 L 并小于或者等于 150 L 的气瓶。大容积气瓶是指公称容积大于 150 L 的气瓶。

④ 按用途划分。气瓶按照用途一般分为工业用气瓶、医用气瓶、燃气气瓶、车用气瓶、呼吸器用气瓶、消防灭火用气瓶。

气瓶的结构、品种以及代号见表5.2。

表5.2 气瓶的结构、品种以及代号

<table>
<tr><th>结构</th><th>代号(注 A-1)</th><th>品种</th><th>代号</th></tr>
<tr><td rowspan="4">无缝气瓶(中小容积无缝气瓶、大容积无缝气瓶)</td><td rowspan="4">B1</td><td>钢质无缝气瓶、汽车用压缩天然气钢瓶</td><td>B1-1</td></tr>
<tr><td>铝合金无缝气瓶</td><td>B1-2</td></tr>
<tr><td>不锈钢无缝气瓶</td><td>B1-3</td></tr>
<tr><td>长管拖车、管束式集装箱用大容积钢质无缝气瓶</td><td>B1-4</td></tr>
<tr><td rowspan="3">焊接气瓶(中小容积钢质焊接气瓶、大容积钢质焊接气瓶、工业用非重复充装焊接钢瓶、液化石油气钢瓶)</td><td rowspan="3">B2</td><td>钢质焊接气瓶、不锈钢焊接气瓶</td><td>B2-1</td></tr>
<tr><td>工业用非重复充装焊接钢瓶</td><td>B2-2</td></tr>
<tr><td>液化石油气钢瓶、液化二甲醚钢瓶、车用液化石油气钢瓶、车用液化二甲醚钢瓶</td><td>B2-3</td></tr>
<tr><td rowspan="5">纤维缠绕气瓶(金属内胆缠绕气瓶、非金属内胆缠绕气瓶)</td><td rowspan="5">B3</td><td>小容积金属内胆纤维缠绕气瓶</td><td>B3-1</td></tr>
<tr><td>金属内胆纤维环缠绕气瓶(含车用)</td><td>B3-2</td></tr>
<tr><td>金属内胆纤维全缠绕气瓶(含车用)</td><td>B3-3</td></tr>
<tr><td>长管拖车、管束式集装箱用大容积金属内胆纤维缠绕气瓶</td><td>B3-4</td></tr>
<tr><td>塑料内胆纤维全缠绕气瓶(含车用)</td><td>B3-5</td></tr>
<tr><td rowspan="2">低温绝热气瓶</td><td rowspan="2">B4</td><td>焊接绝热气瓶</td><td>B4-1</td></tr>
<tr><td>车用液化天然气气瓶</td><td>B4-2</td></tr>
<tr><td rowspan="2">内装填料气瓶</td><td rowspan="2">B5</td><td>溶解乙炔气瓶</td><td>B5-1</td></tr>
<tr><td>吸附气体气瓶</td><td>B5-2</td></tr>
</table>

根据GB/T 13005—2011和GB/T 16163—2012等定义瓶装气体，即以压缩、液化、低温液化（深冷型）、溶解、吸附等方式装瓶储运的气体。

根据《气瓶安全技术规程》（TSG 23—2021）瓶装气体分类如下：

① 压缩气体。指在−50℃时加压后完全呈气态的气体，包括临界温度（T_c）低于或者等于−50℃的气体，也称为永久气体。例如氧气、氮气、空气、一氧化碳及惰性气体等均属此类。

② 高（低）压液化气体。指在温度高于−50℃时加压后部分呈液态的气体，包括临界温度（T_c）在−50～65℃的高压液化气体和临界温度（T_c）高于65℃的低压液化气体。

③ 低温液化气体。指经过深冷低温处理而部分呈液态的气体，其临界温度（T_c）一般低于或者等于−50℃，也可以称为深冷液化气体或者冷冻液化气体，如液化空气、液氮、液氢、液氩等。

④ 溶解气体。指在一定的压力、温度条件下，溶解于气瓶内溶剂中的气体。如乙炔，由于乙炔气体极不稳定，特别是在高压下，很容易聚合或分解，液化后的乙炔稍有震动即会引起爆炸，所以不能以压缩气体状态充装，必须把乙炔溶解在溶剂（常用丙酮）中，并在内部充满多孔物质（如硅酸钙多孔物质等）作为吸收剂。溶解气体气瓶的最高工作压力一般不超过3.0 MPa，其安全问题具有特殊性，如乙炔气瓶内的丙酮喷出，会引起乙炔气瓶带静电，造成燃烧、爆炸、丙酮消耗量增加等危害。

⑤ 吸附气体。指在一定的压力、温度条件下，吸附于气瓶内吸附剂中的气体，如氢气。

⑥ 混合气体。指含有两种或者两种以上有效物理组分，或者虽属非有效组分但是其含量超过规定限量的气体。

5.3.5.2　气瓶的标志

（1）气瓶的钢印标志

参考 TSG 23—2021《气瓶安全技术规程》，气瓶的钢印标志包括制造标志和检验标志。气瓶的制造标志是识别气瓶的依据，标记的排列方式和内容应当符合下列规定。钢印标志应当准确、清晰、完整，刻印在瓶肩或者铭牌、护罩等不可拆卸附件上；气瓶标志应当采用机械或者激光方法打印、蚀刻、镂刻等能够形成永久性标记的方式；设置电子识读标志并在制造单位公示网站上公示的气瓶，可以适当减少钢印标志的项目内容，但至少应当保留制造单位标识、许可证号、执行标准、充装介质以及气瓶制造年份、气瓶出厂编号。

制造标志通常有制造钢印标记（含铭牌上的标记）、标签标记（粘贴于瓶体上或者透明的保护层下）、印刷标记（印刷在瓶体上）以及气瓶颜色标志等；制造钢印标记（图 5.3）是由制造厂用钢印由机械或人工打印在气瓶肩部、筒体、瓶阀护罩上的，有关设计、制造、充装、使用、检验等技术参数的印章。

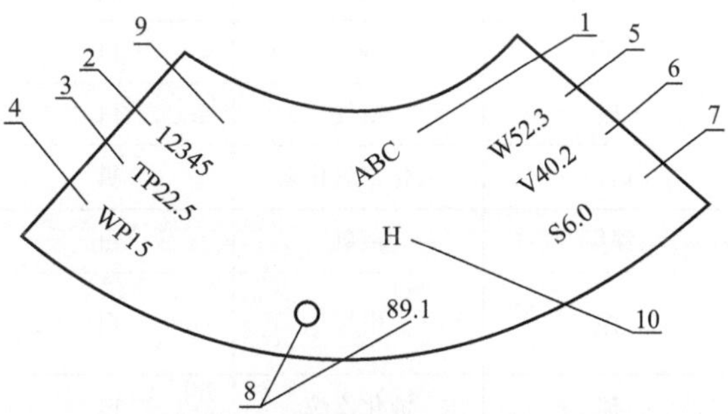

图 5.3　气瓶的制造钢印标记

1—气瓶制造单位代号；2—气瓶编号；3—水压试验压力（MPa）；4—公称工作压力（MPa）；5—实际重量（kg）；6—实际容量（L）；7—瓶体设计壁厚（mm）；8—制造单位检验标记和制造年月；9—监督检验标志；10—寒冷地区用气瓶标记

定期检验标志通常有检验钢印标记、标签标记、检验标志环以及检验色标等。检验钢印标记（图 5.4）是气瓶定期检验后，由检验单位用钢印由机械或人工打印在气瓶肩部、筒体、瓶阀护罩上或打印在套于瓶阀尾部金属标记环上的印章（图 5.5）。

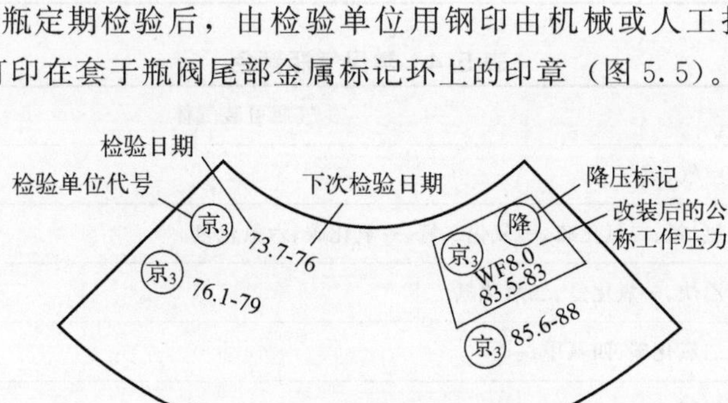

图 5.4　气瓶检验钢印标记

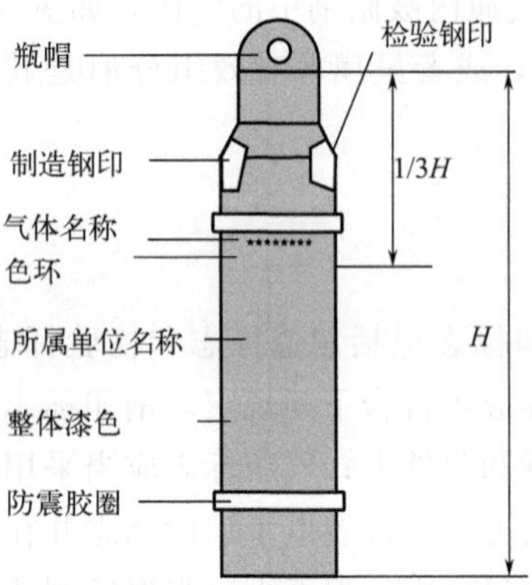

图 5.5 气瓶的标志

(2) 气瓶的颜色标志

气瓶的颜色标志是指针对气瓶不同的充装介质，按照有关标准对气瓶外表涂敷的涂膜颜色、字样、字色和色环等内容进行规定的组合（图 5.5），作为识别瓶装气体的标志。气瓶喷涂颜色的主要目的是方便辨识气瓶内的介质，即根据气瓶外表的颜色迅速辨识盛装某种气体的气瓶和瓶内气体的性质（可燃性、毒性），避免错装和错用。此外，气瓶外表喷涂带颜色的油漆，还可以防止气瓶外表锈蚀。气瓶颜色标志详见 GB/T 7144—2016《气瓶颜色标志》。国内常用气瓶的颜色标志见表 5.3 和表 5.4。

表 5.3 国内常用气瓶颜色标志

序号	盛装介质	外观颜色	字样	字色	色环
1	氢	淡绿	氢	大红	$P=20$,大红单环 $P\geqslant30$,大红双环
2	氧	淡(酞)蓝	氧	黑	$P=20$,白色单环 $P\geqslant30$,白色双环
3	氮	黑	氮	白	
4	空气	黑	空气	白	
5	二氧化碳	铝白	液化二氧化碳	黑	$P=20$,黑色单环
6	氯	深绿	液氯	白	
7	甲烷	棕	甲烷	白	$P=20$,白色单环 $P\geqslant30$,白色双环
8	乙烷	棕	液化乙烷	白	$P=15$,白色单环 $P=20$,白色双环
9	乙烯	棕	液化乙烯	淡黄	
10	硫化氢	白	液化硫化氢	大红	
11	乙炔	白	乙炔 不可近火	大红	
12	氩	银灰	氩	深绿	$P=20$,白色单环 $P\geqslant30$,白色双环

表 5.4 常见气瓶颜色

气瓶颜色	气瓶可装气体
黑色	空气、氮气
银灰色	氩、氦、二氧化硫、一氧化二氮、一氧化碳、六氟化氢
白色	乙炔、一氧化氮、二氧化氮
铝白	二氧化碳、四氟甲烷
淡黄	氨气
棕色	乙烯、丙烯、甲烷、丙烷、环丙烷

5.3.5.3　减压阀

减压阀的正确操作及注意事项如下。

① 打开钢瓶气体出口总阀门，总压力表即指示出钢瓶内气体的总压力。

② 慢慢顺时针转动调压手柄，减压阀即开启往体系送气，至低压表显示出实验所需压力，其压力由分压表读出。

③ 开启阀门时，应避免头或身体正对总阀门。开启或关闭瓶阀时，只能用专用扳手缓慢进行。

④ 使用完毕，先关闭钢瓶气体总阀门，待减压阀中余气逸尽后，再将调压阀门旋到最松位置上（如果没有旋到最松位置上，就会在打开气体出口阀门时，因高压气流的冲击而使调压阀门失灵，从而导致减压阀失效）。

注意：可燃性气体（如 H_2、C_2H_2）气瓶气门螺口为反丝，不可燃气体或助燃气体（如 N_2、O_2）气瓶气门螺口为正丝。

减压阀应定期检漏。检漏的正确操作如下。将检漏液涂在可能漏气的部位，如出现气泡且气泡逐渐增大，则此处漏气；检查减压器是否漏气，先关闭气瓶阀，逆时针方向将调压螺杆旋出一圈，如果高压表读数减小，则是减压器高压部分或气瓶阀座漏气；若低压表读数减小，则可能是减压器低压部分或管路设备漏气；若高压表读数减小，低压表读数上升，则是调节螺杆处漏气。也可用气体检测报警器或报警仪等检漏。

5.3.5.4　气体钢瓶的使用要求

气瓶本身存在巨大危险，气瓶减压器混用、错误放置、加热、随意处理残液等违规操作等都可能引发严重事故。气瓶使用安全注意事项如下。

① 使用气体的单位应当购买已取得“气瓶充装许可证”的供应商充装的瓶装气体，并向其索取证书复印件备查。确保采购的气体钢瓶质量可靠，同时检查瓶体上的各种标识是否准确、清晰、完好，气瓶是否在有效的检验周期内，不得擅自更改气体钢瓶的钢印和颜色标记。

② 气体钢瓶须根据 TSG 23—2021《气瓶安全技术规程》要求定期进行技术检验。盛装腐蚀性气体的气瓶每两年检验一次，盛装一般气体的气瓶每三年检验一次，盛装惰性气体的气瓶每五年检验一次，溶解乙炔气瓶每三年检验一次，液化石油气钢瓶和液化二甲醚钢瓶每四年检验一次。使用过程中若发现严重腐蚀、鼓包、裂纹等情况，应提前检验。超过检验有效期或无有效检验钢印标识的气瓶不得使用。

③ 气瓶存放地点应严禁明火、保持通风、干燥，避免阳光直射，配备应急救援设施、气体检测和报警装置。气瓶必须远离热源、放射源、易燃易爆和腐蚀物品，实行分类隔离存放，不得混放，不得存放在走廊和公共场所。空瓶内必须保留一定剩余压力，与在用气瓶应分开放置，并有明显标识。

④ 气瓶须直立放置，妥善固定，并做好气瓶和气体管路标识，有多种气体或多条管路时需制定详细的供气管路图。供气管路需选用合适的管材，易燃、易爆、有毒的危险气体（乙炔除外）连接管路必须是合适的惰性管线；乙炔的连接管路不得使用铜管。

⑤ 使用前后应检查气体管道、接头、开关及器具是否有泄漏，确认盛装气体类型并做好应对可能造成的突发事件的应急准备。使用后，必须关闭气瓶上的主气阀并释放调节器内

的多余气压。

⑥ 移动气瓶应使用手推车，切勿拖拉、滚动和滑动气瓶。

⑦ 严禁敲击、碰撞气瓶；严禁使用温度超过40℃的热源对气瓶加热。实验室内应保持良好的通风；若发现气体泄漏，应立即采取关闭气源、开窗通风、疏散人员等应急措施。切忌在易燃易爆气体泄漏时开关电源。有缺陷、安全附件不全或已损坏、不能保证安全使用的气体钢瓶，需退回供气商或请有资质的单位进行及时处置。

⑧ 氧气瓶以及与氧气接触的附件（如减压阀、输气胶管等）不得接触油脂，氧气存放处张贴严禁油脂的标识。

⑨ 气瓶的各种压力表不能混用。各相关单位应当定期做好气瓶压力表的检定工作，根据《化学工业计量器具分级管理办法（试行）》规定，每半年检定一次；或按照检定证书规定的检定周期及时送检。检定单据存档备查。

⑩ 各相关单位必须制定相应的安全管理制度和事故应急处理措施；要有专人负责统计与跟踪本单位气瓶的数量和使用状态，建立气瓶使用台账；加强对气瓶使用人员进行安全技术教育。发生意外事故时，要采取相应的应急处理措施，并立即向相关部门报告。

乙炔气瓶使用安全注意事项如下。

① 乙炔气瓶要放置在通风良好无放射线的场所，不得靠近热源和电气设备，与明火距离一般不小于10 m，与氧气瓶不得放在同一实验室。严禁与氯气、氧气及易燃物品等一起运输和贮存，严禁铜、汞、银及其制品接触。

② 乙炔气瓶应直立放置，固定防止其倾倒；气瓶要带安全瓶帽，保护瓶阀以免造成事故；乙炔气瓶不能放在橡胶等绝缘体上，防止产生静电积累，引起燃烧爆炸；严禁卧放使用，防止丙酮流出，卧放的气瓶竖起后需待20 min后才可输气。

③ 夏季要防止暴晒，存储温度不超过40℃。冬季瓶阀冻结时严禁用火烘烤，应使用40℃以下温水解冻。

④ 使用时必须使用专用乙炔气体减压阀和防回火装置，开启前必须检查瓶阀、减压阀和管道等完全正常，否则禁止使用。开启时，操作者应站在钢瓶阀门的侧后方，动作要轻缓，减压阀一般旋开不超过半圈。使用压力不超过0.05 MPa，输出流量不超过1.5～2.0 m^3/h。

⑤ 瓶内气体严禁用尽，以防丙酮溶剂被带进仪器设备。此外，这样也可防止其他气体倒灌，方便充气单位检验。溶解乙炔按不同环境温度保留剩余气体压力，详见表5.5。

表5.5　乙炔按不同环境温度保留剩余气体压力

溶解乙炔	环境温度/℃	<0	0～15	15～25	25～40
	剩余气体压力/MPa	0.05	0.2	0.2	0.3

⑥ 乙炔气瓶搬运应轻装、轻卸、严禁抛、滑、滚、碰。车、船运输时应妥善固定。汽车装运时，如卧放，不得超过车厢挡板高度，且头部应朝同一方向，直立排放时，车厢挡板高度不得低于瓶高的三分之二。

乙炔气瓶的安全操作及注意事项见“乙炔钢瓶”二维码。

乙炔钢瓶

氢气钢瓶在实验室使用时除了以上介绍的钢瓶注意事项外，一定要严格注意以下方面。

① 氢气钢瓶与盛有易燃易爆、可燃物质及氧化性气体的容器和气瓶的

间距不应小于 8 m，与明火或普通电气设备的间距不应小于 10 m，与空调装置、空气压缩机和通风设备（非防爆）等吸风口的间距不应小于 20 m，与其他可燃性气体存储地点的间距不应小于 20 m。

② 氢气钢瓶与氧气、氯气、氟气钢瓶等应隔离存放，不得在同一实验室使用。

③ 氢气与空气混合的爆炸范围很宽，因此必须避免从钢瓶中快速释放出氢气。

④ 使用过氢气的设备必须用氮气等惰性气体置换。

⑤ 无论是直接使用氢气钢瓶还是通过管路或者氢气发生器，使用前都要检查管路、阀门和接头是否固定，对气路进行检漏。

氢气钢瓶的安全操作及注意事项见“氢气钢瓶”二维码。

氢气钢瓶

5.3.5.5　气瓶安全管理

气瓶安全管理的注意事项如下。

① 实验用气体须从学校招标确定的定点供气商处采购。钢瓶原则上不再新购，向供气商租用。

② 使用单位需对所购气体的钢瓶钢印编号、下次送检日期等信息进行核对验收，拒绝接收气体名称标识不清或不对应、气瓶钢印编号不清、颜色缺失、缺乏检定标识等的气体钢瓶，正确填写气体钢瓶使用登记卡并悬挂使用状态标识卡。

③ 气瓶应直立放在专用场所并进行固定，以免碰倒。搬运时要旋上钢瓶帽，使用专用手推车，以免钢瓶滑脱。搬运中应轻装轻卸，防止振动，氧气瓶应装有防震胶圈，不能用电磁起重机吊运气瓶。

④ 有毒、易燃、易爆的危险气瓶要放置在钢瓶柜内，并配置专用的报警装置。

⑤ 供气管路需选用合适的管材，易燃、易爆、有毒的危险气体必须使用金属管，其中乙炔、氨气、氢气不得使用铜管。

⑥ 要避免气瓶与其他物体碰撞，更不要敲击气瓶。气瓶应远离热源、火源和电气设备，不应接触有电流通过的导体。可燃和助燃气体的气瓶不得存放在同一房间内，与明火的距离都不得小于 10 m。贮存易发生聚合或分解反应气体的钢瓶应避开射线、电磁波和振动源。

⑦ 气瓶内的气体要留有一定压力的余气，不能用尽，以防倒灌引发危险。永久气体气瓶余压不小于 0.05 MPa；液化气体余量不小于规定充装量的 0.5%～1%。

⑧ 暂不使用的气体钢瓶，可联系定点供气商暂时保管。报废气体钢瓶不得随意处置，须联系定点供气商统一报废。

5.4　机械设备安全

化学实验室也会用到化工机械等专业方向中较多涉及传动、带压等的机械设备，机械设备操作不当可造成碰撞、夹击、剪切、卷入等多种伤害。

离心机是实验室常用的固液分离类机械设备，它利用离心机转子高速旋转产生的强大离心力加快液体中颗粒的沉降，从而把样品中不同沉降系数和密度的物质分离开。

分离因数 Fr 是指物料在离心力场中所受的离心力与物料在重力场中所受到的重力之比值。离心机按分离因数 Fr 值分为常速离心机、高速离心机和超高速离心机等几种形式。$Fr \leqslant 3500$（一般为 600～1200）的离心机转速较低，直径较大，为常速离心机。$Fr =$

3500～50000 的离心机转速较高，一般直径较小，而长度较长，为高速离心机。Fr＞50000 的离心机转速很高（50000 r/min 以上），所以转鼓做成细长管式，为超高速离心机。因其转速非常高，如操作不当，很容易发生事故，使用前一定要仔细阅读说明书，掌握其安全注意事项，避免事故的发生。

离心机使用中要注意以下事项。

① 高速、超高速离心机要求定期检查维修，使用者应详细记录实验状态及维修情况。高、低速离心机由于操作简单，通过阅读说明书，熟悉离心机操作规程后可以自己使用。超高速离心机结构复杂，工作程序也较烦琐，使用不当容易发生事故，需经管理人员培训后方可使用。

② 实验室常用的电动离心机转动速度快，离心机应放在平稳、坚固台面上，严禁空转；要防止运转时因不平衡或试管垫老化产生移动，避免从实验台上掉下来造成事故。因此离心机套管底部要垫棉花或试管垫，如有噪声或机身振动，应立即切断电源，及时排除故障。注意机身平衡，离心管必须对称放入套管中，若只有一支样品则须在对称位置安放另外一支等质量装水离心管。

③ 选择合适的转头，注意转速和时间，不得过速使用，注意清洁。

④ 选择合适型号和材质的离心管，不得使用伪劣的离心管，不得使用老化、变形、有裂纹的离心管。

⑤ 液体不得装得过多，以防离心时甩出，造成转头不平衡、生锈或被腐蚀。

⑥ 使用离心机时应避免穿戴宽松的衣物、领带等，长发需注意盘好，防止被卷入离心机。

⑦ 启动离心机时，应确认盖好离心机顶盖后再接通电源，防止离心管因振动而破裂后，玻璃碎片旋转飞出，造成事故。

⑧ 分离结束后，先关闭离心机，在离心机停止转动后，方可打开离心机盖，取出样品，不可用外力强制其停止运动。

离心机的安全操作及注意事项见“离心机”二维码。

离心机

5.5 玻璃仪器及玻璃装置安全

5.5.1 玻璃仪器安全

玻璃仪器是实验室最常见的、种类最多的器具，分为可加热的玻璃仪器和不能加热的玻璃仪器。如果按用途，玻璃仪器可分为烧器类、容器类、量器类和加液过滤器类等，详见表 5.6。按材质又分为软质玻璃和硬质玻璃。

不同类型实验所使用的仪器有所不同。无机实验中，常用的仪器有试管、量筒、烧杯、锥形瓶、滴定管、容量瓶、移液管、蒸发皿、吸滤瓶以及布氏漏斗等。

有机化学实验所用仪器，除包含无机化学实验中常用的烧杯、量筒、吸滤瓶、布氏漏斗等之外，还广泛使用标准磨口玻璃仪器，例如圆底烧瓶、蒸馏头、冷凝管等。标准磨口玻璃仪器是一类具有标准磨口或瓶塞的玻璃仪器。其磨口和瓶塞尺寸实现了标准化与系统化，磨砂部分紧密贴合。凡属于同类规格的接口，均能实现任意互换，各部件可灵活组装成各种配套仪器，提升实验仪器的通用性与组合便利性。标准接口玻璃仪器均依照国际通用的技术标准精心制造，依据磨口口径的不同，划分为 10、14、19、24、29、34、40、50 等不同规格型号。相同编号的子口与母口能够直接紧密连接，确保实验装置的稳固性。当遇到不同编号的部件无法直接组装的情况时，可借助变口接头实现连接。例如，某个圆底烧瓶标注的编号为 14/30，这表明该仪器的口径为 14 mm，磨口长度为 30 mm。

表 5.6　玻璃仪器分类

种类	仪器
烧器类	烧杯、烧瓶、试管、锥形瓶、碘量瓶、蒸发皿等
量器类	量杯、量筒、容量瓶、滴定管、移液管等
容器类	试剂瓶、广口瓶、细口瓶、滴瓶等
加液过滤器类	漏斗、分液漏斗、布氏漏斗、抽滤瓶等
管、棒类	冷凝管、分馏管、离心管、连接管、搅拌棒等
测量类	测量温度、压力等仪表以及注射器等
其他类	酒精灯、干燥器、表面皿、玻璃阀等

5.5.1.1　玻璃种类及其区别

硬质玻璃（又名硅硼玻璃）的主要成分及含量见表 5.7。其耐高温、高压、耐腐蚀，机械强度高，热膨胀系数小，导热性好，耐温差波动，操作温度＜783K，退火温度为 778～833K，短时间内可加热到 873K，但冷却退火时需均匀缓慢，以减少永久应力。其具有良好的火焰加工性能，多用于制造烧杯、烧瓶、压力管及成套实验装置。

软质玻璃（又称钠钙玻璃或普通玻璃）的主要成分及含量见表 5.7。其软化温度低，耐碱性强，不易失透，适于灯焰加工，但因不能承受过大的温差，常用于制造不直接受热的仪器，如滴定管、移液管、量筒等。

分析测试离不开各种器皿，分析时所需的器皿可根据要求选用。一般而言，试剂瓶和容器最好使用硬质玻璃，因为一般的软质玻璃有较强的吸附力，会吸附待测溶液中的某些离子，同时有钠等离子溶入溶液中。

表 5.7　玻璃类别及成分含量

玻璃类别	主要成分及含量	可制作仪器类别、性能及主要仪器的名称
硬质玻璃（硼硅玻璃）	SiO_2:80%;B:12%～13%;K:4%～6%	容器类、烧器类，可加热。常用的有：烧杯、试管、锥形瓶、蒸馏瓶、冷凝管及成套实验装置等
软质玻璃（钠钙玻璃）	SiO_2：70% ～ 75%；Na：12%～14%;Ca:3%～4%	量器类，不宜加热。常用的有：滴定管、移液管、量筒、容量瓶、比色管、吸管、干燥器、漏斗等
石英玻璃	SiO_2:99.5%	痕量分析及光学分析类，耐高温、耐酸（HF 除外）、能透过紫外线。常见的有：比色皿、蒸发皿、坩埚等

5.5.1.2　烧器类玻璃仪器加热操作注意事项

烧器类玻璃仪器加热操作注意事项如下。

① 外壁不得有水珠，厚壁仪器不能加热。

② 加热时试管口不对准人，溶液不超过容器体积的三分之二。

③ 不同的溶液或反应选择不同的加热方式，禁止使用敞口容器加热有机溶剂。

④ 不要使用有缺口或裂缝的玻璃器皿。

⑤ 在进行减压蒸馏时，要采用适当保护措施（如有机玻璃挡板），可以防止玻璃器皿发生爆炸或喷溅造成人员伤亡。

⑥ 黏结在一起的玻璃仪器不要试图用力拉，以防伤手。

⑦ 连接玻璃管或将玻璃管插在橡胶塞中时，要戴厚手套，不要用蛮力。操作者可将管一端用水或润滑剂润滑，二者反方向边轻轻旋转边用力连接。

⑧ 非耐热器皿如广口瓶、量筒、表面皿、称量瓶等，禁止用明火直接加热。

⑨ 注意勿使玻璃和瓷器局部受热、受冷。例如不要将加热的玻璃器皿放在过冷的台面上，防止器皿因局部温度急剧变化而破裂。

5.5.1.3 玻璃仪器的洗涤注意事项

化学实验中清洗玻璃仪器至关重要，否则会影响实验效果，应根据实际情况来选择合适的洗涤方法。常用的洗涤方法有：水洗、洗涤剂洗、特殊试剂洗、洗液洗、超声清洗等（详见“玻璃仪器的洗涤及干燥”二维码）。

玻璃仪器洗涤注意事项如下。

① 洗涤玻璃器皿时，一定不要在水池边甩器皿里面的水，一定不要像刷碗、刷杯子那样用手去刷洗。

② 使用浓酸或浓碱洗涤仪器时要注意不能溅到身上，如不慎洒在衣物上，立即用水冲洗；若洒在桌面上，应立即用抹布擦干并冲洗。

③ 灼热的玻璃仪器应冷却至室温后洗涤。

④ 有机实验用的磨口仪器一般用清水洗涤，若不能洗净，可以用洗液或者某些有机溶剂清洗，不可用去污粉清洗，去污粉中含有细沙，会损伤磨口，也不可用强碱洗涤。

⑤ 铬酸洗液中含有强酸和强氧化剂，使用时需特别注意。洗液配制时剧烈放热，应小心烫伤，需佩戴耐酸手套和护目镜，做好防护；玻璃仪器内不宜有水，以免洗液被冲淡而失效；洗液可反复使用，使用后应倒回原瓶，应密闭保存，防止吸水，影响洗液的效果；洗液变蓝绿色时，表明已失效，可加入高锰酸钾将 Cr（Ⅲ）氧化再生；Cr（Ⅵ）是严重环境污染物，清洗后残留在仪器上的洗液、废水不要倒入下水道，应回收统一处理，以免腐蚀下水道和污染环境。

⑥ 有机化学实验往往用到碱缸清洗玻璃仪器。一般使用带盖的塑料桶作为碱缸，碱缸中的清洗液一般是用乙醇、水和氢氧化钠配制的，要做好防护措施。在将玻璃仪器放入碱缸前，要先清洗一遍，绝对不能附着强酸，以免和碱发生剧烈反应。将玻璃仪器完全浸入碱缸之中，过一段时间将玻璃仪器拿出，整个过程要轻拿轻放，防止碱液飞溅。拿出仪器后，控掉碱液，可先将仪器放入清水中浸泡，稀释碱液，再进行下一步的清洗。

5.5.1.4 玻璃仪器的干燥注意事项

在某些实验中，玻璃仪器需保持绝对干燥以确保实验结果的精确性。针对不同情况，可采用晾干、烘干、烤干或吹干等多种方法进行干燥处理。在干燥过程中，需特别注意以下操作要点（操作方法参见“玻璃仪器洗涤及干燥”二维码）。

玻璃仪器
洗涤及干燥

① 烘箱烘干法。将洗净的仪器沥干内部水分后，平稳放置于烘箱内。为防止水滴滴落至电热丝上引发安全隐患，建议在烘箱底部放置一个搪瓷盘以承接滴水。操作完成后，取出仪器时务必佩戴耐高温手套，以防烫伤。

② 试管烘干法。使用试管夹固定试管，并确保试管口略微向下倾斜，防止水珠回流至高温部位导致试管炸裂。在酒精灯火焰上方均匀移动试管，确保受热一致。待试管内无水珠残留时，将试管口朝上，彻底驱除残留水汽。

③ 吹干法。首先尽量控干仪器内部水分，随后利用吹风机或气流烘干器进行吹干。若采用少量有机试剂（如乙醇、乙醚等）润洗仪器内壁后倒出，再进行吹干，可显著提升干燥效果。但需特别警惕：确保有机试剂不滴落至吹风机加热元件上，以防火灾发生。

5.5.1.5　干燥器使用注意事项

干燥器是具有磨口器盖的厚质密闭玻璃器皿，其用途是保存基准物质、试样以及烘干后的称量瓶和坩埚等。干燥器底部装有干燥剂，常用变色硅胶、无水氯化钙等，中间放置带孔圆形瓷板，用来盛放被干燥的物品。干燥器磨口上涂有薄而均匀的凡士林，使其更好地密合，防止水汽进入。干燥器使用注意事项见“干燥器”二维码。

开启干燥器时，一只手环住干燥器的下部，另一只手按住盖顶，沿水平方向推开器盖。不能直接向上提拉器盖，一旦脱落会造成损坏。干燥器盖取下后，仰放在实验台上，避免磨口沾污。放入或取出物品后，应及时盖好干燥器盖，以免吸潮。不得一手拎盖，一手取放物品，以免失误。加器盖时，应拿住盖顶，慢慢沿水平方向推移盖好，防止磕碰。

干燥器

不可将过热的物品放入干燥器中。较热的物品放入干燥器后，空气受热膨胀会将干燥器盖顶起，甚至会将盖子掀翻打碎；而放置冷却后，由于里面空气冷却，压力降低，又会将干燥器盖吸住而打不开。为避免上述情况发生，放入高热物品后，应先将器盖留一条缝隙，稍等几分钟后再盖严，冷却过程中可不时开闭干燥器 1～2 次。搬动干燥器时，用两手的拇指同时按住盖子，防止器盖滑落打破。

5.5.1.6　分液漏斗使用注意事项

分液漏斗是有机化学实验中萃取步骤的重要仪器。使用分液漏斗要注意以下事项。

先检查下口活塞和上口塞子是否有漏液现象，检查它的活塞和顶塞及磨口是否匹配。将溶液倒入分液漏斗中，分液漏斗中的液体不宜太多，一般不超过分液漏斗体积的 1/2。塞紧顶塞，先用右手食指末节将漏斗上端玻璃塞顶住，再用大拇指及食指和中指握住漏斗，用左手的食指和中指握在活塞的柄上。然后将漏斗平放，前后摇动或做圆周运动，使液体振动起来，两相充分接触，以提高萃取效率。每振摇几次后，就要将漏斗尾部向上倾斜，朝无人处打开活塞放气，以解除漏斗中的压力。如此重复之后静置，待两相完全分开。打开上面的玻璃塞，再将活塞缓缓旋开，下层液体自下口放出，有时在两相间可能出现一些絮状物也同时放出。然后将上层液体从分液漏斗的上口倒出。分液漏斗操作过程全程支管口不能对着人，以防液体从支管口喷溅发生事故。分液漏斗的安全操作见“分液漏斗”二维码。

分液漏斗

5.5.2 有机化学实验常用玻璃装置安全

5.5.2.1 有机化学实验常用玻璃装置搭建注意事项

在有机化学实验中经常用玻璃仪器与金属器具搭建实验装置，如果搭建不当，会造成实验失败，甚至引发严重的安全事故。搭建实验装置及注意事项见“搭建仪器装置原则”和“玻璃装置搭建”二维码。

搭建仪器装置原则　　玻璃装置搭建

有机化学实验搭建仪器装置一般是：从下到上、从左到右，要求做到横平竖直。大部分有机化学实验搭建仪器装置会在电加热套下面垫上一个升降台，首先将升降台旋高大约一拳的距离，再放上电加热套。这样可以通过调整电加热套的高度来控制反应温度，另外，一旦发生危险事故，可以第一时间将电加热套从热源撤走。

用玻璃仪器与金属器具搭建实验装置时将十字夹装在铁架台上，十字夹的螺丝部分要朝向自己，要避免背对自己，十字夹的开口要朝上，这样可以有效地防止铁夹脱落，造成危险。铁夹夹住玻璃仪器时不能夹得太紧，以免损坏仪器。铁夹夹烧瓶时要夹在烧瓶开口下方，夹冷凝管时不要夹在冷凝水进出口处。

玻璃管或温度计与塞子连接时，其用力部位不要离塞子太远，不要使劲硬塞，否则容易将玻璃管或者温度计折断造成割伤，可以旋转着往里塞，并且可以适当涂抹润滑剂。

选择塞子的大小要适合仪器的口径，塞子进入瓶颈的部分不能少于塞子本身高度的1/2，也不能多于2/3。选择一个比要插入橡皮塞的玻璃管或温度计略粗一点的打孔器，因为橡皮塞富有弹性，孔道钻成后会收缩使孔径变小。在桌面上放一块木板，将橡皮塞的小头朝上平放于木板上，以免损坏桌面。用左手按住塞子，右手握住打孔器的手柄，并在打孔器前涂抹一点甘油或水，在选定的位置上，沿顺时针方向垂直地边转边往下钻，当钻到超过一半深的时候，沿反方向旋转并且拔出打孔器。调换橡皮塞的另一头，对准原孔的方向按照同样的方法操作钻孔，直到打通为止。钻孔时要注意保持打孔器与塞子的平面垂直，不能左右摇摆，更不能倾斜，以免把孔钻斜，甚至造成手腕被打孔器割伤。

有机化学实验使用的冷凝管一般有四种，分别是直形冷凝管、球形冷凝管、蛇形冷凝管和空气冷凝管。无论是直形冷凝管、球形冷凝管还是蛇形冷凝管都遵循冷凝水下进上出的原则。冷凝水流量不要过大，以免冲开接头，造成实验用水事故。

5.5.2.2 蒸馏、分馏仪器装置搭建注意事项

蒸馏、分馏是有机化学实验中常用的操作。蒸馏是提纯和分离液体混合物的一种常用方法。通过蒸馏可以将两种或两种以上的挥发度不同的液体分离，简单蒸馏可以将沸点相差30℃以上的两种液体分离。应用分馏柱将几种沸点相近的混合物进行分离的方法称为分馏，可以分离沸点相差30℃以内的液体化合物。蒸馏在蒸馏仪器装置中进行，搭建仪器装置顺序一般是：从下到上、从左到右，要求做到横平竖直。分馏装置与蒸馏装置类似，在圆底烧

瓶和蒸馏头之间加一个分馏柱，一般使用刺形分馏柱。

安装仪器之前，首先要根据蒸馏液体的量，选择大小合适的蒸馏瓶。一般蒸馏液体的体积不要超过蒸馏瓶容积的 2/3，也不要少于 1/3。为了保证蒸馏过程平稳进行，蒸馏前应加入少量的沸石或其他助沸物，形成汽化中心，以防爆沸。

仪器安装一般应先从热源开始，首先确定仪器安装的高度，先在铁架台上放置升降台，将电热套放在升降台上，再将蒸馏瓶放置于电热套中间，蒸馏瓶用铁夹垂直夹好。铁夹不应夹得太紧或太松，以夹住后稍用力尚能转动为宜。完好的铁夹内通常垫以橡皮或软性物质，以免夹破仪器。标准磨口蒸馏瓶可以直接与蒸馏头连接，通过温度计套管将温度计与蒸馏头连接。温度计水银球上限应与蒸馏头支管下限在同一水平线上。安装冷凝管时，冷凝水应从冷凝管的下口流入，从上口流出，以保证冷凝管的套管中始终充满水。一般当蒸馏液体沸点在 140℃以下时，用直形冷凝管；当沸点在 140℃以上时，用水冷凝管冷凝时，由于内外温度差较大，冷凝管接头处容易爆裂，故应改用空气冷凝管，以便对高沸点化合物进行冷却。在冷凝管尾部通过接液管连接接收瓶。蒸馏装置一定要与大气连通，防止爆炸。在蒸馏装置中，一定要保证真空接引管的支口没有堵塞。蒸馏、分馏及注意事项见“蒸馏、分馏仪器装置”二维码。

蒸馏、分馏仪器装置

5.5.2.3　回流仪器装置

蒸馏的目的是将沸点相差很大的两种液体分离开来，而回流的目的是让反应体系中的反应物在沸腾条件下充分接触，充分反应。很多有机化学反应需要在反应体系的溶剂或液体反应物的沸点附近进行，为了防止液体汽化从体系中逸出，要用回流装置。回流装置搭建比较简单，主要是烧瓶和球形冷凝管的组合，也可以根据实验需要进行组合，比如在三颈烧瓶上添加温度计、恒压漏斗、水分分离器和搅拌桨等。可选用水浴、油浴或电加热套直接加热等方式。回流的速率应控制在液体蒸气浸润不超过球形冷凝管两个球为宜。如果需要防止空气中的水分侵入，还可以在球形冷凝管上添加干燥管。干燥管中的干燥剂可以根据实验来选择，但切忌堵塞。回流系统和蒸馏一样，也必须连通大气，否则会有爆炸的危险。如果在反应的过程中有有毒有害气体生成，需要带有尾气吸收装置的回流装置，可以将反应过程中生成的有毒有害气体经水或其他溶液处理掉，避免对人和环境造成影响。其他操作同蒸馏，其操作及注意事项见“回流装置”二维码。

回流装置

5.5.2.4　水蒸气蒸馏仪器装置搭建注意事项

水蒸气蒸馏法是分离、纯化有机化合物的重要方法之一，它是将水蒸气通入含有不溶或微溶于水但有一定挥发性的有机物的混合物中，并使之加热沸腾，使待提纯的有机物在低于 100℃的情况下随水蒸气一起被蒸馏出来，从而达到分离提纯的目的。常用水蒸气蒸馏的简单装置如图 5.6 所示。水蒸气发生器通常盛水量以其容积的 3/4 为宜。如果太满，水沸腾时将冲至烧瓶。安全管（2）应接近水蒸气发生器的底部。当容器内气压太大时，水可沿着玻璃管上升，以调节内压。如果系统发生阻塞，水便会从管的上口喷出，此时应检查导管是否被阻塞。蒸馏部分通常使用 500 mL 以上的三颈瓶或长颈圆底烧瓶。瓶内液体不宜超过其容积的 1/3。水蒸气导入管（5）的末端应弯曲，使之垂直地正对瓶底中央并接近瓶底。水蒸气导入管应该越短越好，否则水蒸气冷凝后会降低蒸馏瓶内的温度，影响蒸馏效果。水蒸气发生器与盛物的蒸馏瓶之间应加装一个T形管。在T形管下端连一个弹簧夹，以便及时除去冷凝下来的水滴。应尽量缩短水蒸气发生器与盛物的蒸馏瓶之间的距离，以减少水汽的冷凝。

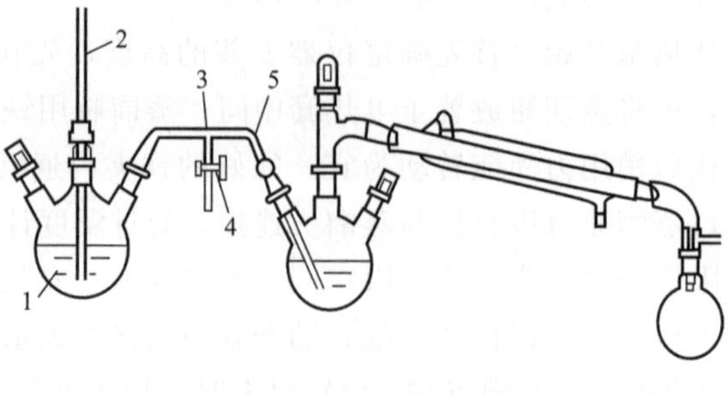

图 5.6　水蒸气蒸馏

1—蒸馏瓶；2—安全管；3—梯形管；4—梯形管夹（旋塞）；5—水蒸气导入管

进行水蒸气蒸馏时，先将溶液置于三颈瓶或圆底烧瓶中，加热水蒸气发生器直至接近沸腾后才将弹簧夹夹紧，使水蒸气均匀地进入蒸馏瓶。为了使水蒸气不致在蒸馏瓶中冷凝而积聚过多，必要时可对蒸馏瓶进行加热保温，加热温度不能太高。必须控制加热速度，使蒸气能全部在冷凝管中冷凝下来。万一冷凝管已被阻塞，应立即停止蒸馏并疏通，如用玻璃棒将阻塞的晶体捅出或用电吹风的热风吹化结晶，在冷凝管夹套中灌以热水使之溶出。

当蒸馏需要中断或蒸馏完毕时，一定要先打开螺旋夹使通大气，然后方可停止加热，否则蒸馏瓶中的液体将会倒吸到蒸馏瓶中。在蒸馏过程中，如发现安全玻璃管中的水位迅速上升，则表示系统中发生了堵塞。此时应立即打开螺旋夹，然后移去热源。待排除堵塞后再继续进行水蒸气蒸馏。水蒸气蒸馏操作及注意事项见“水蒸气蒸馏”二维码。

水蒸气蒸馏

5.5.2.5　减压蒸馏仪器装置搭建注意事项

在蒸馏操作中，一些有机物加热到其正常沸点附近时，会由于温度过高而发生氧化、分解或聚合等反应，使其无法在常压下蒸馏。减压蒸馏是依据液体的沸点随外界压力的变化而变化，如果借助真空泵降低系统内压力，就可以降低液体的沸点，在较低的温度下分离和蒸馏有机物，这是减压蒸馏操作的理论依据。减压蒸馏是分离提纯有机化合物的常用方法之一。

减压蒸馏装置主要由蒸馏、减压、安全保护和测压四部分组成（图 5.7）。蒸馏部分由蒸馏瓶、克氏蒸馏头、毛细管、温度计及冷凝管、接收器等组成。克氏蒸馏头可减小由于暴沸而使液体溅入冷凝管的可能性；而毛细管的作用则是作为汽化中心，使蒸馏平稳，避免液体过热而产生暴沸冲出现象。毛细管口距瓶底约 1～2 mm，为了控制毛细管的进气量，可在毛细管上口套一段软橡胶管，橡胶管中插入一段细铁丝，并用螺旋夹夹住。蒸馏液接收部分，通常用多尾接液管连接两个或三个梨形或圆形烧瓶，在接收不同馏分时，只需转动接液管。在减压蒸馏系统中切勿使用有裂缝或薄壁玻璃仪器，尤其不能用不耐压的平底瓶（如锥形瓶等），以防爆炸。抽气部分用减压泵，最常见的减压泵有水泵和油泵两种。安全保护部分一般有安全瓶，若使用油泵，还必须有冷阱（冰-水、冰-盐或者干冰）及分别装有粒状氢氧化钠、块状石蜡及活性炭或硅胶、无水氯化钙等吸收剂的干燥塔，以避免低沸点溶剂，特别是酸和水汽进入油泵而降低泵的真空效能。所以在油泵减压蒸馏前必须在常压或水泵减压下蒸出所有低沸点液体和水以及酸、碱性气体。测压部分采用测压计，常用水银压力计来测压。

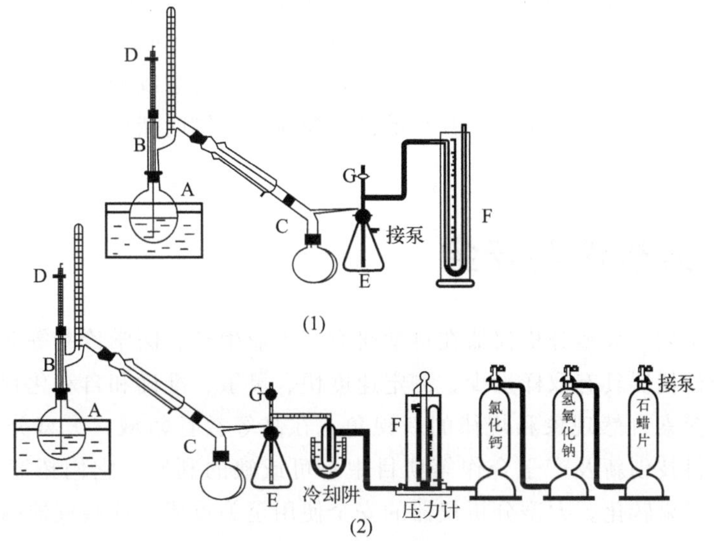

图 5.7　减压蒸馏

仪器安装：蒸馏头的一颈中插入温度计，另一颈中插入一根毛细管，毛细管上端套有一段带螺旋夹的软橡胶管。蒸馏时若要收集不同的馏分而又不中断蒸馏，则可用两尾或多尾接液管，多尾接液管的几个分支管与圆底烧瓶（或厚壁试管）连接起来。实验室通常用水泵或油泵进行减压蒸馏。使用水泵时，需在泵前安装安全瓶，以防水压下降时，水流倒吸。

仪器安装好后，先检查系统是否漏气，方法是：关闭毛细管，减压至压力稳定后，夹住连接系统的软橡胶管，观察压力计水银柱是否有变化，无变化说明不漏气，有变化即表示漏气。为使系统密闭性好，磨口仪器的所有接口部分都必须用真空油脂润涂好，检查仪器不漏气后，加入待蒸的液体，量不要超过蒸馏瓶容积的一半，关好安全瓶上的活塞，开动油泵，调节毛细管导入的空气量，以能冒出一连串小气泡为宜。当压力稳定后，开始加热。液体沸腾后，应注意控制温度，并观察沸点变化情况。待沸点稳定时，转动多尾接液管接收馏分，蒸馏速度以 0.5～1 滴/秒为宜。蒸馏完毕，除去热源，慢慢旋开毛细管上的螺旋夹，待蒸馏瓶稍冷后再慢慢开启安全瓶上的活塞，平衡内外压力（若开得太快，水银柱很快上升，有冲破测压计的可能），然后再关闭抽气泵。在整个蒸馏过程中，都要密切注意温度计和压力计的读数。减压蒸馏操作及注意事项见“减压蒸馏”二维码。

减压蒸馏

5.5.2.6　玻璃装置加热反应注意事项

玻璃装置加热反应注意事项如下。

① 避免封口不严或温度失控，蒸气泄漏。

② 避免加热方式不对，引发着火。

③ 加热前加入沸石，如果加热前忘了加入助沸物，补加时必须先移去热源，待加热的液体冷至沸点以下后方可加入。如果蒸馏中途停止，在重新加热前应加入新的沸石。因为原来加入的沸石在加热时已逐出了部分空气，在冷却过程中吸附了液体，无法起到汽化中心的

作用。

④ 溶液体积不超过蒸馏瓶容积的 2/3，防止试剂洒入加热套。

⑤ 避免冷却水未开或冷却水温度过高。

⑥ 常压蒸馏、回流和反应，禁止用密闭体系操作，一定保持与大气相连通。

⑦ 在减压蒸馏时，不能用平底烧瓶或锥形瓶代替蒸馏瓶或接收瓶，以免其平底处不能承受负压而发生爆炸。减压蒸馏使用的蒸馏瓶，一定要是无裂纹的硬质烧瓶，蒸馏瓶上配有克氏蒸馏头，克氏蒸馏头有两个颈，其目的是避免减压蒸馏时瓶内液体由于沸腾而冲入冷凝管中。

5.6 大型分析仪器安全

在现代科学领域，大型分析仪器在科学研究、工业生产、医学诊断等多个领域发挥着重要作用。大型分析仪器具有取样量少、测定速度快、灵敏、准确和自动化程度高等特点，为研究者们提供了探索自然现象和规律的新视角。在高等教育领域，大型分析仪器是人才培养、教学科研、科技创新及产学合作等项目中不可或缺的利器，它们拓宽了学术研究的边界，加速了科技成果转化。大型分析仪器的安全使用至关重要。这些仪器的操作往往涉及高温、高压和有毒有害物质，一旦使用不当，可能会导致数据失准、设备损坏、环境污染，甚至人员伤亡。

大型分析仪器实验室配备有诸如高分辨率质谱仪、核磁共振波谱仪、电子显微镜等高精度、高价值且对运行环境要求严格的大型仪器，其在安全管理制度上与其他普通实验室有着显著区别，下面是大型分析仪器实验室安全管理制度（参见“仪器分析实验室安全管理制度”二维码）。

仪器分析实验室安全管理制度

① 未经实验室管理人员许可，任何人不许随意动用实验室的仪器设备。

② 实验人员应严格遵守各项规章制度和大型仪器操作流程，经过培训，方可按照标准操作规程操作仪器和进行检测分析工作，在进行实验操作时应遵守“安全操作、爱护仪器、数据准确”的原则，做好水、电、气、火、辐射等安全防护。

③ 使用人员要坚守岗位，若仪器使用中发生设备电路事故，须立即停止实验，切断电源，并向仪器管理人员和实验室负责人汇报。

④ 实验人员必须掌握仪器设备的规格、性能、工作原理，熟悉材料、药品性能，做好仪器设备的保管、使用、维护，药品的使用、回收、处理工作。

⑤ 仪器设备使用必须进行详细登记，包括仪器的使用和状态等信息；必须在老师监督下进行仪器状态验收。

⑥ 实验完毕后，关闭仪器设备，检查仪器设备及实验室水、电、气运行正常。

5.6.1 仪器分析方法及仪器分类

仪器分析是指采用比较复杂或特殊的仪器设备，通过测量物质的某些物理或物理化学性质的参数及其变化来获取物质的化学组成、成分含量及化学结构等信息的一类方法。仪器分析是采用电学、光学、精密仪器制造、真空、计算机等先进技术探知物质化学特性的分析方法。因此仪器分析是体现学科交叉、科学与技术高度结合的一个综合性极强的科技分支。仪器分析具有灵敏度高、操作简便、分析速度快、选择性好、所需试样少、用途广泛等特点，能适应各种分析要求，除了可用于定性和定量分析外，还可用于结构、价态、状态分析，微区和薄层分析，微量及超痕量分析等，是分析化学的主要发展方向。

根据物理及物理化学性质，仪器分析可以分为光学分析法、分离分析法（色谱法）、电化学分析法以及其他分析法。

① 光学分析法。它是一种涉及物质光学性质的分析方法，分为光谱分析法和非光谱分析法两类。光谱分析法是通过物质与光相互作用，物质内部发生量子化的能级跃迁，从而测定光谱的波长和强度进行分析的方法。

光谱分析法包括分子光谱法和原子光谱法。分子光谱法是根据分子的电子光谱、振动光谱、转动光谱、荧光光谱和拉曼光谱来进行定性、定量和结构分析的方法，如紫外和红外吸收光谱法、荧光光谱法、拉曼光谱法。原子光谱是根据原子发射或吸收光谱线来进行定性和定量分析的一种方法，包括发射光谱法和吸收光谱法，如原子吸收光谱法、原子发射光谱法、原子荧光法等。

非光谱分析法分析时只涉及光的传播方向、速度或其他物理性质的改变，如折射、反射、干涉、衍射和偏振等。例如折光法、干涉法、旋光法、X 射线衍射法等，统称为非光谱分析法。非光谱分析法不涉及物质内部的能级跃迁，如 X 射线单晶衍射法（XRD）和 X 射线电子能谱法（XPS）。

② 分离分析法（色谱法）。它是一种根据混合物中各组分在互不相溶的两相（固定相和流动相）中的吸附能力、分配系数或其他形式作用力的差异而建立的分离分析方法，包括气相色谱法（GC）、薄层色谱法（TLC）、高效液相色谱法（HPLC）、离子色谱法（IC）、超临界流体色谱法（SFC）等。

③ 电化学分析法。它是一种基于物质的电化学性质，应用电化学的基本原理和技术而建立的分析方法，如电位滴定法、伏安和极谱法、电导法等。

④ 其他分析法。是指利用生物学、动力学、热学、声学等性质进行测定的仪器分析方法和技术，如质谱分析法（MS）、热分析法等。

分析技术联用技术：气相色谱-质谱法（GC-MS）、液相色谱-质谱法（LC-MS）、电感耦合等离子体-质谱法（ICP-MS）等。

仪器分析按分析对象可分为有机分析（核磁共振波谱、质谱、红外光谱、紫外光谱、气相色谱和液相色谱等）、无机分析（原子吸收光谱、原子发射光谱、原子荧光光谱、离子色谱、电感耦合等离子体发射光谱等）。仪器分析还涉及表面分析仪器，如扫描电子显微镜（SEM）、透射电子显微镜（TEM）、X 射线光电子能谱仪（XPS）、俄歇电子能谱仪（AES）等。

5.6.2 常用分析仪器安全

5.6.2.1 原子吸收光谱仪

原子吸收光谱法（AAS）是无机元素定量分析应用最广泛的一种分析方法，是利用气态原子可以吸收一定波长的光辐射，使原子中外层的电子从基态跃迁到激发态的现象而建立的一种分析方法。由于各种原子中电子的能级不同，它们会选择性地共振吸收一定波长的辐射光，这个共振吸收波长恰好等于该原子受激发后发射光谱的波长，由此可作为元素定性的依据，而吸收辐射的强度可作为定量的依据（原理见图 5.8）。

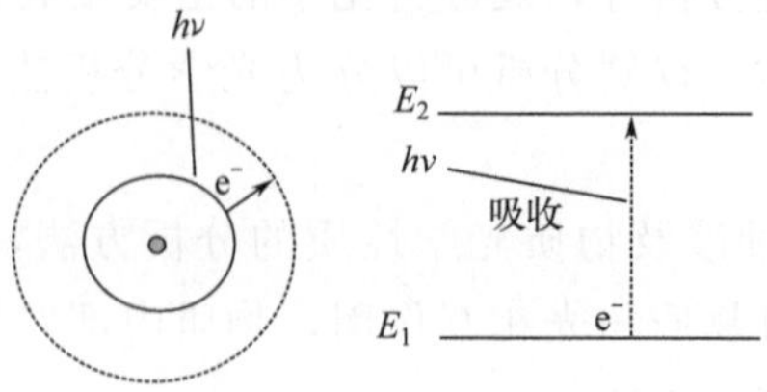

图 5.8 AAS 原理示意图

原子吸收光谱仪是从光源辐射出具有待测元素特征谱线的光，通过试样蒸气时被蒸气中待测元素基态原子所吸收，由辐射特征谱线光被减弱的程度来测定试样中待测元素的含量。原子吸收光谱仪由光源、原子化器、分光系统（单色器）和检测器组成（见图 5.9）。

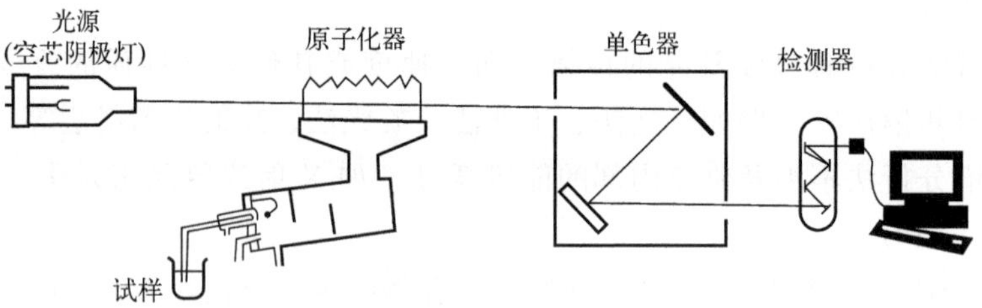

图 5.9 原子吸收光谱仪结构示意图

原子化器分为火焰原子化器和石墨炉原子化器。火焰原子化器是利用火焰使试液中的元素变为原子蒸气的装置。由化学火焰（一般为乙炔和空气燃烧）提供能量，使被测元素原子化。常用的是预混合型原子化器，它包括雾化器、雾化室和燃烧器三部分。燃烧器的作用是产生火焰，将被测物质分解为基态原子。试样溶液经雾化后进入燃烧器，经火焰干燥、熔化、蒸发和离解后，产生大量的基态原子及极少量的激发态原子、离子和分子。火焰的组成关系到测定的灵敏度、稳定性和干扰等。常用的是乙炔-空气火焰，它能为 35 种以上元素充分原子化提供最适宜的温度，最高火焰温度约 2600K。

火焰原子吸收光谱仪操作安全注意事项如下。

① 点燃和熄灭火源顺序：点火时先通入空气后通乙炔，熄火时先关乙炔后关空气。

② 经常检查乙炔连接管接头处是否漏气。

③ 熄火后检查和确定减压阀上压力表指针是否归零。

④ 乙炔钢瓶必须远离明火，配备防回火装置。

⑤ 火焰原子化器温度高，工作时不得靠近。

⑥ 原子蒸气会产生紫外线辐射，打开火焰时要关闭火焰观察窗，观察火焰时要佩戴紫外防护眼镜。

⑦ 实验过程中会产生气体和废气，保持良好通风。

⑧ 应特别注意乙炔气体及气瓶安全使用，养成良好习惯。

5.6.2.2 原子发射光谱仪

原子发射光谱法（AES）是利用物质在热能、电能或光能激发下，处于激发态的待测元素原子或离子回到基态时发射出特征谱线（图 5.10），将被激发原子发出的辐射线形成的光谱与标准光谱比较，根据光谱图中是否出现某些特征谱线，可判断是否存在某种元素，根据特征谱线的强度，可测定某种元素的含量，从而进行元素的定性与定量分析。

原子发射光谱法包括了三个主要的过程，即由光源提供能量使样品蒸发形成气态原子，并进一步使气态原子激发而产生光辐射；将光源发出的复合光经单色器分解成按波长顺序排列的谱线，形成光谱；用检测器检测光谱中谱线的波长和强度。

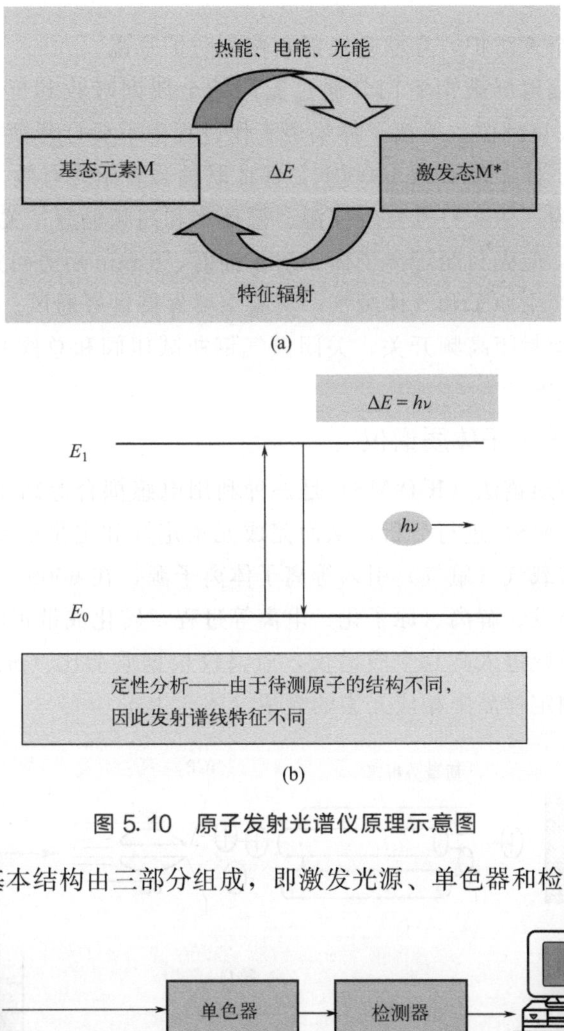

图 5.10　原子发射光谱仪原理示意图

原子发射光谱仪基本结构由三部分组成，即激发光源、单色器和检测器，如图 5.11 所示。

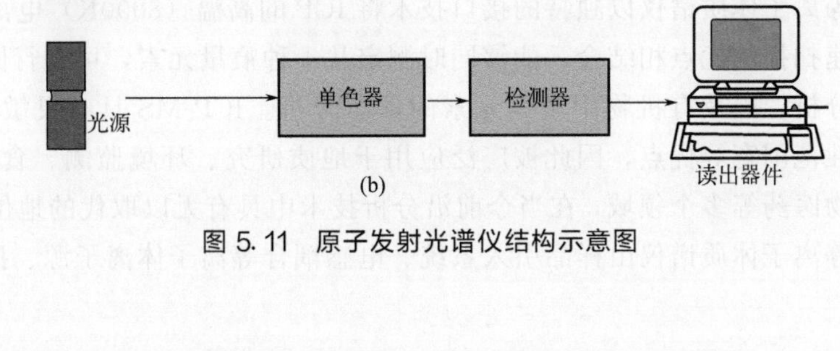

图 5.11　原子发射光谱仪结构示意图

原子发射光谱仪用电弧、火花、电感耦合等离子体、光源等为激发源，使气态原子或离子受激发后发射出紫外和可见区域的辐射。某种元素原子只能产生某些波长的谱线，一次检验可把被检物质中的元素全部在图谱中显现出来，再与标准图谱比较。可测量元素种类有七十多种。原子发射光谱仪灵敏度高，选择性好，分析速度快，可用于物质中微量金属元素的定性分析和定量分析。

电感耦合等离子体发射光谱仪可产生高剂量的射频辐射和紫外线辐射。使用时应注意以下事项。

① 操作者需做好个人防护，穿戴防辐射衣帽和防护眼镜。

② 开启前要关闭辐射屏蔽炬室门，通过舱门的金属网吸收和反射辐射进行辐射屏蔽，确保联锁装置安全有效且到位，等离子体焰炬工作过程中不要打开锁扣。

③ 电感耦合等离子体温度可达 10000K，保证联锁装置始终有效。

④ 开启仪器顺序为，依次打开氩气气源、循环水和高频电源；关闭仪器时顺序相反。

⑤ 打开炬室门前，应先封闭等离子体，防止辐射，5 min 后方可进行炬室的处理工作。

⑥ 实验过程中会产生原子和气体废气，实验室要保持良好通风。

⑦ 实验结束后必须封闭高频开关，关闭氩气钢瓶减压阀和总阀开关，检查钢瓶压力表归零，检查实验室水电安全。

5.6.2.3 电感耦合等离子体质谱仪

电感耦合等离子体质谱法（ICP-MS）是一种利用电感耦合等离子体（ICP）产生离子，而后以四极杆质谱仪（MS）进行分析，从而完成元素定性和定量的测定方法。样品进入雾化系统形成气溶胶，被载气（氩气）引入等离子体离子源，在 6000～10000K 的高温和惰性气氛中发生去溶剂、蒸发、解离、原子化、电离等过程，转化成带正电荷的正离子。通过样品锥接口和离子传输系统进入高真空质谱仪，质谱仪根据质荷比（m/z）将离子进行分离，根据元素质谱峰强度测定样品中相应元素的含量（图 5.12）。

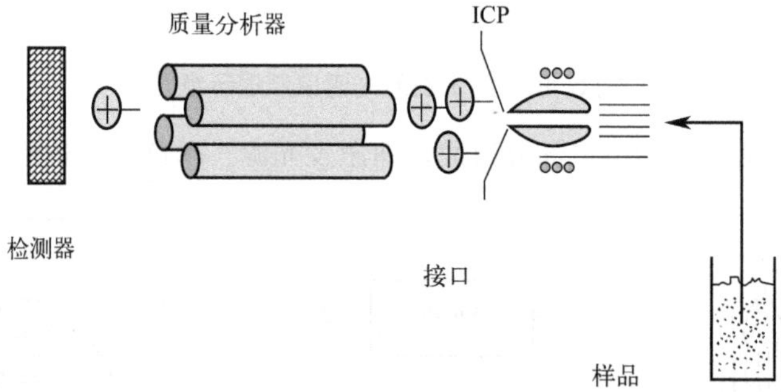

图 5.12 电感耦合等离子体质谱仪工作原理示意图

电感耦合等离子体质谱仪以独特的接口技术将 ICP 的高温（8000K）电离特性与四极杆质谱仪灵敏快速扫描的优点相结合，能够同时测定几十种痕量元素，可进行同位素分析、单元素和多元素分析，以及有机物中金属元素的形态分析。ICP-MS 具有灵敏度高、干扰少、检出限低、线性范围宽等优点，因此被广泛应用于地质研究、环境监测、食品分析、农业、冶金工业和生物医药等多个领域，在当今前沿分析技术中具有无以取代的地位。

电感耦合等离子体质谱仪由样品引入系统、电感耦合等离子体离子源、接口、离子透镜系统、四极杆质量分析器、检测器等构成（见图 5.13），其他支持系统有真空系统、冷却系统、气体控制系统、计算机控制及数据处理系统等。电感耦合等离子体的“点燃”，需具备持续稳定的高纯氩气流（纯度应不小于 99.99%）、炬管、感应圈、高频发生器、冷却系统等条件。氩气既是等离子体支持气也是辅助气和载气，起到冷却（保护石英炬管壁和毛细管尖）、提供等离子体气源并携带气溶胶进入等离子体中心的作用。

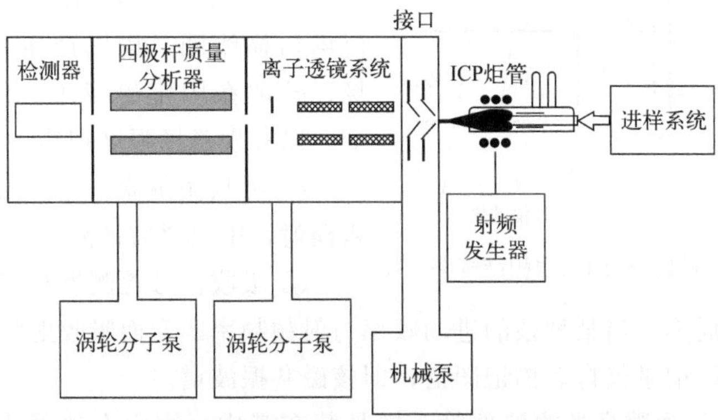

图 5.13　典型的电感耦合等离子体质谱仪结构示意图

电感耦合等离子体质谱仪操作注意事项（见“电感耦合等离子体质谱仪”二维码）：

① 等离子体具有高温和辐射等危害，点火前要关闭辐射屏蔽炬室门。

② 点火前先将样品进样管安装在蠕动泵上，分别打开氩气和氦气气源、循环水冷却系统和通风系统。关火后，必须等待门解锁后，方可关闭气源、冷却系统和通风系统，旋松进样管，并从蠕动泵取下。

电感耦合等离子体质谱仪

③ 氩气和氦气钢瓶应放置在阴凉、通风良好的实验室，远离明火。实验过程中需经常观察氩气瓶压力，不得小于 1 MPa，以保证等离子体气体充足。

④ 正确安全操作氩气和氦气及钢瓶，做好安全防护。

⑤ 注意真空系统安全操作和维护。

⑥ 实验中产生原子和气体废气，要安装排风系统，保持通风良好。

⑦ 操作浓酸如硝酸和样品时需佩戴防护手套和化学防护眼镜。

⑧ 注意重金属污染及废弃物安全处理。

5.6.2.4　核磁共振波谱仪

核磁共振波谱法（NMR）是研究原子核对射频辐射吸收的一种方法，以原子核自旋为探针，研究原子核周围化学环境的变化，将自旋核放入磁场后，原子核发生能级分裂，用适宜频率的电磁波照射，它们吸收能量，发生原子核能级跃迁，同时产生核磁共振信号，得到核磁共振谱。与 UV-vis 和红外光谱法类似，NMR 也属于吸收光谱，可以提供分子化学结构和分子动力学信息，已成为分子结构解析以及物质理化性质表征的常规技术手段，与紫外光谱、红外光谱和质谱一起被称为“四大名谱”。

核磁共振波谱仪是用于获得核磁共振波谱的仪器，按磁体可以分为永久磁体、电磁体和超导磁体；按射频频率（^{1}H 核的共振频率）可分为 60 MHz、80 MHz、90 MHz、100 MHz、200 MHz、300 MHz、400 MHz 等；按射频源又可分为连续波波谱仪（CW-NMR）和脉冲傅里叶变换波谱仪（PFT-NMR）。它是对各种有机物和无机物的成分、结构进行定性分析的最强有力的工具之一，有时也可进行定量分析。

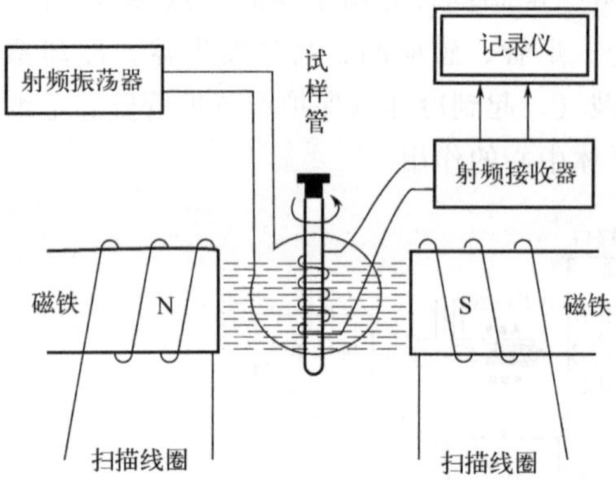

图 5.14　核磁共振波谱仪的原理和结构图

图 5.14 是核磁共振波谱仪的原理和结构图。它主要由 5 个部分组成。

① 磁铁。它的作用是提供一个稳定的高强度磁场。

② 扫描发生器。在一对磁极上绕制的一组磁场扫描线圈，用以产生一个附加的可变磁场，叠加在固定磁场上，使有效磁场强度可变，以实现磁场强度扫描。

③ 射频振荡器。它提供一束固定频率的电磁辐射，用以照射样品。

④ 吸收信号检测器和记录仪。检测器的接收线圈绕在试样管周围。当某种核的进动频率与射频频率匹配而吸收射频能量产生核磁共振时，便会产生信号。记录仪自动描记图谱，即核磁共振波谱。

⑤ 试样管。直径为数毫米的玻璃管，样品装在其中，固定在磁场中的某一确定位置。整个试样探头是迅速旋转的，以减少磁场不均匀的影响。

超导磁体浸在液氦环境中，液氦外面一层是液氮。液氦的作用是维持磁体的超导，以提供所需的磁场环境，液氮的作用是在液氦与外界环境之间加一个“隔温层”，以减少液氦的挥发。

核磁共振波谱仪使用时需要注意的事项如下。

① 医疗植入人员不能进入实验室。

② 金属物体远离磁体，仪器顶端和下端磁场仍很强，其他含铁磁性物质会受仪器引力撞向核磁仪器。此外，未经实验室管理人员允许，不得将压缩气体钢瓶带进实验室。

③ 设置磁场警示标志和高磁场警戒线。

④ 谨慎使用液氮和液氦（超导材料）。定期对杜瓦瓶里的液氮或液氦进行检测，及时更换，保护磁体；更换液氮和液氦时严禁与身体直接接触，防止皮肤“冷灼伤”；当超导磁体失超时，大量的液氮或液氦蒸发至大气，可能会引起室内人员窒息；液氮或液氦沸点低于液氧，它们可能冷凝周围的氧气，如果与易燃材料接触，容易引起燃烧或爆炸。

⑤ 定期检查仪器用电线路是否存在老化和接触不良等问题，注意用电安全。

5.6.2.5　X 射线衍射仪

X 射线衍射法（XRD）是测定晶体结构的重要手段。一束 X 射线照射到物体上时，受到物体中原子的散射，每个原子都产生散射波，这些波互相干涉，就产生衍射。衍射波叠加的结果是使射线的强度在某些方向上加强，在其他方向上减弱（见图 5.15）。分析衍射结果，便可获得晶体结构。这种利用 X 射线衍射图样探索物质微观结构和结构缺陷的分析方法称为 X 射线衍射法。

X 射线衍射仪是利用衍射原理，可精确测定物质的晶体结构、织构及应力，可精确进行物相分析、定性分析、定量分析的一种分析仪器。其主要由 X 射线发生器、试样架和测角仪、信号采集器等系统构成，如图 5.16 所示。

X 射线（伦琴射线）是一种波长很短的电磁波，能量极大，能使荧光物质发光、照相机

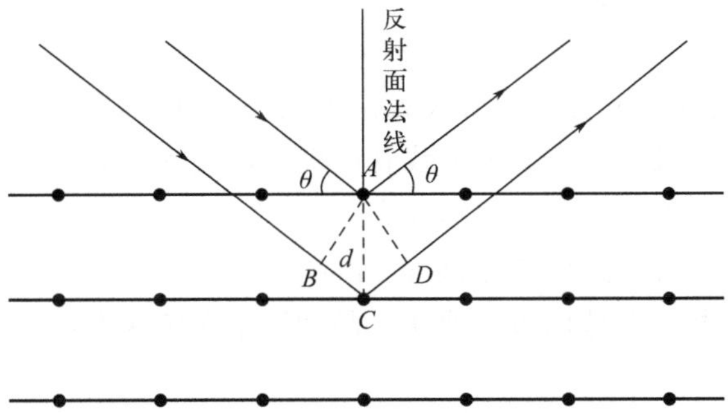

图 5.15　X 射线衍射仪原理示意图

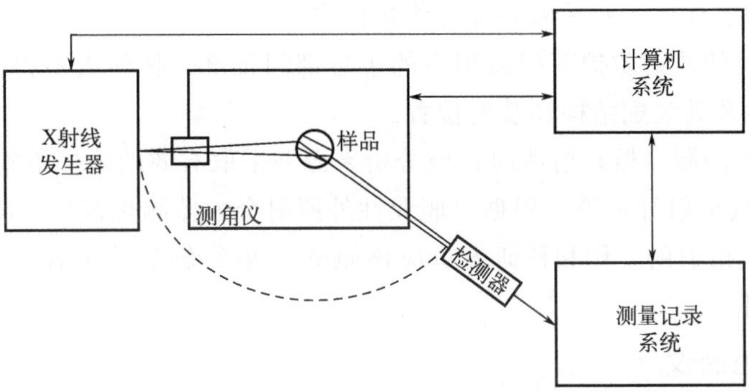

图 5.16　X 射线衍射仪结构简图

乳胶感光、气体电离，具有很强的穿透性，能穿透一定厚度的物质，能穿过许多对可见光不透明的物质。X 射线也是肉眼不可见也感觉不到的一种光，用高能电子束轰击金属靶产生 X 射线。

X 射线是很强的电磁波，能使人体细胞电离而破坏。短期大剂量照射会导致身体损伤，局部大剂量照射可使组织烧伤。长期小剂量照射可使精神衰颓、记忆力下降、头晕、脱发、血象改变，产生射线病。要注意辐射，正确使用衍射仪防护罩舱门，防护罩由铅板、铅玻璃或者含铅的聚丙烯树脂制成，可以很好地隔离 X 射线辐射。打开舱门取放样品时，光闸处于关闭状态，X 射线密封在射线管防护舱内，操作是安全的。X 射线衍射仪带有 X 射线防护门联锁装置，舱门关闭时，光闸只有在操作人员的指令下才能打开；在舱门打开或未锁状态下，光闸将自动关闭，即使点击打开光闸指令也不会打开。

X 射线衍射仪使用安全注意事项如下。

① 做好个人防护，操作时佩戴安全防护眼镜。X 射线衍射仪工作时尽量远离辐射源，操作者不要贴近舱门。

② 记住紧急红色按钮 EMO 的位置，掌握紧急红色按钮 EMO 的使用，当发生不可控状况，如实验室着火、发水、电路故障、仪器冒烟等紧急情况时，立即按 EMO 按钮，关闭 X 射线衍射仪电源，关闭仪器。

③ X 射线管和探测器的窗口都是铍制造的，铍窗口是易碎和有毒的。在任何情况下，请不要用手直接触摸铍窗口（包括清洁时），防止金属铍（X 射线透过率最强）中毒。要避免任何样品掉落到铍窗口。不要随意丢弃 X 射线管和探测器。

④ 因高压发生器产生臭氧和氮的氧化物气体，保持通风良好。条件许可时可采用无窗实验室，采用空调系统，可防尘、防潮、调温、通风。

⑤ 不要触碰高压电缆，X射线衍射仪无论关机还是开机都不要触碰高压电缆。用衍射仪高压专用的高压安全地线，管壳、X射线管阳极均连接到这根地线上，以保护工作人员在调整仪器、装卸附件和试样时不受高电压伤害。

⑥ 分析仪工作时，正在受到射线照射的样品须有适当的屏蔽。光闸指示灯亮时，X射线进入样品仓，此时严禁打开舱门进行取送样品和调整光路等操作。更换样品时必须关闭遮光器。

⑦ 拆卸、安装源套和其他受照射部件时，必须关闭遮光器并切断X射线管高压。不得在X射线管裸露的条件下调试分析仪。校准、调试分析仪的有用线束，须以较低电压、较低电流操作，避开强射线束，并采取局部屏蔽防护措施。

⑧ 未经本单位的放射防护部门或相应的主管部门批准，任何人不得擅自变更分析仪原配套的受照射部件及其装配结构和装配位置。

⑨ 当发现较强的漏（散）射线时，应分析来源并采取有效的防护措施。

⑩ 佩戴X射线辐射计量牌。根据《职业性外照射个人监测规范》（GBZ 128—2019）规定长期从事X射线衍射的工作和科研人员应该佩戴X射线辐射计量牌，监测周期为90天，每年监测四个周期。

5.6.2.6 气相色谱仪

气相色谱法（GC）是一种物理分离方法，是色谱法的一种。色谱法中有两相，一相是流动相，另一相是固定相，气相色谱法是以气体作流动相的分离分析方法。由于混合物中各组分性质不同，各组分在色谱柱中流动相和固定相中的分配系数（吸附系数、渗透性）存在差异，当两相作相对运动时，试样中各组分就在两相中进行反复多次的分配，使得原来性质和结构只有微小差异的各组分在色谱柱中运行速度发生改变，从而使不同组分得到分离（见图5.17）。

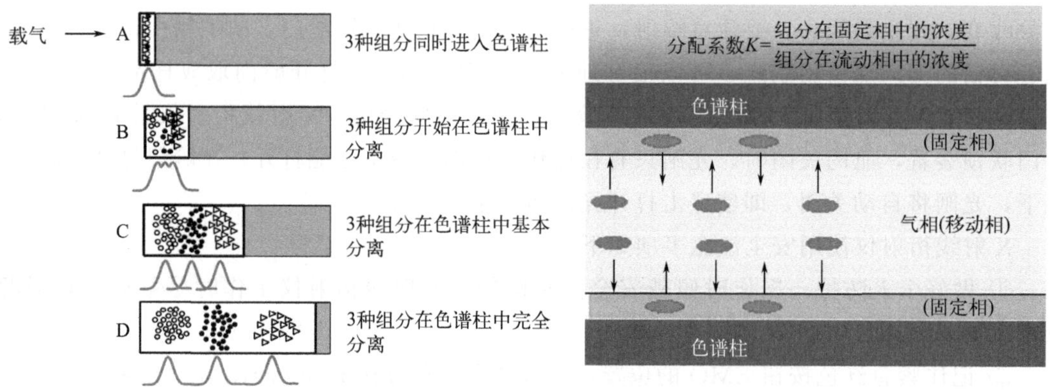

图5.17 气相色谱法分离原理示意图

气相色谱仪是利用色谱分离技术和检测技术，对多组分的复杂混合物进行定性和定量分析的仪器。汽化的被测试样被载气（流动相）带入色谱柱（固定相）中，柱中的固定相与试样中各组分分子的作用力不同，各组分在色谱柱中的运动速度发生改变，从色谱柱中流出的时间不同，达到彼此分离。采用适当的检测器将量的信号转变为电信号，通过记录系统，绘制标出各组分流出色谱柱的时间和浓度的色谱图。根据色谱图中的出峰时间和顺序，可对化合物进行定性分析；根据峰的高低和面积大小，可对化合物进行定量分析。气相色谱法具有分离效能高、灵敏度高、选择性强、分析速度快、应用广泛、操作简便等特点，广泛用于热稳定性好、易挥发有机化合物的定性、定量分析。对非挥发性的液体和固体物质，可通过高温裂解，汽化后进行分析。还可与红光及吸收光谱法或质谱法配合使用，以色谱法作为分离复杂样品的手段，达到较高的准确度。

气相色谱仪一般由气路系统、进样系统、分离系统（色谱柱）、检测系统、温度控制系统和记录系统等组成（见图 5.18）。气路系统和检测系统用到氮气、氢气、氦气和氩气等，有的检测器使用放射源，进样系统、分离系统和检测系统都涉及高温条件。

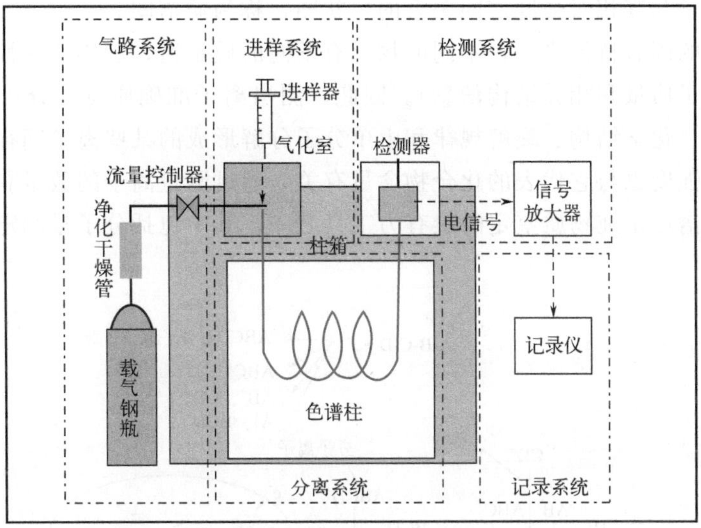

图 5.18　气相色谱仪结构及流程简图

在气相色谱仪使用中特别注意氢气的安全操作。如未按规程操作，极易酿成事故。如 2001 年 9 月 5 日，某化工厂实验室人员将气相色谱仪开机，通入载气氢气，打开主机电源，2 min 后，仪器爆炸，致使仪器前门飞到 2 m 外的实验台上后严重变形，幸好操作人员站在仪器侧面检查柱尾气，未造成人员伤亡。事故原因是之前的维修人员把色谱柱卸下，而本次操作人员未按操作规程要求操作，未进行试漏检查，直接通入氢气，导致大量氢气泄漏到柱箱内，达到爆炸极限，开启箱内加热丝开关，产生明火引起爆炸。

气相色谱仪使用应注意以下安全事项。

① 氢气气路连接应正确无误，定期对所有管路接口进行检漏测试，避免出现氢气漏气现象。

② 不使用氢气时，氢气气源必须关闭。

③ 不要让管道中或钢瓶中的氢气直接排放到大气中。

④ 要配备良好的通风设施及报警设施。

⑤ 气相色谱仪工作时不要徒手触摸高温部件（如进样口、柱温箱、检测器），操作时应冷却降温后执行。如果需要高温操作，要使用扳手并佩戴防护手套。

⑥ 进样操作时使用微量进样针需小心谨慎，针尖不要对着自己或他人。

⑦ 严格遵守仪器说明书所列出的操作步骤、警告和注意事项。

⑧ 实验产生的废液应回收。

气相色谱仪操作安全注意事项详见“色谱类（气质联用）仪器”二维码。

色谱类（气质联用）仪器

5.6.2.7 气相色谱-质谱仪

质谱分析法（mass spectrometry，MS）是按照离子的质荷比（m/z）大小对离子进行分离和测定从而对样品进行定性和定量分析的一种方法。气相色谱-质谱法（GC-MS）结合了气相色谱对混合物的高效分离能力和质谱强大的定性能力，使分离后的有机化合物的气态分子在高能量电子流轰击或强电场等作用下发生电离，形成分子离子和碎片（见图 5.19）。这些离子在电场或与磁场的共同作用下，按照质荷比（m/z）分离并依次排列成谱，形成离子与其相对强度之间关系的棒状图，称为质谱图。

质量是物质的固有特征之一，不同的物质有不同的质量谱，利用这一性质，可以进行定性分析（包括分子质量和相关结构信息）。因此，测出离子准确质量，分析这些离子可获得化合物的分子量、化学结构、裂解规律和由单分子分解形成的某些离子间存在的某种相互关系等信息；谱峰强度也与它代表的化合物含量有关，通过测量离子的数量获得离子的强度进行定量分析。质谱法是纯物质鉴定的最有力工具之一，其中包括分子量测定、化学式的确定及结构鉴定等。

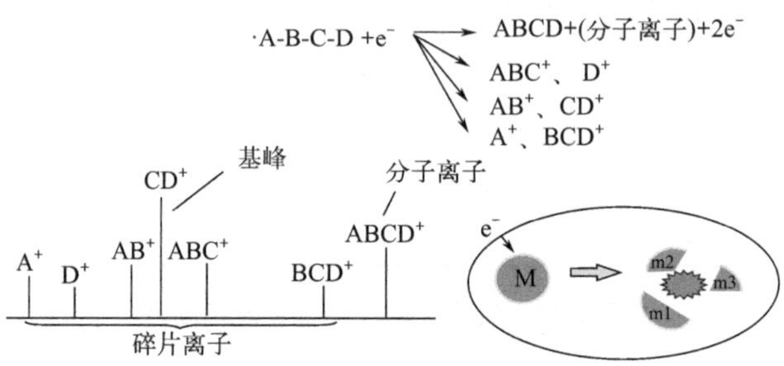

图 5.19　有机化合物裂解及质谱图

利用运动离子在电场和磁场中偏转原理设计的仪器称为质谱计或质谱仪。质谱法的仪器种类较多，根据使用范围分为同位素质谱仪、无机质谱仪和有机质谱仪。质谱仪按分辨率分为高分辨、中分辨和低分辨质谱仪；按工作原理分为静态仪器和动态仪器。

有机质谱仪主要用于有机化合物的结构鉴定，它能提供化合物的分子量、元素组成以及官能团等结构信息，分为四极杆质谱仪、离子阱质谱仪、飞行时间质谱仪和磁质谱仪等。

质谱仪不能准确分析复杂的有机混合物，因此，有机质谱仪主要与气相色谱、液相色谱、热分析等仪器联用，即利用一种具有分离技术的仪器，作为质谱仪的“进样器”，将有机混合物分离为纯组分进入质谱仪进行分析，为每个组分提供分子量和分子结构信息。有机质谱仪可广泛用于有机化学、生物学、地球化学、核工业、材料科学、环境科学、医学卫生、食品化学、石油化工等领域以及空间技术和公安工作等特种分析方面。

气相色谱-质谱联用仪包含了气相色谱仪和质谱仪，结合了气相色谱（GC）和质谱（MS）两者的优势，同时具备 GC 的高分离效率和 MS 强大的定性定量能力，气相色谱-质谱联用仪是分析仪器界最为普遍的采用联用技术的仪器，广泛应用于复杂组分的分离与鉴定中，是石油化工、环境、农残检测、香料香精等复杂物质分析的有效工具。

气相色谱-质谱联用仪主要包括以下几个部分：气相色谱仪、气质接口、质谱仪（包括离子源、质量分析器、检测器、真空系统）、数据采集及处理系统（见图 5.20）。其中，质谱部分必须处于真空系统中。质谱仪的基本部件离子源、质量分析器、检测器应处于高真空系统内。

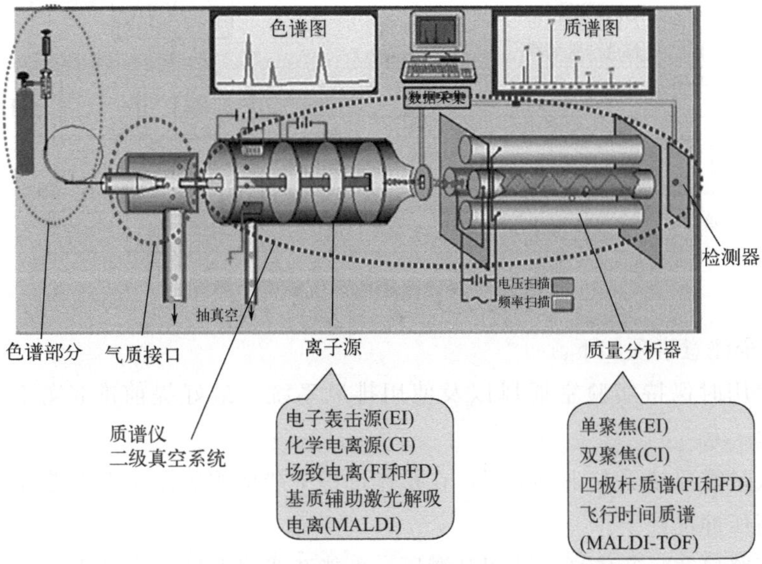

图 5.20　色谱-四极杆质谱仪结构示意图

气相色谱-质谱联用仪使用安全注意事项：除了气相色谱仪的安全操作注意事项，还要注意真空泵的安全操作，氦气的安全使用，接口的高温操作等［见“色谱类（气质联用）仪器”二维码］。

5.6.2.8　高效液相色谱仪

高效液相色谱法（HPLC）是色谱法的一个重要分支，是在经典液相色谱法的基础上，于 20 世纪 60 年代后期引入了气相色谱理论而迅速发展起来的。HPLC 以液体为流动相，采用高压输液系统，将具有不同极性的单一溶剂或不同比例的混合溶剂、缓冲液等流动相泵入装有固定相的色谱柱，在柱内各成分被分离后，进入检测器进行检测，从而实现对试样的分析。它与经典液相色谱法的区别是填料颗粒小而均匀，小颗粒具有高柱效，但会引起高阻力，需用高压输送流动相，故又被称为“高压液相色谱法”。另外，它因分析速度快、分离效能高还被称为“高速液相色谱法”和“高分离度液相色谱”，也被称为“近代柱色谱”等。该方法主要用于高沸点不易挥发的、受热不稳定的和分子量大的有机化合物的分离分析，能够分析 70%以上的有机化合物，特别是高沸点、大分子、强极性、热稳定性差化合物的分离分析，显示出优势。

高效液相色谱仪通常由五部分组成：高压输液系统、进样系统、分离系统、检测系统、数据处理和记录系统。其中，高压输液系统包括储液器、脱气器、输液泵以及梯度洗脱装置；进样系统则主要采用阀进样或自动进样方式；分离系统则主要通过色谱柱实现分离；常见的检测器有紫外检测器、荧光检测器、示差检测器和二极管阵列检测器等。结构示意图见图 5.21。

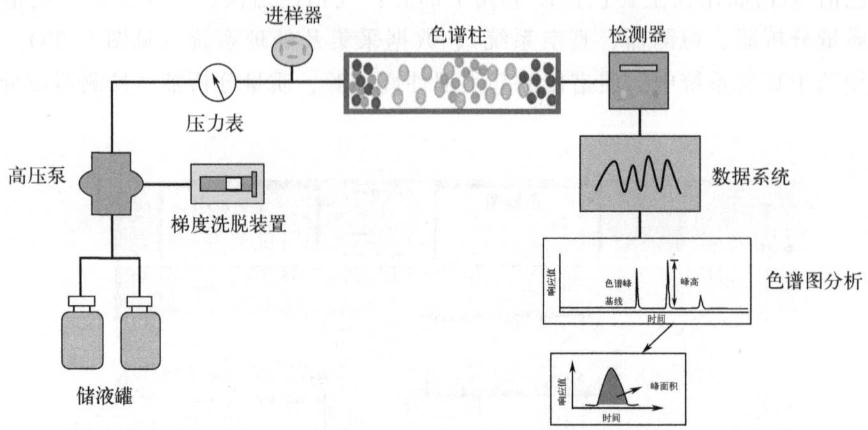

图 5.21 高效液相色谱仪结构示意图

HPLC 安全注意事项如下。

① 仪器使用时保持实验室通风以及使用排风系统。最好提前准备好备用电源，防止停电。

② 操作人员需要接受专业的培训，在操作过程中严格按照操作规程进行操作。

③ 不要高压冲洗柱子。

④ 避免管路堵塞，造成高压液相泵泄压，可能造成仪器破裂或爆炸。

⑤ 高效液相色谱仪使用大量的有机溶剂，某些试剂可能具有毒性，防止溶剂泄漏。

⑥ 将储液罐放置在一定的高度，以避免由于搬运和其他操作人员的移动而造成不必要的跌落。

⑦ 阀进样仪器需要用到注射器，注意针头不要对着自己和他人，针头不应随意丢弃，应放入利器盒回收处理。

⑧ 定期维护和检查设备，确保设备正常运行。

⑨ 仪器长时间不用，色谱柱拆卸保存，系统使用甲醇保护。

HPLC 安全注意事项见“色谱类（气质联用）仪器”二维码。

5.6.2.9 电子显微镜

电子显微镜与光学显微镜的成像原理基本一样，所不同的是电子显微镜用电子束作光源，电子显微镜按结构和用途可分为透射电子显微镜、扫描电子显微镜、反射电子显微镜和场发射电子显微镜等，用电磁场作透镜。透射电子显微镜和扫描电子显微镜是电子束与试样相互作用，激发试样的物理信号，检测表面和微观特征。电子显微镜由照明系统、成像系统、真空系统、记录系统、电源系统 5 部分构成。

透射电子显微镜常用于观察用普通显微镜所不能分辨的细微物质结构；扫描电子显微镜主要用于观察固体表面的形貌。

透射电子显微镜（TEM）简称透射电镜，是把经加速和聚集的电子束投射到非常薄的样品上，电子与样品中的原子碰撞而改变方向，从而产生立体角散射。散射角的大小与样品的密度、厚度相关，因此可以形成明暗不同的影像，影像将在放大、聚焦后在成像器件（如荧光屏、胶片以及感光耦合组件）上显示出来，可以看到在光学显微镜下无法看清的小于

0.2 μm 的细微结构。透射电镜的分辨率为 0.1～0.2 nm，放大倍数为几万～几十万倍。由于电子易散射或被物体吸收，故穿透力低，必须制备更薄的超薄切片（通常为 50～100 nm）。透射电子显微镜如今已经广泛应用于自然科学各领域，尤其在物理、化学、生物、医学和材料科学等方面发挥着不可替代的作用。透射电镜操作安全注意事项详见“透射电子显微镜”二维码。

透射电子显微镜

扫描电子显微镜（SEM）是一种介于透射电子显微镜和光学显微镜之间的观察手段。扫描电子显微镜是以电子束作为照明源，把聚焦得很细的电子束以光栅状扫描方式照射到试样上，产生各种同试样性质有关的信息，然后加以收集和处理，从而获得微观形貌放大像的一种显微镜。扫描电子显微镜的电子束不穿过样品，仅将电子束尽量聚焦在样本的一小块地方，然后一行一行地扫描样本。入射的电子导致样本表面被激发出次级电子，显微镜观察的是这些散射出来的电子，放在样品旁的闪烁晶体接收这些次级电子，通过放大后调制显像管的电子束强度，从而改变显像管荧光屏上的亮度。图像为立体形象，反映了标本的表面结构。显微镜中的电子不必透射样本，因此其电子加速的电压不必非常高。

扫描电子显微镜作为一种有效的显微结构分析工具，可以对各种材料进行多种形式的表面观察与分析。它具有分辨率高、景深长、成像富有立体感等优点。利用扫描电子显微镜的图像研究法分析显微结构，其内容丰富、方法直观。

电子显微镜使用时应注意以下安全事项。

① 更换液氮和液氦时严禁与身体直接接触，防止皮肤“冷灼伤”；防止大量的液氮或液氦蒸发至大气，可能会引起室内人员窒息；液氮或液氦沸点低于液氧，它们可能冷凝周围的氧气，如果与易燃材料接触，容易引起燃烧或爆炸。

② 更换液氮操作前应将投影室视窗用挡板挡住，以确保液氮不会溅落到上面，防止引起玻璃破裂对实验者造成巨大的危害。操作中，杜瓦瓶中的液氮遇热沸腾，所以刚开始液氮不要装得太满，以免液氮溅出伤人。

③ 应确保杜瓦瓶中有足够的液氮，因此每隔 3～4 个小时应该加满液氮一次。

④ 透射电镜一般长期开机使用，这样就能随时掌握仪器工作情况，定期检查仪器用电线路，是否存在老化和接触不良等问题，预防仪器损坏和火灾。

习题

一、单选题

1. 下列关于烘箱的使用错误的是（　　）。

A. 烘干物放置在下方的散热板上

B. 烘干物品过于湿润时将鼓风开大，排气窗开大

C. 烘干玻璃仪器时，要等温度降低才能取出物品

D. 烘干物品时不能经常开关烘箱门，以免影响烘箱内温度

2. 下列关于离心机的操作错误的是（　　）。

A. 离心管支架必须在安置离心管后运行，严禁空架运转

B. 离心管必须对称放入，禁止单数个离心样品离心操作

C. 若只有一支离心样品，对称位置应放置一支等质量装水离心管

D. 分离结束后，可用外力强制离心机停止运动

3. 实验室冰箱和超低温冰箱使用注意事项错误的是（　　）。

A. 定期除霜、清理

B. 定期对内表面进行消毒

C. 储存的所有容器，应当标明物品名称、储存日期和储存者姓名

D. 普通冰箱内放置的易燃易爆化学品溶液，冰箱门上应注明

4. 下列关于加热装置和实验描述错误的是（　　）。

A. 电炉、马弗炉等加热装置不能直接放置于耐热性差的木质实验台上

B. 电热装置通电使用时不可无人过夜

C. 从高温实验设备中取实验物品时要使用手套或湿润的手巾

D. 长时间注视炽热物体要戴视野清晰的绿色眼镜

5. 使用小型测试设备时，下列做法不是必须遵循的是（　　）。

A. 定期检查设备的绝缘情况，及时发现漏电现象

B. 在开关附近不能放置可燃性的物质

C. 室内必须安装防爆装置或危险警报器

D. 根据仪器不同选择不同的电源插头，避免使用万用插头

6. 凝固点降低法测定某物质摩尔质量时需要寒剂的温度是零下 3℃，应选择（　　）。

A. 冰　　B. 冰与食盐混合物

C. 干冰与丙酮混合物　　D. 液氮

7. 下列关于使用低温液化气体的实验操作错误的是（　　）。

A. 低温液化气体要放在没有阳光照射、通风良好的地方

B. 装低温液化气体的容器必须开设排气孔

C. 使用低温液化气体时要轻、快、稳

D. 使用低温液化气体一般要穿防护衣并戴橡胶手套等防护用具

8. 下面关于实验室电热设备使用错误的是（　　）。

A. 不要在温度范围的较高限值长时间使用电热设备

B. 不可将未预热的器皿放入高温电炉内

C. 烘箱门要关好，必要时要上锁

D. 加热用电阻丝损坏，更换的新电阻丝一定要和原来的功率一致

9. 不可以用来加热可燃性试剂的仪器是（　　）。

A. 水浴　　B. 油浴　　C. 加热套　　D. 酒精灯

10. 搭建有机玻璃仪器装置使用十字夹，十字夹开口应（　　）。

A. 朝上　　B. 朝下　　C. 朝左　　D. 朝右

11. 加热有机溶剂不可以使用的容器是（　　）。

A. 圆底烧瓶　　B. 梨形瓶　　C. 三颈烧瓶　　D. 烧杯

12. 在克氏蒸馏瓶中，液体的体积不超过蒸馏瓶容积的（）

A. 1/2　　B. 2/3　　C. 3/4　　D. 1/3

13. 做重结晶实验的时候，应在（　　）加入活性炭。

A. 沸腾时　B. 升温时　C. 低温时　D. 高温时

14. 烘箱的使用温度范围是（　）。

A. 室温～500℃　B. 0～500℃　C. 室温～300℃　D. 0～250℃

15. 氨气钢瓶的颜色是（　）。

A. 深绿色　B. 黄色　C. 黑色　D. 天蓝色

16. 氮气属于哪种气体（　）。

A. 溶解气体　B. 压缩气体　C. 低压液化气体　D. 吸附气体

17. 乙炔属于哪种气体（　）。

A. 溶解气体　B. 压缩气体　C. 低压液化气体　D. 吸附气体

18. 在使用高压反应釜时，以下哪项是正确的操作？（　）

A. 可以在任意地点使用高压反应釜　B. 必须按照使用说明书进行操作

C. 可以超过规定的试验压力和温度　D. 无需定期检查安全装置

19. 在使用高压反应釜时，以下哪项是正确的做法？（　）

A. 可以使用硬物或表面粗糙物擦拭主密封口

B. 无需保持高压反应釜内部及衬垫部位清洁

C. 每次操作完毕后，应清除釜体、釜盖上残留物

D. 可以随意拧紧主螺母

20. 气瓶存放地点应满足哪些条件？（　）

A. 明火附近　B. 通风、干燥，避免阳光直射

C. 潮湿环境　D. 高温区域

二、多选题

1. 下列关于烘箱的操作正确的是（　）。

A. 同一烘箱用于烘干不同物品时，要了解清楚能否混烘

B. 烘干前做有效标记

C. 未经允许，擅自使用他人的烘干仪器

D. 不经他人允许，擅自改变烘箱温度

2. 下列属于硬质玻璃仪器的是（　）。

A. 圆底烧瓶　B. 量筒　C. 锥形瓶　D. 三口瓶

3. 下列电加热装置能达到上千摄氏度高温的有（　）。

A. 电热鼓风干燥箱　B. 电热板　C. 管式电阻炉　D. 马弗炉

4. 下列做法正确的是（　）。

A. 用电炉代替酒精灯加热　B. 用红外灯加热低沸点易燃液体

C. 用机械泵直接抽挥发性液体　D. 用丙酮润洗后的烧杯放在烘箱内烘干

5. 在进行水蒸气蒸馏时，需要注意哪些事项？（　）

A. 加热前加入沸石　B. 控制加热速度　C. 保持与大气相通　D. 使用平底烧瓶

6. 在进行减压蒸馏时，哪些因素可能导致系统漏气？（　）

A. 磨口接口未涂抹真空油脂　B. 使用了有裂缝的玻璃仪器

C. 毛细管长度不合适　D. 安全瓶未旋紧

7. 下列可以使用烘箱干燥的药品是（　）。

A. 乙醇　B. 升华硫　C. 海砂　D. 氯化钠

8. 根据物理及物理化学性质，仪器分析可以分为（　　）。

A. 光谱分析法　　B. 分离分析法（色谱法）

C. 电化学分析法　　D. 分子质谱法

E. 热分析法

9. 原子吸收光谱仪使用时要注意（　　）。

A. 点火时先通空气后开乙炔　　B. 关机时先关空气后关乙炔

C. 工作时火焰温度高，不应靠近　　D. 保持通风，安装排风装置

10. 使用 X 射线衍射仪时要注意（　　）。

A. 尽量远离射线仪，佩戴安全防护眼镜

B. 记住紧急红色按钮 EMO 的位置

C. 不要用手直接接触 X 射线管窗口，不要触碰高压电缆

D. 佩戴辐射计量牌

E. 开机时关闭通风

11. 核磁共振仪使用时需要注意（　　）。

A. 医疗植入人员不能进入实验室　　B. 金属物体远离磁体

C. 谨慎使用液氮和液氦　　D. 注意氢气的使用

12. 原子发射光谱仪使用需要注意（　　）。

A. 屏蔽辐射源　　B. 确保联锁装置始终有效

C. 通风良好　　D. 做好个人防护措施

13. 气相色谱仪使用时需要注意（　　）。

A. 检测管道接口等是否漏气　　B. 氢气不使用时要及时关闭

C. 通风良好

D. 不要高温操作更换毛细管柱等，注射器针头不要对准自己及他人

14. 钢瓶使用时检漏的方法主要有（　　）。

A. 将检漏液涂抹在管道或阀门接口等处

B. 检查减压器是否漏气，可以根据表头指针的变化判断

C. 使用便携式气体检测报警仪检测

D. 使用固定挂壁式气体检测报警仪检测

15. 气瓶根据结构可分为（　　）。

A. 无缝气瓶　　B. 焊接气瓶　　C. 纤维缠绕气瓶　　D. 熔解气瓶

16. 钢瓶使用时调节总压表和分压表的顺序是（　　）。

A. 分压表减压阀调至最松　　B. 打开钢瓶总阀

C. 打开分压表调压阀

17. 气瓶使用不当造成的危险主要有（　　）。

A. 不燃性气体气瓶物理爆炸

B. 可燃气体气瓶燃烧、爆炸

C. 助燃气体气瓶燃烧、爆炸

D. 气瓶内气体泄漏，导致人体窒息、火灾、爆炸、中毒等

18. 气瓶的制造标志通常有哪些形式？（　　）

A. 制造钢印标记　　B. 标签标记

C. 印刷标记　　　　　　　　　　　　　　D. 气瓶颜色标志

E. 电子识读标志

19. 下列哪些选项是正确的玻璃器皿加热操作注意事项？（　　）

A. 外壁不得有水珠，厚壁仪器不能加热

B. 试管口应对准他人加热

C. 溶液不应超过容器体积的三分之二

D. 使用有缺口或裂缝的玻璃器皿

20. 在使用铬酸洗液时，需要注意哪些事项？（　　）

A. 配制时剧烈放热，应小心烫伤

B. 玻璃仪器内不宜有水，以免洗液被冲淡而失效

C. 洗液变蓝绿色时，表明已失效

D. 洗液可随意倒入下水道

三、判断题（正确：√；错误：×）

1. 低温液化气体除了能得到极低的温度，还能获得超高真空度。（　　）

2. 为了尽快烘干玻璃仪器，可以用乙醇淋洗仪器后放入烘箱中加热烘干。（　　）

3. 酒精灯可以用嘴吹灭。（　　）

4. 可以使用烧杯存放低沸点的液体。（　　）

5. 常压蒸馏操作时，整个实验装置应有一定的部位通向大气。（　　）

6. 减压蒸馏的接收瓶可以用圆底烧瓶和锥形瓶。（　　）

7. X 射线衍射仪使用时不需要考虑电磁波辐射。（　　）

8. 金属类物品可以带入核磁共振仪实验室。（　　）

9. 原子吸收光谱仪使用时要用到乙炔等易燃气，使用时要注意安全。（　　）

10. 气相色谱仪使用时要使用氢气、氮气、氦气，氢气的使用要特别注意安全。（　　）

11. 钢瓶瓶阀的接头和瓶呈直角，是最脆弱的地方，在使用和搬运时要格外注意损伤。（　　）

12. 可燃气体钢瓶的减压阀与钢瓶之间采用特殊连接口，采用正丝螺纹。（　　）

13. 安装氧气减压阀时不要沾有油污或者易燃有机物，否则用四氯化碳等清洗。（　　）

14. 钢瓶使用结束后关闭钢瓶总阀后，调压阀可以不关闭。（　　）

15. 在进行减压蒸馏时，为了避免液体过热而产生暴沸冲出现象，需要在蒸馏瓶中插入毛细管。（　　）

16. 在进行蒸馏操作时，蒸馏瓶中的液体体积不应大于其容积的 2/3。（　　）

四、简答题

1. 在实验过程中，实验人员在使用加热设备时或加热操作中，应做好哪些工作，以保障自身和他人以及实验室的安全？

2. 使用玻璃仪器时应注意什么？

第6章

实验室水、电、气安全

实验室水、电、气安全是实验室安全管理的重要组成部分，要严格遵守实验室水、电、气安全规范，本章将重点介绍实验室水、电、气安全的相关知识和事故预防措施。

6.1 实验室用水安全

水是实验室中使用最多的试剂，也是实验室内常常被忽视但至关重要的试剂。用水环节管理不到位，也有可能成为事故的“导火索”。2011 年 10 月 10 日中午 12 时 59 分，长沙某大学化工学院实验楼四楼发生火灾。此次火灾过火面积约 500 m^2，所幸无人员伤亡。但许多宝贵的资料被烧毁，十余年的科研数据付之一炬，给学校的教学、科研工作带来了无法弥补的损失。经查明，事故原因是实验台上水龙头漏水，导致实验台下存放的金属钠等危险化学品遇水燃烧而引发火灾。如果养成良好的习惯，掌握用水安全知识，将会避免事故的发生。因此，化学实验室也必须重视用水安全。

6.1.1 基础供水设施故障及应对措施

水龙头或水管漏水、下水道堵塞等情况都有可能因渗水而导致实验室设备损坏。应对措施如下。

① 了解实验楼自来水各级阀门的位置，出现漏水或下水道堵塞时，及时关闭阀门，联系维修人员修理、疏通。冬季做好水管的保暖和放空工作，防止水管受冻爆裂。

② 加强用水安全教育，经常检查水槽和排水管道是否畅通，杜绝自来水水龙头打开而无人监管的现象。

③ 蒸馏冷凝过程中保持压力稳定，上水管与水龙头的连接处及上水管、下水管与仪器或冷凝管的连接处必须用管箍夹紧，下水管必须插入水池的下水管中。

④ 有水溢出，要及时处理。

⑤ 停水后，要检查水龙头是否都完全关闭。

⑥ 实验结束，立即关闭水龙头。

6.1.2 实验设备用水故障及应对措施

6.1.2.1 故障特点及应对措施

实验设备用水故障主要表现为：设备冷却水装置的连接胶管出现老化或接口松动，制备蒸馏水、去离子水的设备管理不善出现渗水而导致实验设备损坏。

冷却水的温度过高，也会引发事故。例如，某实验室用石油醚为溶剂回流提取产品，反应瓶 2 L，石油醚 1000 mL，用电热套加热回流，冷凝水冷却，至中午 11 时左右通风橱内发生爆炸，爆炸引燃了加热套和周围的物品。事故的原因：石油醚的沸点较低（30～60℃），夏季高温，自来水的温度达 33℃，石油醚大量挥发，其蒸气与空气混合达到一定比例，遇火星即发生爆炸。

为了避免此类事件发生，应注意以下事项。

① 定期检查冷却水装置的连接胶管，发现老化或接口松动，及时更换或紧固，以防漏水。夏天高温，经常检查冷却水的温度。

② 加强用水实验设备的管理，完善蒸馏水、去离子水设备管理制度，消除安全隐患。

6.1.2.2 与水相关仪器使用注意事项

与水相关仪器使用注意事项如下。

① 检查水量是否正常，避免干烧。

② 检查是否漏水。

③ 定期换水清理，长期不用将水排空、干燥后存放。

④ 避免容器内的溶液洒落至水浴或冰水浴装置中，以防溶液对仪器造成腐蚀，或者引发爆炸等安全事故。

6.1.3 实验室用水规格和分类

水是良好的溶剂，可直接参与化学反应，也具有良好的热传导性，因此，水是实验室使用最多的试剂。然而，水在存放中容易被污染，水的纯度直接影响实验的正常反应和分析结果的准确性。

6.1.3.1 实验用水分类

掌握实验室用水安全，首先要清楚实验室用水的种类。由于实验目的不同对水质的要求不同，如冷凝作用、仪器的洗涤、溶液的配制以及大量的化学反应和分析及生物组织培养，对实验用水水质的要求都有所不同。配制溶液以及分析测试等对水的纯度要求较高，因此需要把水提纯。纯水常用蒸馏法、离子交换法、反渗透法、电渗析法等方法获得。

① 蒸馏水。它是利用液体混合物中各组分挥发度的差别，使水汽化并使蒸汽部分冷凝分离而得的水。蒸馏水是实验室最常用的一种纯水，虽设备便宜，但极其耗能和费水且速度慢。蒸馏水去除了自来水内大部分的污染物，但挥发性的杂质无法去除，如二氧化碳、氨以及一些有机物。新鲜的蒸馏水是无菌的，但储存后细菌易繁殖。此外，储存的容器若是非惰性的物质，离子和容器的塑性物质会析出造成二次污染。

② 去离子水。它是把水里的阴阳离子都除掉的水。主要通过 RO 膜和混床树脂将水中

的离子除掉，或应用离子交换树脂去除水中的阴离子和阳离子，但水中仍然存在可溶性的有机物，可以污染离子交换柱从而降低其功效，去离子水存放后也容易引起细菌的繁殖。

③ 反渗水。也称纯水，即通过反渗透膜过滤后的水，反渗透膜的孔径一般为 10～100 Å，所以它能够去除 95%以上的离子态杂质。其生成的原理是水分子在压力的作用下，通过反渗透膜成为纯水，水中的杂质被反渗透膜截留排出。反渗水克服了蒸馏水和去离子水的许多缺点，利用反渗透技术可以有效去除水中的溶解盐、胶体、细菌、病毒、细菌内毒素和大部分有机物等杂质，但不同厂家生产的反渗透膜对反渗水的质量影响很大。

④ 超纯水。它是将水中的导电介质几乎完全去除，并将水中不离解的胶体物质、气体及有机物均去除至很低程度的水，其电阻率大于 18 MΩ·cm（25℃），或接近 18.3 MΩ·cm 极限值。但超纯水在 TOC（总有机碳）、细菌、内毒素等指标方面并不相同，要根据实验的要求来确定，如细胞培养则对细菌和内毒素有要求，而 HPLC 则要求 TOC 低。

超纯水是目前纯度最高的水，其次是双级反渗透水（双级 RO 水）、双蒸水（ddH_2O）、纯水（反渗透水）、蒸馏水。

6.1.3.2 分析实验室用水标准

GB/T 6682—2008《分析实验室用水规格和试验方法》将分析用水分为一级水、二级水、三级水（详见表 6.1）。一级水用于有严格要求的分析试验，包括对颗粒有要求的试验。一级水可用二级水经石英设备蒸馏或离子交换混合床处理后，再经 0.2 μm 微孔滤膜过滤来制取。二级水用于无机痕量分析等试验，如原子吸收光谱分析用水。二级水可用多次蒸馏或离子交换等方法制取。三级水用于一般化学分析试验。三级水可用蒸馏或离子交换等方法制取。一级水、二级水和三级水也常用于仪器清洗[1]（详见表 6.2）。

表 6.1 分析实验室用水规格

名称	一级	二级	三级
pH(25℃)	—	—	5.0～7.5
电导率(25℃)/(mS/m)	≤0.01	≤0.10	≤0.50
可氧化物质含量(以 O 计)/(mg/L)	—	≤0.08	≤0.4
吸光度(254 nm,1 cm 光程)	≤0.001	≤0.01	—
蒸发残渣含量(105℃±2℃)/(mg/L)	—	≤1.0	≤2.0
可溶性硅含量(以 SiO_2 计)/(mg/L)	≤0.01	≤0.02	—

表 6.2 不同级别实验用水的适用范围及相关要求指标

适用范围	水级别	技术指标
电感耦合等离子体质谱 电感耦合等离子体发射光谱 高效液相色谱 离子色谱	一级水	电阻率/(MΩ·cm)≥18.0 电导率(25℃)/(mS/m)≤0.01
原子吸收 制备常用试剂溶液及缓冲溶液	二级水	电阻率/(MΩ·cm)≥1.0 电导率(25℃)/(mS/m)≤0.10
一般化学分析试验 洗涤玻璃仪器 水浴用水	三级水	pH 值范围(25℃)5.0～7.5 电导率(25℃)/(mS/m)≤0.50

6.1.3.3　分析实验室用水存储注意事项

分析实验室用水存储注意事项如下。

① 原水均存储在干净、阴凉、无异味影响的环境中，存放于固定位置。一级水不可贮存，使用前制备。二级、三级水，可分别贮存在预先经同级水清洗过的相应容器中，贮存期不得超过 3 天。二级水用密闭聚四氟乙烯容器存储，三级水可以用玻璃容器存储。

② 污染来源于容器中的溶解物、空气中的二氧化碳和其他杂质。

③ 新容器用 20% 盐酸溶液浸泡 2～3 天，用待测水反复冲洗并注满浸泡 6 h 以上，待测水检测合格，可使用。

④ 使用前取水，配制高纯度化学试剂时，尽量不用长时间存放的超纯水，储水桶请勿放置在日光直射处，防止微生物繁殖。

6.2　实验室用电安全

化学实验室中的电热设备、小型和大型的测试仪器、实验装置等大多是电气设备，电作为生活中使用最广泛的动力能源，在造福人类的同时，也存在着潜在的危害，如果缺乏用电安全知识和技能，违反用电安全规律，就会发生人体触电或电气火灾事故，导致人身伤亡或设备损坏，造成重大损失。因此，掌握用电安全知识和用电设备的安全使用知识是非常重要的。

6.2.1　交流电基本知识

交流电是指大小和方向随时间作周期性变化的一种电流，经常使用的是单相或三相的交流电，简单的交流发电机由定子和转子组成。定子有 N、S 两个固定磁极。转子是一个可以转动的钢质圆柱体，其上紧绕着一匝导线。导线两端分别接到两个相互绝缘的铜环上，铜环与连接外电路的电刷相接触。当用原动机（如水轮机或汽轮机）拖动电枢转动时，由于运动导线切割磁感应线而在线圈中产生感应电动势，线圈中产生感应电流。

能产生幅值相等、频率相等、相位互差 120°电势的发电机称为三相发电机。以三相发电机作为电源，称为三相电源；以三相电源供电的电路，称为三相电路。三相电的颜色 A 相为黄色，B 相为绿色，C 相为红色，目前有以下几种叫法：A、B、C 或 L1、L2、L3 或 U、V、W，顺序都是一样的。动力电，即三相交流电源是三个频率相同、振幅相等、相位依次互差 120 度的交流电势组成的电源。

把发电机的三相绕组的末端联成一点 N，把始端作为外电路相连接的端点，这种连接方式称为电源的星形连接，N 点称为中性点或零点，从中性点引出的导线称中性线，当中性点接地时，中性线又称为地线或零线。而从三个电压源的始端向外引出的三条输出线称为端线（俗称火线）。相与相之间的电压称为线电压，任意两相之间的电压都是 380V。相与中性点之间的电压称为相电压，任一相对 N 点的电压都是 220V，见图 6.1。

三相四线制：是指在低压配电网中，输送的电源相位为 3，共使用 4 根线路传输，其中三条线路分别代表 A、B、C 三相，另一条是中性线 N 或 PEN。在进入用户的单相输电线路中，有两条线，一条为相线 L，另一条为中性线 N，中性线正常情况下要通过电流以构成单

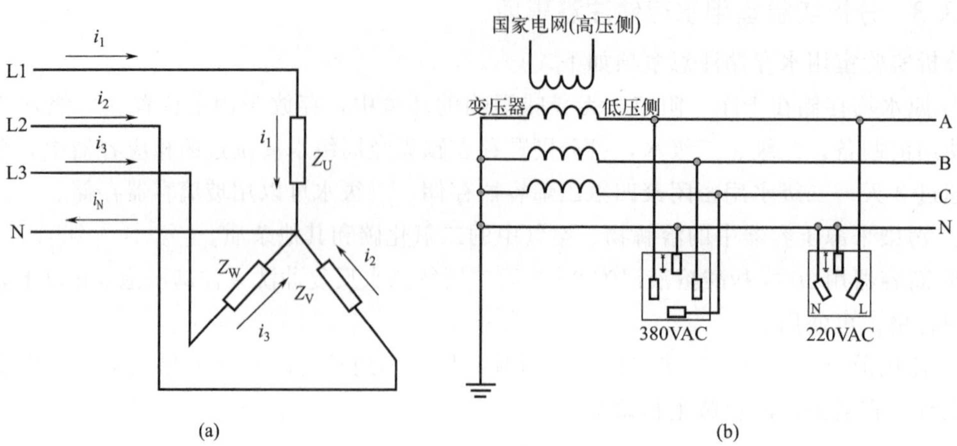

图 6.1　三相四线制电源及供电原理

相线路中的回路。而三相系统中，三相平衡时，中性线（零线）是无电流的，故由三根端线和一根中性线构成的供电系统称为三相四线制。一般的导线颜色：A 相为黄色，B 相为绿色，C 相为红色，N 线为蓝色或黑色，PE 线（保护接地线）为黄绿双色。三相四线制介绍参见“人体触电事故及触电方式”二维码中相关内容。

PE 线（保护接地线）用于安全要求较高，设备要求统一接地的场所，比如在比较精密电子仪器的电网中使用。如果零线和接地线共用一根线，对于电路中的工作零点会有影响，虽然理论上它们都是 0 电位点，如果偶尔有一个电泳脉冲冲击到工作零线，而零线和地线却没有分开，比如这种脉冲是因为相线漏电引起的，再如有些电子电路中如果零点漂移现象严重，那么电器外壳就可能会带电，可能会损坏电器元件，甚至损坏电器，危害人身安全。零线和地线的根本差别在于一个构成工作回路，一个起保护作用（称作保护接地），一个回电网，一个回大地，在电子电路中这两个概念是要区别开来的。根据不同的用电设备和安全需求，选择不同的系统接地形式。

在 TN-S 系统（见图 6.2）中，整个系统全部采用单独的保护导体。全系统中中性导体和保护导体应分开。

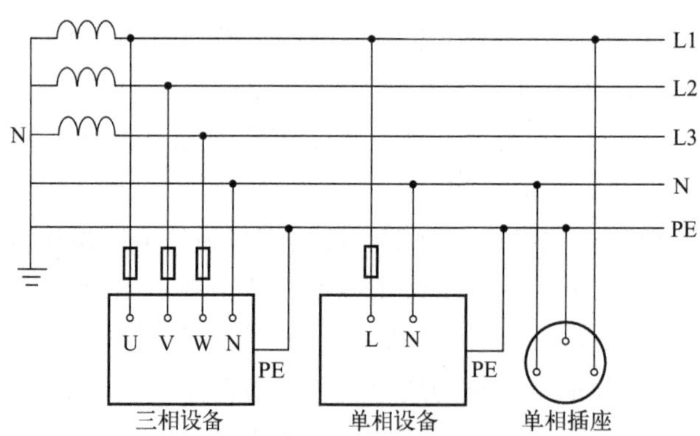

图 6.2　TN-S 系统接线图

在 TN-C-S 系统（见图 6.3）中，部分中性导体和保护导体的功能合并在一根导体中，即在某部分将 PEN 分离成 PE 和 N 的三相四线制的 TN-C-S 系统。

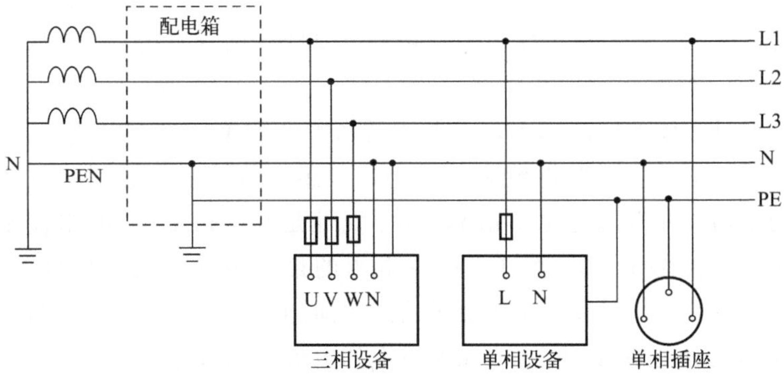

图 6.3　TN-C-S 系统接线图

6.2.2　人体触电原因

人体是导体，人体中的水、金属离子在电场作用下形成电流。神经系统是以电信号和电化学反应为基础的，人体需要的电能非常少，当接触到外界电压时，系统功能被破坏造成触电。

6.2.3　电流对人体造成的伤害

人体接触或接近带电体，引起局部受伤或死亡的现象称为触电。无论是交流电还是直流电，在通过同样电流的情况下，对人体都有相似的危害。电流对人体的伤害可分为电伤和电击两种类型。

（1）电伤

电伤是电流以热效应、机械效应、化学效应对人体外表造成的局部伤害，这种伤害通常发生在机体外部，是外伤，一般无生命危险。

电伤可分为以下几种情况。

① 电烧伤。是指电流的热效应对人体造成的危害，是最为常见的电伤，电烧伤包括电流灼伤和电弧烧伤

② 电烙印。是指人体与带电体接触的部位留下的永久性痕迹，如同烙印。

③ 皮肤金属化。是指在电弧极高温度作用下，金属熔化、气化，其微粒溅入皮肤表层致使皮肤金属化，金属化的皮肤粗糙坚硬，经过较长时间后自行脱落。

（2）电击

电击是电流通过人体时对体内组织器官、神经系统造成的损害，严重时会危及生命，是内伤。电击是电流流过人体而引起的，人体常因电击而死亡，所以它是最危险的触电事故。

6.2.4　电击对人体伤害程度的影响因素

电击伤人的程度，与流过人体电流的频率、大小、途径、持续时间长短以及触电者本身的情况有关。

电流频率：不同频率的电流对人体的伤害程度有所区别。实践证明，频率为 25～300

Hz 的电流最危险，50～60 Hz 的工频电流（即市电的频率）对人体伤害程度最大。高频电流（2000 Hz 以上）对人体的伤害反而比工频电流要低，低频电流（20 Hz 以下）对人体的伤害更小。

电流强度：通过人体的电流越大，对人体的伤害越严重，根据电流对人体的伤害程度，可以将电流分为感知电流、摆脱电流和致命电流。感知电流是能够引起人体感觉的最小电流，成年男性的平均感知电流是 1.1 mA，成年女性是 0.7 mA，感知电流不会对人体构成危害。摆脱电流是人体触电后能够自主摆脱电源的最大电流，成年男性的摆脱电流是 16 mA，成年女性是 10.5 mA。致命电流是在很短的时间内导致生命危险的电流，一般情况下，50 mA 的电流可使心室颤动，100 mA 以上的电流足以致命。

通过人体的电流大小与触及的电压、人体的电阻有关。人体电阻与触电部位皮肤表面的干湿情况、接触面积的大小及身体素质有关。人体电阻各不相同，通常人体电阻约 800 Ω 至几万欧。若人体电阻为 1000 Ω，触及 50V 工频电源，流过人体的电流为 50 mA，此时就有生命危险。在充满导电粉末、相对湿度较高或酸碱蒸气浓度大等情况下，可能发生触及 36V 电压而死亡的事故。故 36 V 并非绝对安全，在上述情况下，必须使用 24V 或更低等级的电压。所以国家规定安全电压额定值等级为 42 V、36 V、24 V、12 V、6 V。

持续时间：电流通过人体的持续时间越长，对人体的伤害越严重，这是因为持续通电时间过长，外电能在体内积累越多，导致人体出汗和体内组织电解，使人体电阻逐渐降低，电流增大。人的心脏每收缩扩张一次就有 0.1 s 的间歇，在这 0.1 s 内，心脏对电流最敏感，如果电流在这一瞬间流经心脏，即使电流不大，也会给心室造成很大危害。

电流流经人体的途径：电流通过心脏、中枢神经（脑部和脊椎）、呼吸系统都会对人体造成极大的危害。电流通过心脏和大脑易发生死亡事故，所以头部触电或左手到右脚触电最危险。从左手通过前胸到脚的电流途径，这时心脏、肺部等重要器官都在电路内，极易导致心室颤动和中枢神经失调而死亡。电流从右手到脚危险性要小一些，但会因痉挛而发生摔伤等二次事故。

人体状况：触电危险性和触电者的性别、年龄、健康状况等因素有直接关系。老年人和儿童触电后果比年轻人重，女性比男性重。

6.2.5 人体触电方式

人体触电的方式（可参见“人体触电事故及触电方式”二维码）主要分为以下几个类型。

人体触电事故及触电方式

① 单相触电。当人站在地面上或其他接地体上，人体的某一部位触及一相带电体时发生的触电事故，称为单相触电（图 6.4）。因为大多仪器设备的电源是 220 V，所以大部分人体触电事故是单相触电，这时人体处在 220 V 的相电压下，电流从人手经过全身，由脚经地回到电源中性线，这是十分危险的。如果脚与地面有绝缘材料，则回路电阻增加，电流减小，危险性会大大降低。因此，在实验室要穿绝缘鞋，经常使用的电器或容易漏电的仪器周围要铺绝缘垫。

② 两相触电。人体同时触及带电设备或线路中的两相导体，或在高压系统中，人体同时接近不同的两相带电导体，发生电弧放电，电流从一相导体通过人体流入另一相导体，构

成一个闭合回路的触电事故，称为两相触电（图 6.5）。发生两相触电时，作用于人体上的电压等于线电压，如两相电线之间的 380 V 电压要比火线和地线之间的 220 V 电压高得多，这种触电是最危险的。

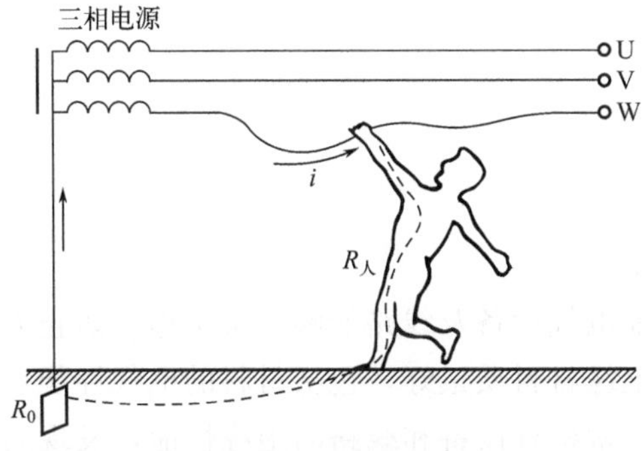

图 6.4　单相触电

图 6.5　两相触电

③ 跨步电压触电。当带电体接地时有电流向大地流散，在以接地点为圆心，半径 20 m 的圆面积内形成分布电位，人站在接地点周围，两脚之间的电位差称为跨步电压，由此引起的触电事故称为跨步电压触电（图 6.6）。

图 6.6　跨步电压触电

④ 接触电压触电。运行中的电气设备由于绝缘损坏或其他原因造成漏电，当人触及漏电设备时，电流通过人体和大地形成回路，造成触电事故，这称为接触电压触电。

⑤ 高压电弧触电。人体接近高压带电体时，由于两者电位差很大而引起电弧，从而引起人体触电事故。

⑥ 感应电压触电。带电设备的电磁感应和静电感应作用，能使附近的停电设备上感应出一定的电位，其数值的大小决定于带电设备电压的高低、停电设备与带电设备两者之间的距离等因素。当人触及带有感应电压的设备和线路时所造成的触电事故称为感应电压触电。

⑦ 剩余电荷触电。电气设备的相间绝缘和对地绝缘都存在电容效应，由于电容器具有储存电荷的性能，因此在刚断开电源的停电设备上，都会保留一定量的电荷，称为剩余电

荷。如此时有人触及停电设备，就可能遭受剩余电荷电击。

⑧ 静电触电。静电的能量虽然不大，但静电电位可高达数万伏至数十万伏，可能发生放电，产生静电火花，引起爆炸、火灾，也能对人体造成电击伤害，静电电击一般不会使人致命，但是电击易引起坠落、摔倒等二次事故。

6.2.6 人体触电事故预防和急救措施

6.2.6.1 人体触电事故预防

（1）绝缘保护

使用绝缘材料将导电体封护或隔离起来，保证电气设备及线路能够正常工作，防止人体触电，这就是绝缘保护。要注意做到以下两点：绝缘材料质量好，包括材料的电气性能、机械性能、热性能、耐冲击性能、化学稳定性能等；常检查设备和线路的绝缘性能，发现问题及时更换。

（2）屏护

屏护是采用遮拦、围栏、护罩、护盖、隔离板、箱闸等把危险带电体同外界隔绝开来，以减少触电事故，还能起到防止电弧伤人、弧光短路和便于检修的作用。屏护装置主要用于电气设备不便于绝缘或绝缘不足以保证安全的场合。

（3）保证实验室电气线路安全

实验室电路有动力电和照明电两个独立系统，实验室要安装配电箱，各实验台的分闸开关在配电箱内，所有动力电和照明电的电闸全部是空气开关，每个回路都要选用高质量的电流型漏电保护器。空气开关在短路或电流过大时可以跳闸保护，漏电保护器是目前比较先进和安全的技术措施，其主要作用是当电气设备或线路发生漏电或接地故障时，能够迅速（0.1 s内）切断电源。漏电保护器或空气开关长期使用后，必须经常检查其是否正常工作，要特别注意触头的接触和老化问题。配电箱是安全用电的重要部位，一旦发生事故，必须争取时间首先拉断电闸，所以配电箱前面不允许放置遮挡物。万一实验室电闸因故不能断开，要尽快把楼道配电柜内控制该房间的电闸断开。楼道配电柜的电闸和室内配电箱各空气开关都要有永久性标志，注明各自负责的范围。实验室新增过多仪器设备，尤其是大型仪器，要考虑实验室配电总容量，如果容量不够，必须增容，以免过载。

（4）电气设备的保护接地和保护接零

为了使工作人员安全得到保证，仪器金属外壳与接地体形成良好连接，也就是保护接地。在正常情况下电气设备的金属外壳是不带电的，但当电压太高或者机械操作损坏了仪器外层绝缘体时，仪器中的电流就会沿着金属导体流入大地，流出的电流导致金属外壳与大地之间的电压变为零，能够避免电击事故发生，从而使工作人员安全得到保障[2]。使用1000 V以上的电气设备应当做保护接地措施，将不带电的设备金属外壳或构架与大地做可靠的连接。通常采用深埋在地下的角铁、钢管作为接地体。接地电阻不得大于4 Ω，保护接地线不能接在自来水管上，因为管中有时没有水，水管常用麻线和油漆连接和防腐，接触电阻很大，会使总接地电阻超过允许值。

保护接零是将金属外壳或构架与供电系统中的零线连接，称为保护接零，见图6.7。当设备绝缘损坏碰壳时，就形成单相金属性短路，从而产生足够大的短路电流，使过电流保护装置迅速动作，切断漏电设备的电源，保障人身安全[3]。保护接零时，必须注意把用电器的金属外壳用导线直接与地线（保护零线）相连，而绝不允许将金属外壳直接与用电器零线相连。低压系统的电源中性点一般都接地，所以用电设备的金属外壳大多采用保护接零方式。单相用电器使用三脚插头和三孔插座时，三孔插座上面的孔为接地线，左下孔为零线（N）、右下孔为火线（L），保护接零的正确接法是把用电器金属外壳用导线接在插头的左插脚上。

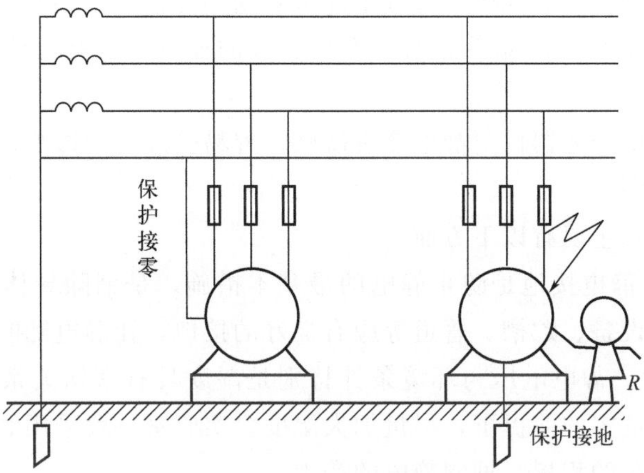

图 6.7　保护接零和保护接地

在同一电网内，应采用同一种保护方式，不允许某些用电设备接零，而另一些用电设备接地。

（5）试电笔检测

为了避免触电事故的发生，应经常用试电笔检测电器外壳是否带电。试电笔是测试电线、用电器或电气设备是否带电的工具。当试电笔测试带电体时，只要带电体、电笔和人体、大地构成回路，并且带电体与大地之间的电位差超过一定数值，试电笔中的氖管就会发光（无论直流电还是交流电）。使用时一般用大拇指和食指触摸顶端金属，用笔尖接触测试点。氖管小窗要背光，以便看清发出的红光。如果发光微弱，不可断定电压不够高，可能电笔或带电体测试点有油污，或是测试的是带电体的地线。用测电笔检测时先要确认测电笔是正常的，因为测电笔氖管损坏时，就会将有电误判为无电。

（6）选用合格的插头、插座、插座板

实验室的插头、插座、插座板一定要选用经过国家质量认证的合格产品。劣质产品铜材料的质量、厚度、面积都会有问题，使接触电阻过大或实际载流量不够而发生危险。插座板要放在台面上或绝缘物品上，不要放在地面上，以免漏水时发生短路，插头要经常检查内部接线处是否脱落。大型仪器、电热设备及有保护接零要求的电气设备，都应使用三孔插座，插座上标有额定电流和电压，通常额定电流有 10 A 和 16 A 两种，要根据所用电器的功率选择合适的插座。三孔插座中，设备的零线、火线与地线要区分开，设备的地线与实验室整体地线要牢固连接，保证实验设备的零线、火线、地线不存在错位问题，提高用电安全的可靠性。

人体触电事故的预防措施

人体触电事故的预防可参见“人体触电事故的预防措施”二维码。

（7）防止静电

静电是一种处于静止状态的电荷或者不流动的电荷。当电荷聚集在某个物体上或表面时就形成了静电，电荷分为正电荷和负电荷两种，静电现象也分为两种，即正静电和负静电。无论是正静电还是负静电，当物体产生的静电荷越积越多，形成很高的电位时，与其他不带电的物体接触时，就会形成很高的电位差，并发生放电现象。当电压达到 300V 以上，所产生的静电火花，即可引燃周围的可燃气体、粉尘。此外，静电对工业生产也有一定危害，还会对人体造成伤害。化工企业在生产过程中经常要使用并输送易燃易爆物料，由于工艺、装置或人员的因素会产生静电，如果静电得不到有效的控制，就有可能酿成重大火灾、爆炸事故。

实验室设备部分电子元器件对静电非常敏感，容易受静电的影响而发生性能下降或不稳定，从而引发各种故障。

实验室防静电措施主要有以下方面。

① 静电接地法。静电接地是防止静电的最基本措施，是消除导体上静电简单又有效的方法，易产生静电的设备、贮槽、管道等应有良好的接地，让静电随时流入大地。

② 增加空气湿度。静电电压与环境条件特别是湿度具有密切关系，在不会导致设备或器件腐蚀生锈或其他危害的前提下，尽量加大湿度。实验室一般采用洒水、配备加湿器来提高湿度，以消除静电荷的积累，抑制静电的产生。

③ 尘埃控制。保持实验室清洁，减少尘埃，可以有效防止静电附着。

④ 人体防静电。在防静电的场所入口处，应有裸露的金属接地物，工作人员随时用手接触接地棒，以消除人体所带的静电，工作人员应穿防静电的衣服、鞋，不得穿化纤衣物。特殊危险场所的工作地面应具备导电性或通过设计实现导电条件，工作地面的泄漏电阻的阻值，既要小到能防止人体静电积累，又要防止人体触电时不受到伤害。

还有一些防止触电的常识，也应当高度重视。例如操作电器时手必须干燥，不能用湿手去接触电器、电线，要养成不用手掌摸电线和电器的好习惯。因为，一旦电线或电器漏电，人的应激反应是手指向里收回，从而导致会握紧漏电电线或设备。还要注意预防静电电击，静电电击一般不会使人致命，但易引起坠落、摔倒而对人体造成伤害。

6.2.6.2 触电急救措施

凡遇到触电者，救护人员要采取最快的办法使触电者脱离电源。如果距离电源开关或插座较近，应当立即切断电源或者用干燥的竹竿或木棒使触电者脱离电源；救护者也可用绝缘钳或戴绝缘手套、穿绝缘鞋，将触电者拉离电源，决不能徒手去拉触电者！

在触电者脱离电源后，应立即进行现场紧急救护并及时报告医院。当触电者还未失去知觉时，应将他抬到空气流通的地方休息，不能让他乱走乱动。当触电者出现心脏停搏、无呼吸等假死现象时，应在现场采用人工呼吸和胸外挤压法进行抢救。

6.2.7 实验室用电设备安全

化学实验室的用电设备种类繁多，如果出现问题，不仅用电设备本身受损，还可能伤及人身或引发爆炸、着火等恶性事件。

使用用电设备应做到以下几点。

① 仪器设备安装和使用之前要了解性能指标。要了解仪器设备的额定参数（额定电压、额定电流、额定功率）以及工作环境允许的温度和湿度范围，这些参数在仪器设备铭牌处都有注明。仪器设备的额定电压要和电气线路的额定电压相符，工作电流不能超过额定电流，否则绝缘材料易过热而发生危险。实验室大部分仪器设备的电源是 220 V、50 Hz，但也有少量仪器是 380 V 三相交流电或低压电源。

② 严格遵守仪器的操作规则。在使用仪器之前一定要仔细阅读说明书，要严格遵守仪器的操作规程，要清楚仪器设备的使用方法和测量范围，待测量必须与仪器仪表的量程相匹配，若不清楚待测量大小，必须从仪器仪表的最大量程开始测量。

实验室用电设备安全使用常识

用电设备安全参见“实验室用电设备安全使用常识”二维码。

③ 对电气设备做好监护。电气设备事故发生之前通常都有异常现象。如果操作人员能及时觉察并采取措施，就可以避免事故发生。监护工作是通过操作人员的感官进行的，一般方法是听、闻、看、摸。

听就是注意电动机和电器的声响是否正常。如电动机正常运行时发出均匀轻微声，过载时出现“嗡嗡”声，轴承损坏时出现“喀喀”声，交流接触器正常动作时发出“吧嗒”声，出现故障时，会听不到声音或出现抖动声。

闻就是注意电动机和电器在运行中是否出现怪味。正常情况下是没有怪味的，如闻到焦臭味，可能是电动机或电器绕组的绝缘材料将要烧损。

看就是观察电动机和电器运行中是否有冒烟或打火现象。若有这种现象可能是绕组正在烧损，或者接头有松断处。此外，还要观察电动机运行中有无振动现象。

摸就是触摸电动机和电器外壳温度是否正常。如果过热，可能是电动机或电器绕组烧损前的征兆，应立即停止使用进行检修。

④ 培养良好的安全用电习惯

a. 进入实验室时必须穿戴适当的个人防护装备，其中包括绝缘鞋。实验室中电气设备周围应铺设绝缘垫。

b. 经常检测电器外壳是否带电。用测电笔检测时先要确认测电笔是正常的。

c. 仪器设备工作时，人员不能离开现场，更不能长时间无人照看，要随时关注电器运行状况，一旦有异常声响、气味、打火、冒烟等现象出现，就要立即关机停止使用，待查明原因、排除故障后再继续使用。

d. 电器使用完毕要随手切断电源，拔下电源插头，禁止用拉导线的方法拔下电源插头。

e. 搬动或维修电器时一定要先拔掉电源插头，然后方可进行。

f. 定期对仪器设备进行保养、维护和检修。要定期检修电气设备，从中发现问题及时处理，长时间不用的仪器设备要经常开启、调试和保洁，把一切事故隐患消灭在萌芽状态。

g. 养成不能用湿手去接触电器、电线的习惯。平时要注意电器的防潮、防霉、防热、防尘，尤其是暑假后一定要在使用前对各类电器作检查和干燥处理。

h. 仪器旋钮开关要缓慢开启和关闭，仪器设备使用完毕，将各项指标、参数恢复到原始状态，然后关闭电源，拔下电源插头。

6.2.8 电气事故主要原因

电气事故是指在电能的生产、输送、分配、转换和使用过程中，电能失去控制或电气设备故障等原因，导致人员伤亡、设备损坏或引发火灾、爆炸等次生灾害的意外事件。

6.2.8.1 过载

过载就是输电线路实际负载的电流量超过了导线的安全载流量。造成过载的主要原因有两个：电线截面选择不当，实际负载超过了电线的安全载流量；线路上接入了过多或功率过大的用电器，超过了输电线路的负载能力。

6.2.8.2 短路

火线与零线或地线的某一点在电阻很小或完全没有电阻的情况下碰到一起，引起电流突然增大的现象称为短路，俗称碰线、混线。短路时，电流强度很大，往往会损坏电气设备或引起火灾。

引起短路的原因主要有：劣质插头、插座或仪器内部线头脱落，相互搭接。电气设备或线路的绝缘层被破坏，引起短路。绝缘层被破坏可能有三个原因：一是自然老化，如电线年久失修或长时间过热，使绝缘层老化或受损脱落；二是击穿，包括电击穿、热击穿、电化学击穿等形式，例如电源电压过高，击穿绝缘层；三是机械磨损、有害物质腐蚀等导致绝缘层破坏。

6.2.8.3 接触电阻过大

接触电阻过大是指输电线路或仪器内部线路上接触点的电阻过大。接触电阻过大会使接线处过热，导线绝缘层会燃烧。接触电阻过大可能由以下几种情况引起：

① 电气设备安装质量差，造成线与线、线与电器间的接线不牢靠。

② 接线点由于长期受振动或热胀冷缩等影响，接头松动。

③ 接线点周围污染严重或环境潮湿，使接线点生锈腐蚀，电阻增大。

④ 铜铝线复接时，由于接头处理不当，在电腐蚀作用下接触电阻会很快增大。

6.2.8.4 控制器件失灵

某些仪器，特别是电热设备，如果控制器件失灵，到限定温度还继续加热，或不停机连续运转，将造成设备损坏或引起火灾。

6.2.8.5 电火花

静电积累到一定程度就会发生放电现象，各种开关、接触器、带电刷的设备运行时都会引起电火花。如果实验室易燃易爆气体浓度过大，一旦有电火花产生，就会造成爆炸，引起火灾。

6.2.8.6 散热不好

仪器设备内有灰尘，所处的空间环境、温度、湿度不合适，会因散热不好导致仪器损坏。电气事故也有一定的规律性，例如夏季（主要是 6～9 月）电气事故较多，因为这段时间气温高、人体多汗、多雨、气候潮湿、电气设备绝缘性能降低等导致电气事故发生。此外，低压仪器设备由于远远多于高压设备，因此发生事故概率较高。移动式电气设备由于经常搬动，电源线和某些部件容易受损而导致事故。

6.2.8.7　用电环境

无论是电力线路的敷设还是电气设备的使用，都需要一个安全良好的用电环境，否则在危险的环境中用电，极易发生电气火灾。实验室环境温度、湿度要合适。一般来讲，室内温度不能超过35℃，如果室内过于炎热，电气设备将由于散热不好容易烧毁。室内空气湿度不要超过75%，空气太潮湿，容易发生短路事故。实验室要保持清洁，减少尘埃，实验室内导电粉尘浓度过高，电气设备容易发生短路事故。实验室内的易燃、易爆（特别是挥发性大的）物品不要超量存放，这些物质的蒸气浓度如果超过爆炸极限，遇电火花会引起爆炸火灾。实验室内的导电粉尘（如金属粉末等）浓度不能过高，否则导电粉尘透入设备内部，容易引起短路事故。实验室要有良好的通风、散热条件。

引起电气事故的主要原因可参见“电气火灾”二维码。

电气火灾

6.2.9　配电系统

配电系统的安全注意事项如下。

① 配电系统通常包括配电总箱、配电分箱及多联固定插座。配电总箱和分箱应有漏电保护器或空气开关。

② 配电容量要能满足或大于所有设备共同使用时的用电荷载。当设备增多导致原有配电不足时，要根据新的用电总容量更换原有配电系统，并留出余量。

③ 配电系统应根据用电设备数量配备充裕的多联固定插座，尽量避免多级联用插座板。

④ 配电箱、插座箱应尽可能远离水源，以防溅湿。

6.3　实验室用气安全

6.3.1　乙炔

乙炔俗称风煤和电石气，室温无色，纯乙炔是无臭的，但工业用乙炔由于含有硫化氢、磷化氢等杂质，而有一股大蒜的气味。乙炔属微毒类，具有弱麻醉和阻止细胞氧化的作用。高浓度时排挤空气中的氧，引起单纯性窒息作用。乙炔中常混有磷化氢、硫化氢等气体，故常伴有此类毒物的毒作用。人接触100 mg/m^{3}能耐受30～60 min，乙炔含量达到20%引起明显缺氧，浓度达35%时接触5 min即引起意识丧失。处于含10%乙炔的空气中5 h，有轻度中毒反应。乙炔属于极易燃气体，受热、振动、电火花等都可引发爆炸，在空气中爆炸极限为2.3%～72.3%（体积分数）。储存乙炔是将其作为溶解气体盛装在装有填料的气瓶中（乙炔气瓶安全注意事项见5.3.5.4）。乙炔及其安全知识参见“乙炔”二维码。

乙炔

6.3.2　氩气

氩气是无色、无味、无臭、无毒的惰性气体，属于不燃气体，本身无毒，但空气中浓度高时会使氧分压降低，有窒息危险。氩浓度达50%以上时，会引起严重症状；氩气浓度达75%以上时，可在数分钟内致人死亡。当空气中氩浓度增高时，人员先出现呼吸加速，注意力不集中，共济失调；继之，疲倦无力、烦躁不安、恶心、呕吐、昏迷、抽搐，甚至死亡。

皮肤接触，还会发生冻伤。氩气虽然为惰性气体，泄漏也会导致人员死亡。

氩气可在低于−184℃的温度下以液态形式储存和运送，但实验室用氩气大多装于钢瓶中。氩气瓶外表面涂成灰色并注有绿色“氩”字标志字样。氩气钢瓶余压应保证在0.3 MPa（工作压力）以上，以确保氩气纯度。氩气瓶在使用中也应注意第五章介绍的钢瓶安全事项。一旦发生大量泄漏，根据气体扩散的影响区域划定警戒区，无关人员从侧风、上风向撤离至安全区。应急处理人员戴正压自给式呼吸器，穿一般作业工作服，液化气体泄漏时穿防寒服，尽可能切断泄漏源，泄漏场所保持通风。氩气及其安全知识参见“氩气”二维码。

氩气

6.3.3 氢气

在常温常压下，氢气是一种极易燃烧、爆炸的气体，无色透明、无臭无味且难溶于水。氢气有易燃易爆性，容易发生爆炸，所以纯氢有一定危险性，在空气中爆炸极限为4.0%～75.6%（体积分数）。与氟气、氯气、氧气、一氧化碳以及空气混合均有爆炸的危险，其中，氢气与氟气的混合物在低温和黑暗环境就能发生自发性爆炸，与氯气混合体积比为1∶1时，在光照下也可爆炸。氢气虽无毒，在生理上对人体是惰性的，但若空气中氢气含量增高，将引起缺氧性窒息。常用气体爆炸极限见表6.3。

氢气储存在阴凉、通风处；最高含量不超过1%，室内温度不超过30℃；应与氧气、压缩空气、卤素、氧化剂分开存放；与易燃、易爆及氧化性气体容器间距不小于8 m；与其他可燃性气体如乙炔容器间距不小于20 m；远离火种、热源等，与明火距离或普通电气设备不小于10 m；与空调、空气压缩机、通风设备等吸风口距离不小于20 m；照明、通风开关设在室外，夏季防止阳光直射；配备相应消防器材。氢气及其安全知识参见“氢气”二维码。

氢气

实验室经常用氢气发生器代替氢气气瓶，在一定程度上减少危险的发生。氢气发生器由电解池、纯水箱、氢/水分离器、收集器、干燥器、传感器、压力调节阀、开关电源等部件组成。电解氢氧化钾或氢氧化钠的水溶液即可产氢。通电后，电解池阴极产氢气，阳极产氧气，氢气进入氢/水分离器，氧气排入大气。氢/水分离器将氢气和水分离。氢气进入干燥器除湿后，经稳压阀、调节阀调整到额定压力（0.02～0.45 MPa可调）由出口输出，一般可获得纯度在99.7%以上的氢气。

表6.3　可燃气体、蒸气与空气混合时的爆炸极限

物品名称	爆炸下限/%	爆炸上限/%
氢气	4.0	75.6
甲烷	5.0	15.0
乙炔	2.3	72.3
丙酮	2.6	12.8
乙烯	2.8	28.6
苯	1.4	7.6
氨气	15.5	27.0
松节油	0.80	—
甲醇	6.7	69.5

6.3.4　氦气

氦气无毒，属于不燃气体，但可以通过置换空气中的氧而造成窒息危险。长时间吸入含氧＜10％的空气可导致脑组织损伤或死亡，最初的症状包括恶心、呕吐和哮喘，暴露于此环境中人不能自救或呼救。吸入纯氦气会立即失去知觉，几乎立即死亡。因此，在大量使用气态氦或液氦时，应在通风良好的地方进行，以避免形成缺氧空气。液体氦与皮肤接触，还会引起严重冻伤。氦气瓶其外表面涂成银灰色并注有绿色“氦”字标志字样，氦气及安全知识参见“氦气”二维码。

氦气

6.3.5　氮气

氮气无色、无味、无毒，可令人窒息，危险性类别为惰性气体。氮气在实验过程中常用作保护气、载气，液氮温度为－196℃，也用于实现低温条件。氮气钢瓶使用时需要注意防止气瓶泄漏，一旦发生气瓶泄漏或使用液氮防护不当，就会导致空气中氮气含量升高，从而引起缺氧窒息。吸入浓度不高时，还可引起胸闷、气短，可以引起氮酩酊症状，表现为烦躁不安、极度兴奋、神情恍惚、步态不稳，可进入昏睡或昏迷状态。吸入高浓度氮气会导致迅速昏迷，甚至死亡。

液氮与皮肤接触能引起冷灼伤，使用和取用液氮时必须做好防护，提供通风良好的环境，避免高浓度吸入引起窒息的密闭操作。氮气常被压缩在无缝钢瓶中或被低温液化在焊接钢瓶中使用，属于压缩气体，氮气钢瓶其外表面涂成黑色并注有白色“氮”字标志字样。氮气及氮气钢瓶知识参见“氮气”二维码。

氮气

6.3.6　氨气

氨气无色，具有强烈的刺激气味。氨气会对眼、鼻、咽喉产生刺激，应在通风良好场所或通风橱中使用。使用氨气时还要注意防止因剧烈挥发产生低温引起的冻伤。氨能被水吸收，尽量在允许洒水的场所使用。

轻度吸入氨中毒表现有鼻炎、咽炎、喉痛、发音嘶哑等症状。

严重吸入中毒时会出现喉头水肿、声门狭窄以及呼吸道黏膜脱落，可造成气管阻塞，引起窒息。

低浓度的氨对眼和潮湿的皮肤能迅速产生刺激作用。潮湿的皮肤或眼睛接触高浓度的氨气能引起严重的化学烧伤。

皮肤接触可引起严重疼痛和烧伤，并能发生咖啡样着色。被腐蚀部位呈胶状并发软，可发生深度组织破坏。

高浓度蒸气对眼睛有强刺激性，可引起疼痛和烧伤，导致明显的炎症并可能发生水肿、上皮组织破坏、角膜浑浊和虹膜发炎。

如果眼睛接触或眼睛有刺激感，应用大量清水或生理盐水冲洗 20 min 以上。如果患者戴有隐形眼镜，又容易取下并且不会损伤眼睛的话，应取下隐形眼镜。将接触氨的皮肤和头发用大量清水冲洗 15 min 以上。冲洗皮肤和头发时要注意保护眼睛 。

氨气、硫化氢及甲烷

氨气及其安全知识见“氨气、硫化氢及甲烷”二维码。

6.3.7 硫化氢

硫化氢，标准状况下是一种易燃的酸性气体，无色；低浓度时有臭鸡蛋气味，浓度极低时便有硫黄味。它有剧毒，即使稀的硫化氢也对呼吸道和眼睛有刺激作用，并能引起头痛，浓度达 1 mg/L 或更高时，会有生命危险。

制备和使用 H_2S 都应在通风橱中进行。硫化氢为易燃危化品，与空气或氧气以适当的比例（4.3%～46%）混合就会爆炸。因此含有硫化氢气体的作业现场应配备硫化氢检测仪，避免硫化氢遇明火、高热能燃烧爆炸。

硫化氢及其安全知识见“氨气、硫化氢及甲烷”二维码。

6.3.8 甲烷

甲烷是最简单的有机物，在自然界中的分布很广，是天然气、沼气、坑气等的主要成分，俗称瓦斯，可作为燃料。在标准状态下甲烷是一种无色无味的气体。甲烷易燃，与空气混合能形成爆炸性混合物，遇热源和明火有燃烧爆炸的危险。甲烷与五氟化溴、氯气、次氯酸、三氟化氮、液氧、二氟化氧及其他强氧化剂接触反应剧烈。

甲烷对人基本无毒，但浓度过高时，使空气中氧含量明显降低，使人窒息。当空气中甲烷含量达 25%～30%时，可引起头痛、头晕、乏力、注意力不集中、呼吸和心跳加速、共济失调。若不及时远离，可导致窒息死亡。皮肤接触液化的甲烷，可致冻伤，应及时就医。吸入甲烷应迅速脱离现场至空气新鲜处，保持呼吸道通畅，如呼吸困难，给输氧，如呼吸停止，立即进行人工呼吸并就医。

甲烷钢瓶应储存于阴凉、通风的实验室，远离火种、热源。实验室温度不宜超过 30℃。应与氧化剂等分开存放，切忌混储。采用防爆型照明、通风设施。禁止使用易产生火花的机械设备和工具。储区应备有泄漏应急处理设备。

甲烷及安全知识见“氨气、硫化氢及甲烷”二维码中相关内容。

6.3.9 氧气

氧气无色、无味、无毒。氧气浓度较大时也是一种很危险的气体。常压下，氧气含量超过 40%容易引起氧中毒，吸入氧含量为 40%～60%的氧气时，引起轻咳、胸闷、胸骨后灼烧感及呼吸困难等症状，严重时可发生肺水肿，甚至出现呼吸窘迫综合征。吸入含量 80%以上的氧气时，出现面部肌肉抽动、面色苍白、眩晕、心动过速、虚脱，继而全身强直性抽搐、昏迷、呼吸衰竭而死亡。氧气助燃，高温下能氧化大多数活性物质，故储存、运输和使用氧气气瓶时应远离易燃物、可燃物、火种、热源。另外，氧气接触油脂类物质会氧化发热，甚至有燃烧、爆炸的危险，因此要避免接触油脂类物质。氧气气瓶特别是瓶口不得沾污油脂类物质，气瓶压力计要使用标明“禁油”的氧气专用压力计，使用人员不能穿戴带油脂的手套和工作服。氧气气瓶连接氧气部位，不可使用可燃性衬垫。将氧气排放到大气中时，要确保附近无火灾危险。在运输过程中要戴上气瓶安全帽。钢瓶沾染油污可用不可燃的四氯化碳清洗。

6.3.10　二氧化碳

二氧化碳无色、无味、无毒。吸入超过一定量时会使血液中的碳酸浓度增大，引起酸中毒；空气中二氧化碳的体积分数超过 1%会引起头晕、心悸等症状；达到 4%～5%时引起眩晕；达到 6%以上时容易引起神志不清、呼吸停止以致死亡。二氧化碳盛装在气体钢瓶中，属于高压液化气体，使用二氧化碳气瓶时应避免与镁、锆、钛、铝、锰等金属粉尘接触，避免因点燃而爆炸。二氧化碳气瓶的减压阀装有专业的电热装置，保证二氧化碳在出口处可以充分汽化。

习题

一、单选题

1. 下列哪种化学品遇水会发生剧烈反应并释放大量热量？（　　）
   A. 碳酸钠　　B. 三乙基铝　　C. 硫酸铜　　D. 硝酸钾
2. 下列可以使用密闭的专用玻璃仪器储存的纯水是（　　）。
   A. 一级水　　B. 二级水　　C. 三级水　　D. 二级水和三级水
3. 下列关于电气事故的规律性描述不正确的是（　　）。
   A. 冬季因干燥导致电气事故多于夏季
   B. 接触低压仪器设备的人大大多于接触高压设备的人，故低压仪器设备事故多
   C. 电器连接部位容易出现事故
   D. 移动式电气设备的电源线和某些部位容易损坏出现事故
4. 下列不同频率的电流对人体伤害最大的是（　　）。
   A. 25 Hz　　B. 50 Hz　　C. 100 Hz　　D. 1000 Hz
5. 下列做法错误的是（　　）。
   A. 操作电器时手必须干燥　　B. 用试电笔测试高压电
   C. 修理电气设备时先切断电源　　D. 雷电天气，在户外最好穿塑料雨衣
6. 下面不是使用氧气时应注意的问题是（　　）。
   A. 远离易燃气体、火种、热源
   B. 不能沾染油脂，使用人员不能穿戴带油脂的手套和工作服
   C. 气瓶污染可用不可燃的四氯化碳清洗
   D. 与氮气钢瓶距离需大于 10 m
7. 关于使用乙炔气瓶的注意选项错误的是（　　）。
   A. 低于 40℃存储和运输及使用　　B. 通风良好，远离热源、放射源和易燃气体
   C. 使用氧气减压阀和回火防止器　　D. 不能用尽
8. 下列关于使用氢气钢瓶的注意事项不正确的是（　　）。
   A. 放在阴凉通风处　　B. 室内不超过 30℃
   C. 应与氮气气瓶分开存放　　D. 远离火种、热源等
9. 下面关于氮气的说法错误的是（　　）。
   A. 氮气气瓶泄漏不会对人体有伤害
   B. 浓度不高时，可以引起胸闷、气短

C. 可以引起氮酩酊症状，烦躁不安、极度兴奋，吸入高浓度氮气会迅速昏迷，甚至死亡

D. 液氮能引起冷灼伤

10. 哪种气体在空气中达到6%以上时容易引起神志不清、呼吸停止以致死亡？(　　)

A. 氧气　　B. 二氧化碳　　C. 乙炔　　D. 氢气

11. 下列哪种气体在空气中达到40%时容易引起氧中毒？(　　)

A. 二氧化碳　　B. 氧气　　C. 乙炔　　D. 氢气

12. 氩气在实验室中通常以何种状态储存？(　　)

A. 固态　　B. 液态　　C. 气态　　D. 等离子态

13. 氦气泄漏时，应急处理人员应穿戴什么类型的呼吸器？(　　)

A. 普通口罩　　B. 防尘口罩　　C. 正压自给式呼吸器　D. 防毒面具

14. 在使用电器设备时，以下哪项行为是正确的？(　　)

A. 用湿手接触电器　　B. 仪器设备工作时，人员可以离开现场

C. 搬动电器时先拔掉电源插头　　D. 用拉导线的方法拔下电源插头

二、多选题

1. 下列可以储存的纯水是（　　）。

A. 一级水　　B. 二级水　　C. 三级水

2. 在蒸馏和回流实验中对于冷凝水的使用需要注意（　　）。

A. 冷凝管连接处是否牢固　　B. 下水管是否畅通，有无漏水

C. 水压稳定　　D. 实验结束关闭水龙头

3. 关于冷却水装置的维护，下列哪些措施是正确的？(　　)

A. 定期检查冷却水装置的连接胶管，发现老化或接口松动，及时更换或插紧

B. 在夏季高温时，增加冷却水的流量以降低温度

C. 加强用水实验设备的管理

D. 定期检查冷却水的温度，防止温度过高引发事故

4. 下列哪些化学品属于遇湿易燃品？(　　)

A. 三乙基铝　　B. 次氯酸钙　　C. 氢化钙　　D. 硼氢化钠

5. 实验仪器用水需要注意（　　）。

A. 检查水量是否正常，避免干烧　　B. 定期换水清理

C. 检查是否漏水　　D. 长期不用将水排空

6. 不能直接倒入下水道中的试剂有（　　）。

A. 挥发性很强的有机溶剂　　B. 挥发性不强的有机溶剂

C. 含有重金属的无机溶剂　　D. 含有卤素的无机溶剂

7. 下面关于实验室常用电气设备使用时应注意的安全事项有（　　）。

A. 不要在冰箱内进行蒸发重结晶

B. 空调开启后，温度不要调得太低

C. 变压器的功率要和电器的功率一致或略大

D. 保存在冰箱中的化学试剂应当放在气密性好的玻璃容器中

8. 接触电阻过大是指输电线路或仪器内部线路上接线点的电阻过大，下面选项会引起接触电阻过大的是（　　）。

A. 电器安装质量差，造成线与线、线与电器间的接线不牢靠

B. 接线点由于长时间受振动或热胀冷缩影响，接头松动；接线点周围污染严重，使接线

点生锈腐蚀

C. 劣质插头、插座或仪器内线头互相搭接

D. 电线与金属等硬物长期摩擦，使绝缘层破裂

9. 下列措施可以防止静电的伤害的是（　　）。

A. 防静电区内铺设橡胶地板　　B. 穿用导电纤维制作的工作服

C. 实验室设备采取静电接地　　D. 进入实验室前，先徒手接触一下金属接地棒

10. 影响电流对人体作用的因素有（　　）。

A. 电流强度　　B. 电流频率

C. 电流持续时间　　D. 电流流经人体的途径

11. 人体触电后应急处理的第一步是以最快的速度让触电者脱离电源，可以采用以下方法中的（　　）。

A. 电闸在事故现场附近，应立即拉开电闸，切断电源

B. 如果电闸不在事故现场附近，立即用金属利器切断电源线

C. 用干燥的木棒将搭落在触电者身上的导线挑开

D. 手上包缠上干燥的衣物拖拽触电者脱离电源

12. 下列关于二氧化碳气体使用的说法，正确的是（　　）。

A. 浓度超过 1% 会引起头晕等症状

B. 浓度在 6% 以上容易引起呼吸停止，甚至死亡

C. 表头带有专业的电热装置

D. 避免与镁、锆、铝、锰等金属接触，容易点燃爆炸

13. 使用氧气时应注意（　　）。

A. 远离易燃气体、火种、热源

B. 不能沾染油脂，使用人员不能穿戴带油脂的手套和工作服

C. 在运输过程中要戴上气瓶安全帽

D. 气瓶污染可用不可燃的四氯化碳清洗

14. 关于氢气的描述，正确的是（　　）

A. 氢气无色透明、无臭无味且难溶于水

B. 氢气与氟气混合物在低温和黑暗环境中会发生自发性爆炸

C. 氢气与氯气混合体积比为 1∶1 时，在光照下不会爆炸

D. 氢气瓶储存需要阴凉、通风处

15. 氩气泄漏时，应急处理人员需要采取哪些措施？（　　）

A. 戴正压自给式呼吸器　　B. 穿防寒服

C. 穿普通工作服　　D. 切断泄漏源

16. 氨气泄漏时，可能会对人体造成哪些危害？（　　）

A. 呼吸道刺激　　B. 皮肤灼伤　　C. 消化系统不适　　D. 神经系统损伤

三、判断题（正确：√；错误：×）

1. 有机溶剂着火时，应迅速切断电源，移开明火，用水浇灭。（　　）

2. 实验室用水安全主要是防止跑水。（　　）

3. 氰化钾、氰化钠遇湿燃烧后，要立即用水浇灭。（　　）

4. 可以将废酸、废碱用中和法使其 pH 值达到 5.8～8.6，然后倒入下水道。（　　）

5. 电气火灾与其他类型火灾相比有更大危险性，因为着火时电气设备可能带电。（　　）

6. 动力电就是三相交流电，三相电的 A 相为黄色，B 相为红色，C 相为绿色。(　　)

7. 电线的截面选择不当会导致负载超过电线的安全载流量。(　　)

8. 空气开关既具有过载和短路保护功能，也可在正常情况下作为线路的不频繁转换启动之用。(　　)

9. 两种物质紧密接触后再分离时就可能产生静电。(　　)

10. 火线与地线或零线的某一点在电阻很小或没有电阻的情况下碰一起，引起电流突然增大的现象叫短路。(　　)

11. 人体是导体，人体触电指的是电流通过人体时对人体产生的生理和病理的伤害。(　　)

12. 电流对人体的伤害分为电击和电伤两种类型，前者导致外伤，后者导致内伤。(　　)

13. 电击分为单相电击、两相电击、跨步电压电击，大部分人体触电事故是两相电击。(　　)

14. 在电镀实验时，2 毫安的电镀电流基本对人体没有伤害危险。(　　)

15. 我国的工频是 50 Hz，工频电流对人体伤害最为严重。(　　)

16. 氮气属于安全气体，使用时不需注意安全问题。(　　)

17. 液氮温度为－196℃，使用时要注意冷灼伤。(　　)

18. 氢气气瓶阀门损坏时，当有压力时也可以更换。(　　)

19. 氢气气瓶不要用尽，应保留 2 MPa 以上的压力。(　　)

20. 乙炔是一种无色无臭的气体，但在工业中由于含有硫化氢、磷化氢等杂质，会有大蒜的气味。(　　)

四、简答题

1. 如何采取有效措施确保实验室用水的安全性？

2. 在高校实验室环境中，如何确保用电安全？

参考文献

[1] 中国石油和化学工业联合会．分析实验室用水规格和试验方法：GB/T 6682—2008[S]．北京：中国标准出版社，2008.

[2] 李秀，高伟杰．电子精密仪器接地系统研究[J]．中国设备工程，2023(3)：122-124.

[3] 王德明．设备的保护接地和保护接零[J]．制造业自动化，2009，31(2)：127-128.

第7章

消防安全

实验室是高校消防安全的重点防范区域。据统计，2010～2019 年国内高校及研究院所实验室涉化类消防安全事故共 60 起，这些事故共造成 8 人死亡，60 多人不同程度受伤。这 60 起涉化类消防安全事故的类型主要分为爆炸、火灾、中毒以及其他安全事故。调查结果显示，火灾、爆炸事故最多，共 48 起，人员伤亡最严重，造成 6 人死亡、60 多人受伤[1]。化学实验室内化学物品种类繁多，其中大多数是易燃易爆物品，还有一些不明性质的未知材料，有些物品能自燃，有些物品的化学性质相互抵触，在实验操作过程中，用火、用电的情况较多。一旦操作失误，很容易发生火灾。一般情况下，实验室火灾事故主要是因为实验室人员消防安全意识淡薄，违规操作及缺乏消防安全常识所致。因此，应谨记“预防为主，防消结合”的消防安全工作方针，掌握基本防火常识和技能，主动预防火灾事故的发生。

7.1 火灾基础知识

7.1.1 燃烧基础知识

燃烧，是指可燃物与氧化剂作用发生的放热反应，通常伴有火焰、发光和（或）发烟现象。燃烧的发生和发展，必须具备三个必要条件，即可燃物、助燃物和点火源（图 7.1）。当燃烧发生时，上述三个条件必须同时具备，如果有一个条件不具备，那么燃烧就不会发生或者停止发生。

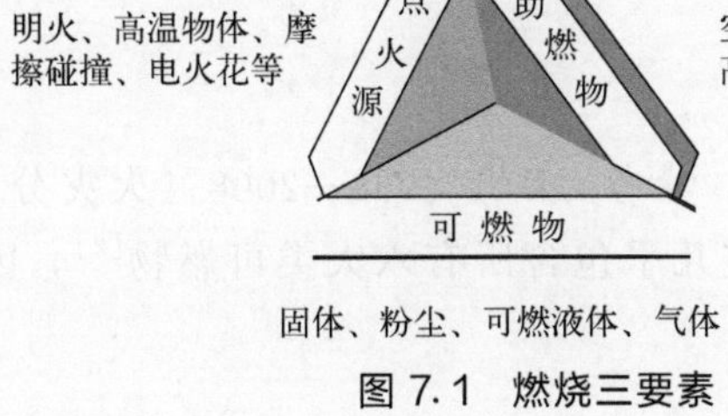

图 7.1 燃烧三要素

7.1.1.1 可燃物

凡是能与空气中的氧或其他氧化剂起化学反应的物质，均称为可燃物，如木材、氢气、汽油、煤炭、纸张、硫等。可燃物，按其化学组成可分为无机可燃物和有机可燃物两大类；按其所处的状态，又可分为可燃固体、可燃液体和可燃气体三大类。化学实验室常见的易燃易爆试剂见表 7.1。

表 7.1 化学实验室易燃易爆试剂

试剂类别	试剂名称
易燃烧试剂	红磷、硫、乙醚、二硫化碳①、丙酮、石油醚①、乙二胺①、乙腈①、酯类、醇类、苯类卤代烃、苯乙烯①、吡啶
易自燃试剂	白磷、三乙基铝
易爆炸试剂	叠氮化钠、六硝基二苯胺、2,4,6-三硝基甲苯、苦味酸
遇水燃烧试剂	钠、钾、钙、连二亚硫酸钠、锌粉

① 详细内容参见附录二危化品安全信息二维码 2.25～2.29。

7.1.1.2 助燃物（氧化剂）

凡是与可燃物结合能导致和支持燃烧的物质，称为助燃物。常见的助燃物是空气和氧气，化学实验室中助燃物很多，如浓硝酸、高锰酸钾、氯气和高氯酸钾等氧化剂均为助燃物。

7.1.1.3 点火源

凡是能引起可燃物质燃烧的能源，统称为点火源。点火源一般分为直接火源和间接火源两大类。间接火源包括热能、高温和自燃起火。化学实验室常见点火源详见表 7.2。

表 7.2 化学实验室常见点火源

直接火源	明火	酒精灯、煤气灯
	火星	实验时摩擦撞击产生的火星、燃烧反应实验飞出的火星等
	电火花	静电火花、强弱电火花
	雷击	瞬间高压放电的雷击能引燃任何可燃物
间接火源	热能	化学反应放热等
	高温	加热、烘烤、积热不散、机械设备故障发热、摩擦发热、聚焦发热
	自然起火	黄磷、烷基铝在空气中会自行起火；钾、钠等金属遇水着火；易燃、可燃物质与氧化剂、过氧化物接触起火

7.1.2 火灾分类及灭火方式

根据可燃物的类型和燃烧特性，参考 GB/T 4968—2008《火灾分类》，可将火灾分为 A～F 六大类（表 7.3）。化学实验室几乎包含所有六大类可燃物[2]，因此，化学实验室防火、灭火非常复杂。

表 7.3　火灾分类

类目编号	类型	举例
A类	固体物质	木材、棉麻、纸张
B类	液体或可熔化的固体物质	汽油、甲醇、乙醇、石蜡、沥青
C类	气体	煤气、天然气、氢气、一氧化碳
D类	金属	钾、钠、钛、镁、铝
E类	带电设备	加热设备、烘干设备、测试设备
F类	动植物油脂	油锅起火

实验室一旦发生火灾，应沉着冷静处理，要在火灾的初起阶段，迅速采取有效措施和灭火方法，及时灭火。要了解可燃物的性质，判断火灾类型，选择合适的灭火方法（详见表 7.4）。

表 7.4　各类火灾的针对性灭火方法

火灾类型	灭火方法
A类火灾	用水灭火，对于忌水物质(布、纸张等)应尽可能减少水渍造成的损失；对珍贵的图书、档案，应使用二氧化碳、卤代烷、干粉灭火剂
B类火灾	切断可燃液体来源，同时将燃烧区容器内可燃液体排至安全区，并用水冷却燃烧区内可燃液体的容器壁，减慢蒸发速度；及时使用大剂量的泡沫灭火剂、干粉灭火剂将火灾扑灭
C类火灾	关闭可燃气阀，防止可燃气体发生爆炸，然后选用干粉、二氧化碳灭火剂灭火
D类火灾	铝、镁燃烧时温度非常高，水及其他普通灭火剂无效。钾、钠着火切忌用水扑救，因为钾、钠遇水反应放出大量的热和氢气，促进火灾猛烈发展。应用干粉灭火剂、干砂等灭火
E类火灾	在允许断电的情况下，要尽可能设法切断电源，然后进行扑救，切断开关最好使用绝缘操作杆或干燥木棍；没有条件断电的情况下灭火，要做好绝缘防护，在保持安全距离的情况下实施灭火
F类火灾	灭火时忌用水、泡沫及含水物质，应使用窒息灭火方式隔绝氧气进行灭火

火灾分类及灭火方式详细内容可参见“火灾及常见的灭火方式”二维码。

火灾及常见的灭火方式

7.1.3　火灾的四个阶段

火灾分为初起阶段、发展阶段、猛烈阶段和熄灭阶段四个阶段。

① 初起阶段。起火初期，燃烧面积较小，烟气流动速度较慢，火焰辐射出的能量还不多，周围物品和结构开始受热，温度上升不快。初起阶段是灭火的最有利时机，也是人员安全疏散的最有利时段。因此，应尽量及时控制火灾、消灭在初起阶段。

② 发展阶段。火焰由局部向周围扩散，燃烧面积扩大，燃烧速度加快，热气对流加强，温度上升。

③ 猛烈阶段。燃烧面积扩大至整个空间，几乎所有可燃物都开始燃烧，燃烧强度大，热辐射最强，温度急剧上升，特定条件下发生轰燃、建筑物倒塌等后续事故。

④ 熄灭阶段。火势被控制后可燃物数量减少，周围温度逐渐下降到熄灭的过程。

7.2　实验室火灾预防

实验室火灾预防主要基于燃烧三要素，即严格管理可燃物质，降低助燃物质浓度，控制点火源。另外，也应重点关注用电安全，规范有机液体的使用，加强实验室管理。实验室火灾事故经常发生，要做到预防为主。

7.2.1 实验室火灾发生的常见隐患

① 实验室管理不到位，导致发生违反安全防火制度的现象。例如，违反规定在实验室吸烟并乱扔烟头；不按防火要求使用明火，引燃周围易燃物品。

② 配电不合理、电气设备超负荷运转，造成电路故障起火，电气线路老化造成短路等。

③ 易燃易爆化学品储存或使用不当。

④ 违反操作规程，或实验操作不当引燃化学反应生成的易燃、易爆气体或液态物质。

⑤ 仪器设备老化，或者未按要求使用。

⑥ 实验室未配备相应的灭火器材，或者缺乏维护造成失效。

⑦ 实验期间脱岗，或实验人员缺乏消防技能，发生事故不能及时处理。

7.2.2 火灾预防——基于燃烧三要素

实验室火灾预防主要基于干燃烧三要素。实验室常用的防火措施见表 7.5。

表 7.5 实验室火灾预防基本措施

严格管理可燃物质	检查煤气管路、煤气灯是否漏气 蒸馏可燃物时，应先通冷却水后通电 严禁可燃物与氧化剂一起研磨 易燃液体的废液应设置专用的容器收集，不得倒入下水道 尽量用不燃物替代可燃物 使用可燃物时应确保通风良好
降低助燃物质浓度	涉及易燃易爆物质的实验过程，要求在密闭设备中进行 操作异常危险的化学试剂，要充入惰性介质保护 隔绝空气储存某些化学试剂
火源控制与隔离	煤气灯、电炉、烘箱等明火或发热设备周围严禁放置可燃物、易燃物及挥发性易燃液体 烘箱不可烘干能放出易燃蒸气的物料 操作、倾倒易燃液体时应远离火源 加热易燃溶剂必须在水浴或严格的电热板上缓慢进行，严禁用火焰或电炉直接加热 在易燃气体存储和使用的场所，使用防爆电器 手上沾有易燃物时，应立即清洗，不得靠近点火源

7.2.3 火灾预防——用电安全

用电不当引发火灾事故经常发生。实验室用电应注意以下事项以预防火灾发生。

① 电源、插座功率等需与仪器设备的功率匹配。

② 接线板不要串接、不要直接放在地面上，不乱拉乱接电线。

③ 不得使用花线、木质配电或接线板、老化的电线。

④ 电源插座或开关必须固定。

⑤ 离开实验室时，必须关闭电源。

7.2.4 火灾预防——谨记常见有机液体易燃性

闪点是可燃性液体性质的主要标志之一，是衡量液体火灾危险性大小的重要参数。闪点越低，火灾危险性越大，反之则越小。若液体的温度低于闪点，则液体不会发生闪燃，更不会发生着火。根据闪点的高低，可以确定生产、加工、储存可燃性液体场所的火灾危险性类别：闪点＜28℃的为甲类；闪点≥28℃至＜60℃的为乙类；闪点≥60℃的为丙类。

二硫化碳、乙醚、石油醚、苯和丙酮等的闪点都比较低，即使存放在普通冰箱内（冰室最低温度－18℃，无电火花消除器），也能形成可以着火的环境，故这类液体不得存放于普通冰箱内。另外，闪点低的液体蒸气只需接触红热物体的表面便会着火。其中，二硫化碳尤其危险，即使与暖气散热器或者热灯泡接触，其蒸气也会着火，应特别小心。

7.2.5 火灾预防——实验室管理

为了预防实验室火灾发生、实验室管理应严格遵守以下规定。

① 实验人员要严格执行“实验室十不”，即不吸烟；不乱放杂物；实验时人员不脱岗；不堵塞安全通道；不违章使用电热器；不违章私拉、乱拉接线；不违反操作规程；不将消防器材挪作他用；不违规存放易燃药品、物品；不在实验室做饭、住宿。

② 实验人员要清楚所用物质的危险特性和实验过程中的危险性。

③ 实验时疏散门、疏散通道要保持通畅。

④ 易燃易爆钢瓶应放置在室外。

⑤ 实验室内特殊的电气、高温、高压等危险设备必须有相应的防护措施，应严格按照设备的使用说明及注意事项使用。

⑥ 实验人员须熟知“四懂四会”，即懂本岗位火灾危险性，懂预防措施，懂扑救方法、懂逃生方法；会报警，会使用灭火器材，会处理火灾事故，会逃生。

⑦ 实验人员在实验过程中要随时检查实验仪器设备、电路、水、气及管道等设施有无损坏和异常现象，并做好安全检查记录。

⑧ 易燃易爆设备的操作人员必须经公安消防部门培训，考核合格后持证上岗。

⑨ 实验室必须配备防火、防爆、防盗、防破坏的基本设施；危险化学品应分类存放。

⑩ 实验室使用剧毒物品要严格执行“五双”管理制度。

⑪ 实验人员使用药品时，应确实了解药品的物理性质、化学性质、毒性及正确使用方法，严禁将化学性质相抵触的药品混装、混放。实验剩余的药品必须按规定处置，严禁随意乱放、丢入垃圾箱内或倒入下水道。要针对实验过程中可能发生的危险，制定安全操作规程，采取适当的防护措施。

⑫ 严禁随意操作与实验无关的设备和药品，特别是电热设备。

⑬ 冰箱内不得存放易燃液体，普通电热鼓风干燥箱不准加热易燃液体。

⑭ 严禁闲杂人员特别是儿童进入实验室，防止因外人的违章行为导致火灾。

⑮ 实验结束后，应对各种实验器具、设备和物品进行整理，并进行全面仔细的安全检查，清除易燃物，关闭电源、水源、气源，确认安全后方可离开。

7.3 化学实验室灭火措施

化学实验室一旦发生火灾事故，若能采取有效措施，可以尽量减少人员伤亡及财产损失。一切灭火措施都是为了破坏已形成的燃烧条件或终止燃烧的连锁反应而把火熄灭或把火势控制在一定范围内，最大限度地减少火灾的损失。

7.3.1 灭火基本方法

① 冷却法。喷水或使用其他有冷却作用的灭火器通过降温使火熄灭。对一般可燃物火灾，将可燃物冷却到其燃点或闪点以下，燃烧反应就会中止，水冷却灭火是最常用的方法。

② 窒息法。阻止空气进入燃烧区，让氧气与燃烧物隔绝使火熄灭，或将氧气浓度降至最低限度，可以阻止可燃物继续燃烧。在燃烧过程中，紧闭门窗，造成供氧不足，能暂时停止燃烧。窒息灭火的主要工具是二氧化碳灭火器，其原理是稀释空气中氧气的浓度，液态二氧化碳蒸发时能够冷却燃烧物。

③ 隔离法。将可燃物与引火源或氧气隔开，可防止燃烧继续扩大。如在燃烧过程中，关闭相关的阀门和电源开关，将燃烧区附近的可燃物搬离现场。隔离灭火法的主要工具是卤代烃灭火器，如 1211 灭火器（二氟一氯一溴甲烷），其蒸发时能够冷却燃烧物，同时因气态 1211 相对密度大，能覆盖住燃烧物，从而隔绝空气中的氧。

④ 抑制灭火法。对于因链式反应失控而造成的火灾，使用的灭火剂与链式反应的中间体形成自由基反应，从而使燃烧的链式反应中断，使燃烧不能持续进行。常用的干粉灭火剂就具有化学抑制作用。

7.3.2 灭火毯

灭火毯是由玻璃纤维等材料经过特殊处理和编制而成的织物，能起到隔离热源及火焰的作用，盖在燃烧的物品上使其无法得到氧气而熄灭。灭火毯按基材可以分为：纯棉灭火毯、石棉灭火毯、玻璃纤维灭火毯、高硅氧灭火毯、碳素纤维灭火毯、陶瓷纤维灭火毯等。灭火毯没有失效期，如无破损可以重复使用。灭火毯使用后不会产生二次污染，具有绝缘、耐高温、携带方便、能够快速使用且使用方法简单、灭火效果明显等优点，是实验室火灾应急处理的理想设备。使用注意事项如下：

① 将灭火毯固定于比较显眼且能快速拿取的墙壁上，需露出黑色拉带。

② 当发生火灾时，快速取出灭火毯，双手握住两根黑色拉带。

③ 将灭火毯轻轻抖开，作盾牌状拿在手中。

④ 将灭火毯轻轻地覆盖在火焰上，同时切断电源或气源。

⑤ 灭火毯持续覆盖在着火物体上，并采取积极灭火措施直至着火物体完全熄灭。

⑥ 待着火物体熄灭，灭火毯冷却后，将毯子裹成一团，作为不可燃垃圾处理。

⑦ 如果人身上着火，将其包裹于着火人身上扑灭火源，并迅速拨打急救 120。

⑧ 灭火毯应正常有效，如发现灭火毯有损坏或污染请立即更换。

灭火毯及安全操作注意事项可参见“灭火毯”二维码。

灭火毯

7.3.3 灭火器

灭火器是一种便携式消防工具，通过喷射干粉、二氧化碳、水基等灭火剂，能够快速抑制或扑灭初期火灾。它能有效扑救固体、液体、气体火灾，控制电气设备火情，防止火势扩大蔓延，为人员疏散和消防救援争取宝贵时间。灭火器是预防小火成灾的第一道防线，熟知常见灭火器的使用方法与适用范围，掌握必要的消防知识，根据现场情况选择合适的灭火器迅速灭火。

灭火器主要用于扑救初起火灾。灭火器的种类很多，按其移动方式可分为手提式和推车式（灭火器规格如表 7.6 所示）；按驱动压力类型分为储气瓶式灭火器和储压式灭火器、化学反应式灭火器；按充装的灭火剂类型分为水基灭火器（包括清水型灭火器和泡沫型灭火器）、干粉灭火器、二氧化碳灭火器、洁净气体灭火器等。应根据火灾类型选择合适的灭火器进行扑救。灭火器的成分、代号及特征信息见表 7.7。

表 7.6　灭火器规格

灭火器类别	规格
手提式水基灭火器	2 L、3 L、6 L、9 L
推车式水基灭火器	20 L、45 L、60 L、125 L
手提式干粉灭火器	1 kg、2 kg、3 kg、4 kg、5 kg、6 kg、8 kg、9 kg、12 kg
推车式干粉灭火器	20 kg、50 kg、100 kg、125 kg
手提式二氧化碳灭火器	2 kg、3 kg、5 kg、7 kg
推车式二氧化碳灭火器	10 kg、20 kg、30 kg、50 kg

表 7.7　灭火器的成分、代号及特征信息

成分	代号	特征	代号含义
水[S(水)]	MS	酸碱	手提式酸碱灭火器
	MSQ	清水[Q(清)]	手提式清水灭火器
泡沫[P(泡)]	MP	手提式	手提式泡沫灭火器
	MPZ	舟车式[Z(舟)]	舟车式泡沫灭火器
	MPT	推车式[T(推)]	推车式泡沫灭火器
干粉[F(粉)]	MF	手提式	手提式干粉灭火器
	MFB	背负式[B(背)]	背负式干粉灭火器
	MFT	推车式[T(推)]	推车式干粉灭火器
二氧化碳[T(碳)]	MT	手提式	手提式二氧化碳灭火器
	MTZ	鸭嘴式[Z(嘴)]	鸭嘴式二氧化碳灭火器
	MTT	推车式[T(推)]	推车式二氧化碳灭火器
1211Y(1)	MY	手提式	手提式
	MYT	推车式	推车式 1211 灭火器

7.3.3.1 水基灭火器

水基灭火器充装的灭火剂以清水为主，通常添加湿润剂、增稠剂、阻燃剂和发泡剂等。

水基灭火器包括清水灭火器和泡沫灭火器。

清水灭火器通过冷却作用灭火，主要用于扑救 A 类固体火灾。

泡沫灭火器充装的是水和泡沫灭火剂，通过冷却和窒息作用灭火。泡沫灭火器能够在液体表面覆盖大量的泡沫，进而形成一层膜，有效抑制可燃液体蒸发或热解挥发，使可燃气体难以进入燃烧区，从而起到灭火作用。泡沫灭火器适用于扑救 B 类火灾，也可用于扑救固体 A 类火灾；抗溶性泡沫灭火器还可以扑救水溶性易燃、可燃液体火灾；但泡沫灭火器不能用于扑救 C 类气体火灾、D 类金属火灾和 E 类带电设备火灾。泡沫灭火器可分为化学泡沫灭火器、空气泡沫灭火器（即机械泡沫灭火器）和抗溶性泡沫灭火器。

化学泡沫灭火器利用放置在内筒的硫酸铝和外筒内的碳酸氢钠的反应进行灭火，使用时，将灭火器倒立，两种溶液混合在一起发生反应，此时泡沫中的气体为二氧化碳气体，生成的胶状氢氧化铝分布在泡沫上，使泡沫具有一定的黏性，且易于黏附在物体上，从而使燃烧物冷却、窒息达到灭火效果。这种灭火器由于瞬间产生的压力大，危险性很大，而且不能间歇喷射以及可能因堵塞喷液口而发生爆炸伤人事故等，故国内外已经将其淘汰。

空气泡沫（机械泡沫）灭火器使用过程中产生的泡沫里含有的气体一般为空气。根据成膜不同将其分为蛋白泡沫灭火器、氟蛋白泡沫灭火器和水成膜灭火器，适用于扑救非水溶性可燃液体火灾。

抗溶性泡沫灭火器通常是在蛋白水解液中添加辛酸锌氨络合盐制成。灭火时，由于辛酸锌的不溶性，在泡沫壁上形成连续的固体薄膜，有效地防止水溶性有机溶剂吸收泡沫中的水分，使泡沫能保持在溶剂液面上，从而起到灭火的作用。它适用于水溶性可燃液体火灾，特别是分子极性较强的乙醇、甲醇、丙酮等一般水溶性可燃液体火灾。

手提式泡沫灭火器使用方法：用手握住灭火器的提环，平稳、快捷地提往火场，不要横扛、横拿。灭火时，一手握住提环，另一手握住筒身的底边，将灭火器颠倒过来，喷嘴对准火源，用力摇晃几下，即可灭火。

使用时注意事项如下。

① 不要将灭火器的盖与底对着人体。

② 不要与水同时喷射在一起。

③ 灭火后，把灭火器卧放在地上，喷嘴朝下。

④ 扑灭电器火灾时，先切断电源，防止人员触电。

7.3.3.2 干粉灭火器

干粉灭火器是目前使用最广泛的灭火器之一，适用于一般火灾，以及电气设备火灾，可燃气体、油类、遇水燃烧物质等引起的火灾。在化学实验室 ABC 类干粉灭火器使用最多。

干粉灭火器通过一系列物理、化学作用灭火，主要通过化学抑制、冷却、窒息等作用灭火。利用压缩的二氧化碳或者氮气作为动力，将干粉灭火剂喷出灭火。常用的干粉有碳酸氢钠、碳酸氢钾、磷酸二氢铵、尿素等。其中碳酸氢钠干粉灭火器又称 BC 类干粉灭火器，适用于易燃、可燃液体、气体火灾；磷酸铵盐干粉灭火器又称 ABC 类干粉灭火器，可用于扑救固体、液体、气体火灾。此外，干粉灭火器还可扑救电气设备的初起火灾。D 类干粉是指适用于扑救 D 类火灾的干粉。

BC 类干粉主要有钠盐干粉（以碳酸氢钠为基料）、紫钾盐干粉（以碳酸氢钾为基料）、氨基干粉（以尿素和碳酸氢钠或碳酸氢钾为基料）。

ABC 类干粉主要有磷酸盐干粉（以磷酸二氢铵、磷酸氢二铵、磷酸铵或焦磷酸盐为基料）、碳硫氨基干粉（以碳酸铵与硫酸铵的混合物为基料或以聚磷酸铵为基料）。

D 类干粉主要以氯化钠、碳酸氢钠和石墨为基料。

不同成分的干粉的灭火机理一般都是参与有焰燃烧的链式反应。有氧燃烧是一种连锁反应，当干粉与火焰接触时，燃烧产生的活性基团被瞬时吸附在粉粒表面，发生如下反应：

$$\mathrm{M(粉)+OH\cdot \longrightarrow MOH}$$

$$\mathrm{MOH+H\cdot \longrightarrow M+H_2O}$$

通过反应，活泼的 OH· 和 H· 在粉粒表面结合，形成不活泼的水，消耗火焰中大量的活性基团，起到化学抑制灭火的效果。

使用方法：将喷嘴对准燃烧最猛烈处，拔去保险销，压下压把。使用时应注意压力指示必须在绿区才可以使用。应通风、干燥、防冻储存，防受潮，防暴晒。以一季度为间隔进行检查。

干粉灭火器

干粉灭火器既不能扑灭易燃液体火灾，也不能用于精密仪器、旋转电动机、锂离子电池等的火灾。

干粉灭火器及安全操作注意事项可参见“干粉灭火器”二维码。

7.3.3.3 二氧化碳灭火器

二氧化碳灭火器通过冷却和窒息作用灭火。二氧化碳灭火时，能在燃烧区稀释空气，降低空气中的氧含量（低于 15%），且二氧化碳的相对密度是空气的 1.5 倍，灭火时处于空气的下方，起到隔绝空气的作用；二氧化碳是在高压液化状态下充装在钢瓶中，当释放时，会迅速蒸发，温度急剧降低至−78.5℃，吸收大量的热，对燃烧物具有一定的冷却作用。

二氧化碳灭火器具有灭火不留痕迹、具有一定的电绝缘性等特点，适宜扑救精密仪器、600V 以下的带电电器、图书资料、仪器仪表、易燃液体和气体等的初起火灾，但不能用于扑救钠、钾、铝等金属及氢化物引起的火灾，也不能扑灭含有氧化基团的化学物质引起的火灾。

不同类型的二氧化碳灭火器使用方法如下。

手轮式：二氧化碳灭火器使用时，一手握住把手，一手撕掉铅封，将手轮逆时针方向旋转，打开开关，二氧化碳气体即会喷出。

鸭嘴式：二氧化碳灭火器使用时，一手握住把手，一手拔去保险销，对准目标，将扶把上的鸭嘴压下，即可灭火。

使用注意事项：

① 灭火时，人员应站在上风处。

② 使用时持喷筒的手应握在胶质喷管处，尽量防止皮肤直接接触金属喷筒、喷射胶管前 1/3 或喷头处。

③ 扑救电器火灾时，电压超过 600V，要先切断电源再灭火。

④ 室内使用后，应加强通风。

⑤ 每年检修一次。漏重超 50 g 应维修。

⑥ 充装前，应进行水压测试。

⑦ 期满五年后，每隔两年应进行一次水压测试。

二氧化碳灭火器及安全操作注意事项参见“二氧化碳灭火器”二维码。

二氧化碳灭火器

7.3.3.4 洁净气体灭火器

洁净气体灭火器充装的是六氟丙烷灭火剂，此灭火剂无色、无味、不导电、无污染，对臭氧层的损耗为零。目前，手提式六氟丙烷灭火器是卤代烷 1211（即二氟一氯一溴甲烷）灭火器最理想的替代品。卤代烷的替代灭火剂除六氟丙烷外，还有七氟丙烷、三氟碘甲烷和氟化酮等。

洁净气体灭火器主要通过冷却、窒息、化学抑制作用灭火。灭火时，清洁气体灭火剂在高温下产生活性游离自由基 CF·、F·等，自由基参与燃烧的链式反应，例如：

$$F_2 + H\cdot \longrightarrow HF + F\cdot$$

$$CF\cdot + OH\cdot \longrightarrow HF + CO$$

灭火剂通过参与反应消耗活性游离基团 OH·和 H·，但由于同时生成了 HF，这类灭火剂的使用受到限制，只能作为一种“过渡”时期的灭火剂。

洁净气体灭火器可用于扑救 A 类固体火灾、B 类液体火灾、C 类气体火灾和 E 类带电设备火灾。1211 灭火器适用于扑救油类、仪器、文物档案等贵重物品的初起火灾。

1211 灭火器使用方法如下。

① 撕去铝封，拔去安全保险销。

② 一手抱住灭火器底部，一手握住压把开关。

③ 喷嘴对准火源喷射，松开压把，喷射即停止。

④ 使用时注意，不可水平或颠倒使用，喷嘴应对准火焰根部，由近及远，快速推进，防止回燃。

7.3.4 沙箱

干沙可隔绝空气，降低油面温度，干沙对扑灭金属起火、地面流淌火等特别安全有效。将干燥沙子贮于容器中备用，灭火时，将沙子撒于着火处。

7.4 实验室内常见消防设备、器材

7.4.1 灭火器

手提式灭火器：由保险栓、压力表、筒身、压把、软管和喷嘴等组成，每 100 平方米需配置 2 个；推车式灭火器由保险栓、压力表、筒身、软管和喷嘴组成。推车式灭火器主要用于仓库等重点区域。

7.4.2 消火栓

消火栓由消防球阀、出水接口、消防水管和消防水喉组成。消火栓能够射出充实水柱，扑灭火灾，主要供消防车从市政给水管网或者室外消防给水管网取水实施灭火，也可以直接连接水带、水枪出水灭火。

操作方法：打开消火栓门，取出消防栓内水带并展开，一端连接在出水接口上，另一端接上水枪。快速拉取橡胶水管至事故地点，同时缓慢开启球阀开关。握紧水枪，将水枪对准

着火部位出水灭火。

7.4.2.1　室内消火栓的组成结构

室内消火栓设在消火栓箱内，是一种箱状固定式消防装置，具有给水、灭火、控制和报警等功能。如图7.2所示。室内消火栓是通过室内管网向火场供水的带有阀门接口的最普遍和常用的消防设备。它由消火箱体、消火栓按钮、消火栓接口、消防水带、消防水枪、消防水喉（自救卷盘）及电气设备等消防器材组成。

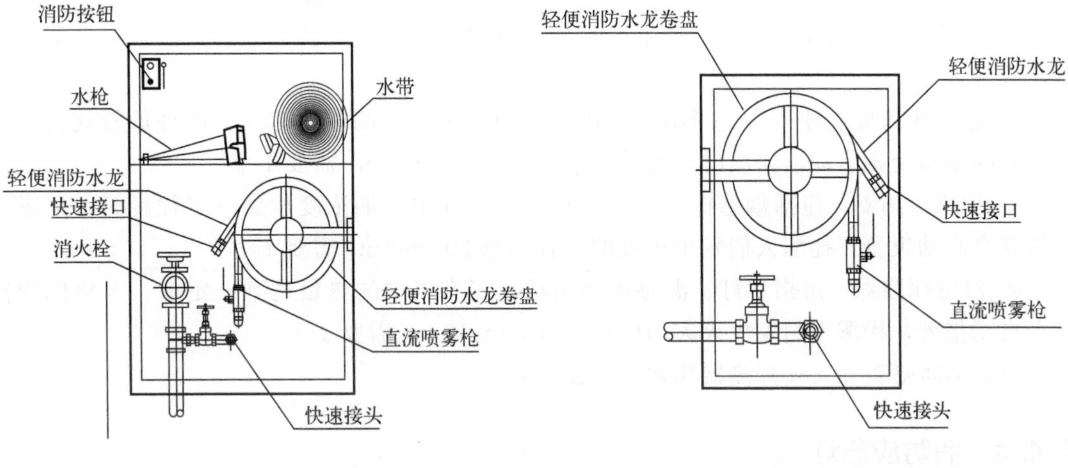

图7.2　室内消火栓

消火栓按钮具有向报警控制器报警和直接启动消防水泵的功能，可以远程启动消防泵给消火栓进行补水。现场人员可通过击碎按钮上的玻璃，按下按钮向控制器报警并启动消防水泵。

消防水带两端带有接口，每条水带长度不应超过25 m，与消防水枪、消防栓一起使用。铺设时应避免骤然曲折，以防降低耐水压力，避免扭转以防止充水后水带转动使内扣式水带接口脱开。消防水带充水后避免在地面强行拖拉，尽量抬起移动，以减少摩擦。

消防水枪的底端是与消防水带连接的接口，水枪中间部位可以拧开，可换成多功能枪口，与消防水带、消防栓一起使用。

消防水喉（又称自救卷盘）直径25 mm，一般在室内和消火栓合并放在消火栓箱内。它可供初起火灾的扑灭。当设置消防水喉时，其间距应保证水可以到达室内地面的任何部位。

7.4.2.2　室内消火栓的设置要求

按规定室内消火栓应设在走道、楼梯口、消防电梯等明显、易于取用的地点附近。消火栓栓口距离地面1.1 m，其出水方向宜向下或与设置消火栓的墙面成90°角，方便使用，同时减少局部压力损失。同一建筑内应采用统一规格的消火栓、水枪和水带。

7.4.2.3　室内消火栓的紧急启用

打开消火栓箱门，取出消防水带，将消防水带向着火方向抛开，水带两头分别接在消火栓阀门和水枪上。一人将枪口对准火源，一人逆时针旋转消火栓手轮打开阀门，出水灭火。

7.4.3 消防报警设备

消防报警设备主要有以下几种。

① 消火栓报警按钮。当火灾发生时按下报警按钮，消防警铃就会发出火警警报，提示人们发生火灾，同时启动消防栓水泵。

② 手动报警按钮。手动报警按钮由电源指示灯、紧急按钮、复位开关构成。发生火灾时，按下报警按钮，消防自动报警系统会自动启动消防警铃，发出警报。

③ 消防警铃。当发生火灾时按下手动报警按钮，消防警铃就会发出火灾警报提醒人们发生火灾。

④ 感温探测玻璃球喷头。当温度达到68℃时，感温探测玻璃球喷头的玻璃管就会自动爆裂，喷淋系统则启动消防喷淋，自动喷水灭火。每6～7 m^2 需要1个。

⑤ 烟感探测器。包括烟感探头、指示灯。当空气中的烟浓度达到一定程度时，烟感探测器就会自动报警，提醒人们发生火灾的位置。每50～60 m^2 需要1个。

⑥ 温感探测器。由指示灯、温感玻璃组成。当空气中的热量达到一定值，温感探测器就会自动报警，提醒人们发生火灾的位置。每50～60 m^2 需要1个。

自动消防喷头和火灾探测器通常安装在一起。

7.4.4 消防应急灯

消防应急灯由灯管、蓄电池、指示灯组成。当发生火灾时通常伴有停电现象，消防应急灯是一种自动充电的照明灯，当发生火灾或停电时，消防应急灯会自动工作照明，提示人们安全通道和出口的位置，有利于人员在火灾中逃生。

7.4.5 消防安全门

消防安全门是发生火灾时，人们用于逃生的紧急安全出口，平时严禁上锁和堵塞。

7.4.6 过滤式自救呼吸器

过滤式自救呼吸器的防毒时间大于等于35 min。使用时，打开盒盖，取出真空包装袋，撕开真空包装袋，拔掉前后两个罐盖，戴上头罩，拉紧头带。每个消防箱应配置2个。

7.5 公共场所安全标志

公共场所安全标志是向工作人员警示工作场所或周围环境的危险状况，指导人们采取合理行为的标志。安全标志能够提醒工作人员预防危险，从而避免事故发生；当危险发生时，能够指示人们尽快逃离，或者指示人们采取正确、有效、得力的措施，对危害加以遏制。安全标志不仅类型要与所警示的内容相吻合，而且设置位置要正确合理，否则就难以真正充分发挥其警示作用。安全标志的分类及警示内容如下。

① 危险标志只安装于存在直接危险的地方，用来表明存在危险。

② 禁止标志用符号或文字描述来表示一种强制性的命令，以禁止某种行为。

③ 警告标志通过符号或文字来指示危险，表示必须小心行事，或用来描述危险属性。

④ 安全指示标志用来指示安全设施和安全服务所在的位置，并且在此处给出与安全措施相关的主要安全说明和建议。

⑤ 消防标志用于指明消防设施和火灾报警的位置及指明如何使用这些设施。

⑥ 方向标志用于指明正常和紧急出口、火灾逃生和安全设施、安全服务及卫生间的方向。

⑦ 交通标志用于向工作人员表明与交通安全相关的指示和警告。

⑧ 信息标志用于指示特殊属性的信息，如停车场、仓库或电话间等。

⑨ 强制性行动标志用于表示须履行某种行为的命令以及需要采取的预防措施，例如，穿戴防护鞋、安全帽、眼罩等。

GB 2894—2008《安全标志及其使用导则》中规定了禁止标志、警告标志、指令标志、提示标志图形及设置范围和地点等。

7.6　消防安全标志

消防安全标志是以安全色、边框、图像为主要特征的图形符号或文字构成的标志，用以表达与消防有关的安全信息。消防安全标志分为三类：安全疏散标志，危险场所、危险部位标志和消防设施标志。详细内容可参见“消防安全标志”二维码。

消防安全标志

7.6.1　安全疏散标志

安全疏散标志多为提示标志，是向人们提供某种信息。

地面疏散标识是一种可无限次在亮处吸光、在暗处发光的消防指示牌，它可挂可贴，在火灾发生时，在黑暗情况下会自动发光，指示安全通道、安全门位置。

空中紧急疏散标示牌和消防应急灯一样，是一种自动充电的照明灯，当发生火灾或停电时，紧急疏散标示牌会自动工作发光，指示人们安全通道和出口的位置。主要配置在出入口、主通道上，8～10 m 配置一个。

7.6.2　危险场所、危险部位标志

禁止标志是禁止人们不安全行为的图形标志，其基本形式是带斜杠的圆形边框，如禁止堆放、禁止烟火、禁止带火种等。

警告标志是提醒人们对周围环境引起注意，以避免可能发生危险的图形标志，正三角形边框，如当心火灾、当心爆炸、注意安全等。

7.6.3　消防设施标志

消防设施标志是用简单的图像表达消防设备、消防设施的类型、位置及操作方法的标志，辅助指引人员在事故中更好地使用消防设备和器材，如消防水带、消防梯等。

7.7 火灾处理

7.7.1 火灾处理原则及程序

7.7.1.1 火灾处理原则

初起火灾，应组织人员使用正确方法扑救，遵循“先控制、后扑灭，救人先于救火，先重点后一般”的原则。火势蔓延失控时，应迅速撤离，并通知其他人有序撤离。当消防队抵达时，提供具体情况，确切的危险信息对于救援队至关重要。

7.7.1.2 火灾处理程序

击碎火警警报装置的玻璃，启动警报，或口头通知起火建筑里面的人，疏散人群。确保安全时使用灭火器灭火，关闭窗户、门，隔离起火区域，关闭起火区域的电源和设备。不可冒险，若火势不能控制，立即离开现场。

7.7.2 火灾处理注意事项

火灾处理时应注意以下事项。

(1) 沉着冷静

发生起火。要沉着冷静，根据消防知识，组织在场人员利用灭火器具，在火灾的初起阶段将其扑灭。如果火情发展较快，要迅速逃离现场。

(2) 争分夺秒

使用灭火器扑救火灾时可按灭火器的数量，组织人员同时使用，迅速把火扑灭。避免只由一个人使用灭火器的错误方法。要争分夺秒，尽快将火扑灭，防止火情蔓延。切忌惊慌失措，延误灭火时机，酿成大的火灾事故。

(3) 兼顾疏散

发生火灾时，现场能力较强的人员组成灭火组负责灭火，其余人员要在老师的带领下或自行组织疏散逃生。疏散过程要有序，防止发生踩踏等意外事故。

(4) 及时报警

发生火灾要及时扑救，同时应立即报告火警，使消防车迅速到达火场，将火尽量扑灭。“报警早、损失小”。

(5) 生命至上

在灭火过程中，要本着“救人先于救火”的原则，如果有火势围困人员，首先要想办法把受困人员抢救出来；如果火情危险难以控制，灭火人员要确保自身安全，迅速逃生。

(6) 断电断气

电气线路、设备发生火灾，首先要切断电源，然后再考虑扑救。如果发现可燃气体泄漏，不要触动电器开关，不能用打火机或火柴等明火，也不要在室内打电话报警，避免产生着火源。要迅速关闭气源，打开门窗，降低可燃气体浓度，防止爆燃。

(7) 慎开门窗

救火时不要贸然打开门窗，以免空气对流加速火势蔓延。如果室内着火，打开门窗会加速火势蔓延；如果室外着火，烟火会通过门窗涌入，容易使人中毒、窒息死亡。

7.7.3　火灾报警

火灾报警注意事项如下。

① 拨打“119”电话时不要慌张，以防打错电话、延误时间。

② 讲清火灾情况，包括起火单位名称、地址、起火部位、什么物资着火、有无人员围困、有无有毒或爆炸危险物品等。消防队可以根据火灾的类型，调配举高车、云梯车或防化车等。

③ 要注意指挥中心的提问，并讲清自己的电话号码，以便联系；电话报警后，要立即在着火点路口附近等候，引导消防车到达火灾现场。

④ 迅速疏通消防车道，清除障碍物，使消防车到达火场后能立即进入最佳位置进行灭火救援。

⑤ 如果着火区域发生了新的变化，要及时报告，使消防车队能及时改变灭火技术，取得最佳效果。

7.8　火灾扑救

7.8.1　电器着火处理办法

要先切断电源，用水或者灭火器灭火。无法断电的情况下，禁止用水等导电液体灭火，应用沙子或二氧化碳灭火器、干粉灭火器灭火。

7.8.2　身体着火处理办法

人身上着火时切勿奔跑，最好脱下着火的衣服，俯伏及滚动身体灭火。旁人应以厚重衣物或被子覆盖着火部位，拍打熄灭火焰，或用灭火器灭火。

7.8.3　实验室常见火灾扑救方法

① 一旦失火，首先采取措施防止火势蔓延，应立即熄灭附近所有火源，切断电源，移开易燃易爆物品，并视火势大小，采取不同的扑救方法。

② 对在容器中（如烧杯、烧瓶、热水漏斗等）发生的局部小火，可用石棉网、表面皿或者沙子等盖灭。

③ 有机溶剂在桌面或者地面上蔓延燃烧时，不得用水灭火，可撒上细沙或用灭火毯灭火。

④ 对钠、钾等金属着火，通常用干燥的细沙覆盖。严禁用水灭火，否则会导致猛烈的爆炸，也不能用二氧化碳灭火器。

⑤ 若衣服着火，切勿慌张奔跑，以免风助火势。化纤织物最好立即脱除。一般小火可用湿抹布、灭火毯等包裹使火熄灭。若火势较大，可就近用水龙头浇灭。必要时可就地卧倒打滚，一方面防止火焰烧向头部，另一方面在地上压住着火处，使其熄灭。

在反应过程中，若因冲料、渗漏、油浴着火等引起反应体系着火时，情况比较危险，处理不当会加重火势。扑救时必须谨防冷水溅在着火处的玻璃仪器上，必须谨防灭火器材击破玻璃仪器，造成严重的泄漏而扩大火势。有效的扑灭方法是用几层灭火毯包住着火部位，隔绝空气使其熄灭，必要时可在灭火毯上撒些细沙。若仍不奏效，必须使用灭火器，由火场的周围逐渐向中心处扑灭。

7.9 火灾逃生与自救

除了火灾产生的高温、有毒烟气威胁着火场人员生命安全，火灾的突发性、火情的瞬息变化也会严重考验火场人员的心理承受能力，影响其行为。被烟火围困人员往往会在缺乏心理准备的状态下，被迫瞬间作出相应的反应，一念之间决定生死。火场上的不良心理状态会影响人的判断和决定，可能导致错误的行为，造成严重后果；只有具备良好的心理素质，准确判断火场情况，采取有效的逃生方法，才能绝处逢生。此外，平时注意熟悉实验室的逃生路径、消防设施及自救的方法，积极参与应急逃生演练。火灾发生时，逃生与自救注意事项如下。

① 火灾发生时，应保持冷静、明辨方向、迅速撤离，千万不要相互拥挤、乱冲乱撞。应尽量往楼层下面跑。若通道已被烟火封阻，则应背向烟火方向离开，通过阳台、气窗、天台等往室外逃生。

② 为了防止火场浓烟呛入，可采用湿毛巾、口罩蒙鼻，匍匐撤离。浓烟中还可以戴充满空气的塑料袋逃生。

③ 严禁通过电梯逃生。若楼梯已被烧断、通道被堵死，可通过屋顶天台、阳台、落水管等逃生，或在固定的物体上拴绳子，然后手拉绳子缓缓而下。

④ 如果无法撤离，应退居室内，关闭通往火区的门窗。还可向门窗上浇水，用湿布条塞住门缝，并可以向窗外伸出衣物、抛出物件、发出求救信号或者呼喊、打手电筒的方式发送求救信号，等待救援。

⑤ 如果身上着火，千万不可奔跑或者拍打，应迅速撕脱衣物，或通过泼水、就地打滚、覆盖厚重衣物等方式压灭火苗。

⑥ 生命第一，不要贪恋财物，切勿轻易重返火场。

习题

一、单选题

1. 降低氧气浓度至（　　）以下，一般可以有效阻燃。

A. 5.9%　　B. 8%　　C. 13%　　D. 15%

2. 白磷与（　　）混合可以生成易燃、易爆混合物。

A. 过氧化氢　　B. 空气、强氧化酸　　C. 乙炔、氢气　　D. 乙醇、乙醚

3. 连二亚硫酸钠属于（　　）。

A. 易燃物　　B. 自燃物　　C. 易爆物　　D. 遇水易燃物

4. D类火灾用（　　）灭火。

A. 水　　B. 二氧化碳灭火器　　C. 干沙　　D. 绝缘杆

5.（　　）是以安全色、边框、图像为主要特征的图形符号或文字构成的标志，用以表达与消防有关的安全信息。

A. 食品安全标志　　B. 交通安全标志　　C. 消防安全标志　　D. 警示标志

6. 在使用手提式ABC干粉灭火器时，应先拉开（　　）。

A. 保险栓　　B. 压力表　　C. 压把　　D. 开关

7. 消火栓应设在（　　）等明显易于取用的地点。

A. 电梯口附近　　B. 房间的门后方　　C. 走道、楼梯附近　　D. 实验室墙上

8. 同一件建筑内，应采用（　　）的消火栓、水枪和水带。

A. 同一规格　　B. 同一颜色　　C. 同一形状　　D. 同一材质

9. 消防沙是消防所用专用沙，成分为建筑所用的干燥黄沙，主要用于扑灭（　　）、易燃化学品之类的火灾。

A. 铁制品　　B. 油制品　　C. 豆制品　　D. 爆炸品

10.（　　）是禁止人们不安全行为的图形标志。

A. 消防标志　　B. 禁止标志　　C. 交通标志　　D. 警示标志

11.（　　）是发生火灾时人们用于逃生的紧急安全出口，平时严禁上锁和堵塞。

A. 消防安全门　　B. 消防栓　　C. 应急照明灯　　D. 实验室门

二、多选题

1. 火灾分为（　　）四个阶段，初起阶段最有利于灭火。

A. 初起　　B. 燃烧　　C. 猛烈　　D. 熄灭

E. 发展

2. 灭火方法主要有（　　）。

A. 冷却法　　B. 窒息法　　C. 化学抑制法　　D. 隔离法

3. 手提式干粉灭火器的使用注意事项正确的是（　　）。

A. 压力指示在绿区时不可以使用　　B. 应通风、干燥、防冻储存

C. 防受潮，防暴晒　　D. 以一季度为间隔进行检查

4. 手提式二氧化碳灭火器的使用注意事项正确的是（　　）。

A. 每一个季度检修一次

B. 漏重超过50 g应维修

C. 充装前应进行水压测试

D. 期满五年后，每隔两年应进行一次水压测试

5. 空气泡沫灭火器的灭火机理是（　　）。

A. 泡沫灭火剂在液面成膜　　B. 抑制可燃液体蒸发或热解挥发

C. 阻隔可燃气体进入燃烧区　　D. 灭火不留痕迹

6. 下列可以引起火灾的条件有（　　）。

A. 明火，反应放热　　B. 烘干，油浴加热

C. 电路超载，仪器短路　　D. 电路老化

7. 下列操作错误的是（　）。

A. 加热易燃溶剂可用电炉直接加热

B. 操作异常危险的化学试剂要充入惰性介质

C. 蒸馏可燃物可以先加热，后接冷凝水

D. 使用煤气灯可以不用检查管路，因为老师在场

8. 化学泡沫灭火器的灭火原理包括（　　）。

A. 反应生成的化学试剂有一定的黏性可附在物体表面

B. 通过冷却的方式灭火

C. 通过窒息的方式灭火

D. 通过生成水来灭火

9. 下列属于二氧化碳灭火器使用注意事项的是（　　）。

A. 使用时一手握把手，一手拔去保险销

B. 人员应站在上风处使用

C. 使用喷筒时手应握在胶质喷管处

D. 使用时右手用力压下压把，左手拿喷管

10. 二氧化碳灭火器不能用于扑救（　　）火灾。

A. 钠、钾等碱金属　　B. 碱土金属及氢化物

C. 图书　　D. 600 伏以下的电器

三、判断题（正确：√；错误：×）

1. 磷酸铵盐干粉灭火器可用于灭 A、B、C 类火灾。（　　）

2. 高锰酸钾与甲烷、乙炔在浓硫酸条件下形成易爆混合物。（　　）

3. 泡沫灭火器用后应垂直放在地面上以防危险。（　　）

4. A、B、C 类干粉灭火器可用于扑救 E 类电气设备的初起火灾。（　　）

5. 二氧化碳灭火器的灭火机理是冷却、窒息，还具有不留痕等特点，所以可用于图书、贵重仪器的灭火工作。（　　）

6. 火灾初期，火势很小时可以自主救火。（　　）

7. 在火灾发生时，应按下报警按钮，应急照明灯就会发出火警警报，提醒人们发生火灾。（　　）

8. 禁止标志的基本形式是带斜杠的圆边框。（　　）

9. 消防栓的使用方法：①打开消火栓门，按下内部火警按钮（按钮是报警和启动消防泵的）；②一人接好枪头和水带奔向起火点；③另一人接好水带和阀门口；④逆时针打开阀门水喷出即可。（　　）

10. 如果身上着火，快速奔跑，应迅速撕脱衣物，或通过泼水等方式压灭火苗。（　　）

11. 一旦失火，首先采取措施防止火势蔓延，应立即熄灭附近所有火源，切断电源，并视火势大小，采取不同的扑救方法。（　　）

12. 火灾报警时说明火灾情况，包括起火单位名称、地址、起火部位、什么物质着火、有无人员围困、有无有毒或爆炸危险物品等。（）

13. 初起火灾，应组织人员使用正确方法扑救，遵循“先控制、后扑灭，救人先于救火，先重点后一般”的原则。（　　）

14. 火灾处理程序为首先击碎火警警报玻璃，启动警报，或口头通知起火建筑里面的人，疏散人群。（　　）

四、简答题

1. 在高校实验室环境中，如何确保消防安全？

2. 实验室一旦发生火灾，如何进行火灾处理和自救？

参考文献

[1] 甘圣义，文方林，聂冬梅，等．2010—2019 年国内高校及研究院所实验室涉化类消防安全事故原因分析及对策研究[J]. 科技与创新，2021(7)：32-36.

[2] 国家消防救援局．火灾分类 GB/T 4968—2008[S]. 北京：中国标准出版社，2008.

第8章

辐射安全

辐射是指以粒子或者波的形式进行的能量传递、传播和吸收活动，包括热、声、光、电磁等辐射形式。自然界本身存在各种辐射源。并不是所有辐射都能对人体产生危害，但电离辐射中的人工辐射部分对人体的危害最严重[1]。高校科研和教学实验室内的放射性同位素及射线装置均是人工辐射源，如X射线衍射仪、X射线能谱仪等设备，它们在化学、材料等专业领域被广泛应用。因此高校的核与辐射安全已成为实验室安全工作中与危险化学品、特种设备并重的一个重要部分，其监督管理是校园安全乃至社会安定和谐的重要保证[2]。

8.1 辐射分类

根据辐射的传播形式，辐射可分为粒子辐射和电磁辐射。粒子辐射带有一定质量，如α粒子、β粒子、质子、中子辐射等。电磁辐射是以电磁波的形式在空间向四周传播，具有波的一般特征，一般不带质量。其波谱很宽，如无线电波、微波、红外线、可见光、紫外线、X射线、γ射线等。

按照放射性粒子能否引起传播介质电离，辐射可分为电离辐射和非电离辐射。电离辐射与非电离辐射的基本概念、主要特点、涵盖范畴等大不相同，最根本的区别在于各自的能量大小决定了能否引起物质电离。电离辐射包括天然辐射和人工辐射。天然辐射是指地球本身、空气及食物、饮料中的天然放射性核素放出的射线，而医用X射线、核武器试验产生的尘埃、核工业的废物和射线装置放出的射线则属于人工辐射。非电离辐射包括紫外线、热辐射、无线电波和微波等[3]。电离辐射的特点是波长短、频率高、能量高，电离作用可以引起癌症。种类为：高速带电粒子（α粒子、β粒子、质子）、不带电粒子（中子）、X射线、γ射线。非电离辐射较电离辐射能量更弱，非电离辐射不会电离物质，但会改变分子或者原子的旋转、振动或价层电子轨态。通常所说的辐射主要指电离辐射。

8.2　实验室常见放射源、放射性装置及电离辐射

8.2.1　放射源

放射性同位素是指某种发生放射性衰变的元素中具有相同原子序数但质量不同的核素。放射源是指除研究堆和动力堆核燃料循环范畴的材料以外永久密封在容器中或者有严密包层并呈固态的放射性材料。

放射源按照密封状况可分为密封源和非密封源。密封源是密封在包壳或者紧密覆盖层里的放射物质。工农业生产中应用的料位计、探伤机等使用的都是密封源，如钴-60、镭-226、铯-137、铱-192、气相色谱仪 ECD 检测器（镍-63）等。非密封源是指没有包壳的放射性物质。医院里使用的放射性示踪剂属于非密封源，如碘-131、磷-32、碳-14、氢-3 等。

根据事故时的伤害程度，放射源分为 5 类[4]（见表 8.1）。高校教学和科研工作所使用的放射性同位素，活度一般比较小，且以Ⅴ类放射源为主。

表 8.1　放射源分类

类别	事故时危害程度
Ⅰ类	无防护下，短时间内接触可致死
Ⅱ类	无防护下，接触几小时至几天可致死
Ⅲ类	无防护下，接触几小时可造成永久性损伤，接触几天至几周也可致命
Ⅳ类	不可能造成永久性损伤，但可造成临时性损伤
Ⅴ类	不会对人造成永久性损伤

8.2.2　放射装置

放射性装置是指 X 射线机、加速器、中子发生器在运行时产生射线的装置以及含放射源的装置，如 X 衍射仪、X 单晶衍射仪、X 荧光光谱仪。根据生态环境部第 66 号文（2017 年）《射线装置分类》，根据射线装置对人体健康和环境可能造成危害的程度，从高到低将射线装置分为Ⅰ类、Ⅱ类、Ⅲ类（见表 8.2）。射线装置使用方面，除少量工科院校使用Ⅱ类射线装置外，主要以Ⅲ类射线装置为主。

表 8.2　射线装置分类表

危害等级分类	名称	高校常见射线装置(非医用)	可能造成的危害
Ⅰ类	高危险射线装置	能量大于 100 MeV 的加速器	发生事故时可以使短时间受照射的人员产生严重放射损伤，甚至死亡，或对环境造成严重影响
Ⅱ 类	中危险射线装置	中子发生器	事故时可以使受照射人员产生比较严重的放射损伤，大剂量照射甚至导致死亡
Ⅲ 类	低危险射线装置	透射电子显微镜、(场发射)扫描电子显微镜、X 射线衍射仪、X 射线光电子能谱仪	事故时一般不会使受照射人员产生放射损伤

8.2.3 电离辐射危害

根据放射性物质作用于人体的方式，辐射可以分为：

① 外照射。辐射源位于人体外对人体造成的辐射照射，包括均匀全身照射、局部受照。

② 内照射。存在于人体内的放射性核素对人体造成的辐射照射。

③ 放射性核素的体表沾染。放射性核素沾染于人体表面（皮肤或者黏膜）。沾染的放射性核素对沾染局部构成外照射源，同时尚可经过吸收进入血液构成体内照射。

放射性物质进入人体的途径很多，包括呼吸道吸入、消化道进入、皮肤或者黏膜（包括伤口）侵入。

辐射工作人员应严格遵守操作规程，熟知防护原则及措施，保障工作人员和公众的健康和安全。随着放射性核素的广泛应用，越来越多的人认识到辐射对机体造成的损害。损害随着辐射照射量的增加而增大，大剂量的辐射照射会造成被照射部位的组织损伤，并导致癌变，即使是小剂量的辐射照射，尤其是长时间的小剂量照射蓄积也会导致受照射组织器官诱发癌变，并会使受照射的生殖细胞产生遗传缺陷。成年人全身蓄积辐射症状如表 8.3 所示。

表 8.3 成年人全身蓄积辐射症状

受照剂量/mSv	放射病程度	症状
100 以下	无影响	—
100～500	轻微影响	白细胞减少，多无症状表现
500～2000	轻度	疲劳、呕吐、食欲减退、暂时性脱发、红细胞减少
2000～4000	中度	骨骼和骨密度遭到破坏，红细胞和白细胞极度减少，颅内出血、呕吐、腹泻的症状
4000～6000	重度	造血、免疫、生殖系统以及消化道等受到影响

8.2.4 电离辐射防护

电离辐射防护重在防止不必要的射线照射，保护操作者本人免受辐射损伤，保护周围人群的健康和安全。

8.2.4.1 内照射的防护

① 对于内照射的防护是减少放射性核素进入人体和加快排出。

② 防止由消化系统进入体内。工作时必须佩戴防护手套、口罩，禁止用口吸取溶液或用口腔接触任何物品，工作完毕立即洗手漱口。

③ 防止由呼吸系统进入体内。实验室应有良好的通风条件，处理粉末物品应在防护箱中进行，必要时还应戴过滤型呼吸器。经常清扫实验室，保持高度清洁。

④ 防止通过皮肤进入体内。实验操作时应戴手套，不要用有机溶液洗手或涂敷皮肤。

8.2.4.2 外照射的防护

① 时间防护。接受暴露的时间尽可能缩短，事先要了解状况并做好准备，操作熟练。

② 距离防护。远离辐射源，辐射的强度与距离的平方成反比关系，距离加倍，辐射强

度减弱四档。

③ 物质屏蔽。射线与物质发生作用，可被吸收和散射。对于不同的射线，其屏蔽方法不同。α 射线只用一张纸就可以屏蔽；γ 和 X 射线，用原子序数高的物质（比如铅）效果比较好；β 射线则先用原子序数低的材料（比如有机玻璃）阻挡 β 射线，再在其后用原子序数较高的物质阻挡激发的 X 射线。

除了以上三项措施以外，在满足需要的情况下，尽量选择活度小、能量低、容易防护的辐射源也是非常重要的。

8.3　放射性实验室安全管理

辐射事故是指放射源丢失、被盗、失控，或者放射性同位素和射线装置失控导致人员受到意外的异常照射或造成环境污染。辐射事故的预防和控制是辐射安全监管工作的重要内容。

8.3.1　放射源采购

放射性物品的购买须报实验室建设与管理处初审，经所在地的区、市、省三级环保部门批准，方可购买。放射性物质管理人不得私自将其转借他人。确需移交的，必须经所在实验室、单位和学校设备与实验室管理处同意，办理必要手续后方可实施移交。放射性装置到货验收后，必须进行质量检测和放射防护性能检测，获得许可后方可使用。

8.3.2　放射源使用

放射源使用应注意以下事项。

① 全体人员必须遵守《中华人民共和国放射性污染防治法》《放射性同位素与射线装置安全和防护条例》等有关辐射防护法律、法规，接受、配合各级环保部门的监督和检查。

② 使用放射性同位素和射线装置的单位须经学校报政府环保部门审批，获得“辐射安全许可证”。放射性工作场所，要在场所外面的明显位置张贴电离辐射标志；实验室内存放放射性物品、辐射发生装置等，都应有明显的放射性标志，并对放射源实行专人管理和使用记录，时常检查，做到账物相符。

③ 涉辐人员必须通过环保部门组织的培训，取得“辐射安全与防护培训合格证书”，超过有效期的需接受复训，四年复训 1 次。

④ 涉辐人员在从事涉辐实验时，必须采取必要的防护措施，规范操作，避免空气污染、表面污染以及外照射事故的发生，并正确佩戴个人剂量计，接受个人计量监测，个人剂量计的检测周期为 1 次/季度。

⑤ 任何类型的放射源都不能直接用手直接拿取或触摸，所有放射源使用时都要使用工具（如长柄或短柄镊子、钳子等）进行操作。

⑥ 保证放射源进出仪器的操作正确，谨防误操作造成事故。放射源使用后应退出机器，装入铅罐，放回保险柜锁好。

⑦ 放射源的管理严格执行“双人双锁”的制度。

⑧ 若遇到放射源跌落、封装破裂等事故，应及时关闭门窗和通风系统，立即向单位领导和上级有关部门报告，启动应急响应，并通知邻近工作人员撤离，严格监管现场，严禁无关人员进入，控制事故影响的区域。

⑨ 参观访问人员进入放射性实验室，要确保有了解该实验室安全与防护措施的工作人员陪同。在参观访问人员进入实验室前，向他们提供足够的信息和指导，采取适当的防护措施，确保对来访者实施适当的监控。

⑩ 学生在从事涉辐实验前，接受指导教师提供的防护知识培训和安全教育，指导教师对学生负有监督和检查的责任。

⑪ 涉辐人员须参加安排的职业健康体检，每年 2 次。

⑫ 放射性废弃物处置要求如下：有经环保部门审核认定的处置方案或协议，有暂存容器和场所、处置记录；放射性废弃物须集中收缴、储存，并经公安、环保等有关部门同意后，采取严密措施，统一处置；同位素示踪试剂及废液不可与普通废液混放，更不可直接排放，需集中储存，请专业公司统一处理，或者按照有关要求进行处置，并报实验室与设备管理处备案。半衰期短的可以储存 10 个半衰期，经检测达标后处置。带有放射性物质的设备报废，也必须请专业公司。

8.3.3 个人防护用具配备与使用

个人防护用具的配备与使用有以下注意事项。

① 放射性实验室应根据实际需要为工作人员配备适当、足够和符合有关标准的个人防护用具，如各类防护服、防护围裙、防护手套、防护面罩及呼吸防护器具等，并应使工作人员了解其使用的防护用品的性能和使用方法。

② 应对工作人员进行正确使用呼吸防护器具的指导，并检查佩戴是否合适。

③ 对于任何给定的工作任务，如需使用防护器具，则应考虑防护用具使用带来的工作不便或工作时间延长导致的照射增加，并应考虑使用防护用具可能伴有的非辐射危害。

④ 个人防护用具应有备份，以备在干预事件中使用。所有个人防护用具均应妥善保管，应对其性能进行定期检查。

⑤ 放射性实验室应通过利用合适的防护手段与安全措施（包括良好的工程控制装置和工作条件），尽量减少正常运行期间对个人防护用具的依赖。

习题

一、单选题

1. 根据辐射的传播形式，辐射可分为（　　）。

　A. 质子辐射和电子辐射　　　　B. 粒子辐射和电磁辐射

　C. 中子辐射和质子辐射　　　　D. α 粒子辐射和 β 粒子辐射

2. 内照射的防护指（　　）。

　A. 防止由消化系统进入体内　　　　B. 防止由呼吸系统进入体内

C. 防止由皮肤进入体内　　D. 以上都是

3. 对于外照射的防护采取（　　）。

A. 时间防护　　B. 距离防护　　C. 物质屏蔽　　D. 以上都是

4. 放射源使用说法错误的是（　　）。

A. 实验室内存放放射性物品、辐射发生装置等，都应有明显的放射性标志，并对放射源实行专人管理和使用记录

B. 涉辐人员必须通过环保部门组织的培训，取得合格证书，四年复训 1 次

C. 涉辐人员在从事涉辐实验时，必须采取必要的防护措施，规范操作，并正确佩戴个人剂量计

D. 有的放射源可以直接用手直接拿取或触摸

5. 下面说法错误的是（　　）。

A. 学生在从事涉辐实验前，接受指导教师提供的防护知识培训和安全教育，指导教师对学生负有监督和检查的责任

B. 放射源的管理严格执行“双人双锁”的制度

C. 带有放射性物质的设备报废同其他仪器一样

D. 放射性废物必须集中收缴、储存，并经公安、环保等有关部门同意后，采取严密措施，统一处置

二、多选题

1. 粒子辐射带有一定质量，如（　　）等。

A. X 射线　　B. β 粒子　　C. α 粒子　　D. 质子　　E. 中子

2. 电离辐射是指能引起物质电离的辐射总和，种类有（　　）等。

A. α 粒子　　B. 质子　　C. 中子　　D. X 射线

3. 放射性装置有（　　）。

A. 气相色谱仪（无 ECD）　　B. X 射线衍射仪

C. X 射线单晶衍射仪　　D. X 荧光光谱

4. 放射性物质作用于人体的方式可以分为（　　）。

A. 外照射　　B. 全身照射

C. 内照射　　D. 放射性核素的体表沾染

5. 放射性物质进入人体的途径包括（　　）。

A. 呼吸道吸入　　B. 消化道进入

C. 皮肤　　D. 黏膜（包括伤口）

三、判断题（正确：√；错误：×）

1. 辐射是指以粒子或者波的形式进行的能量传递、传播和吸收活动。（　　）

2. 电磁辐射是以电磁波的形式在空间向四周传播，具有波的一般特征。（　　）

3. 非电离辐射较电离辐射能量更强，会电离物质，也会改变分子或者原子的旋转、振动或价层电子轨态。（　　）

4. 密封源是密封在包壳或者紧密覆盖层里的放射物质。气相色谱仪 ECD 检测器是非密封源。（　　）

5. 碘-131 是非密封源。（　　）

6. Ⅲ类为高危险放射装置，事故时可以使短时间照射人员产生严重放射损伤，甚至死亡，或对环境造成严重影响。（　　）

7. 对于内照射的防护是减少放射性核素进入人体和加快排出。（　　）

8. 放射性物品的购买须报实验室建设与管理处初审，经所在地的区、市、省三级环保部门批准，方可购买。（　　）

9. 放射性物质管理人不得私自将其转借他人。（　　）

10. 放射装置到货验收后，不必进行质量检测和放射防护性能检测，即可使用。（　　）

四、简答题

1. 请你谈谈在涉辐实验室，如何做好防护。

2. 如何做好放射性实验室的安全管理？

参考文献

[1] 程世红，张磊，侯作贤，等．高校核与辐射安全管理的实践与探索[J]．实验技术与管理，2021，38(11)：295-297.

[2] 宁信，张锐，王满意，等．高校辐射安全管理的实践与探索[J]．实验室研究与探索，2019，38(12)：312-315.

[3]张洪清，台红祥，陈彦军，等．高等医学院校实验室安全管理的调查思考与实践[J]．实验技术与管理，2015，32(12)：234-236.

[4]天津市环境保护局．辐射距离我们有多远[M]．北京：中国环境科学出版社，2011.

第9章

实验室废弃物收集与处理

实验室废弃物是指在实验过程中产生的具有各种毒性、易燃性、爆炸性、腐蚀性、化学反应性和传染性，并会对生态环境和人类健康构成危害的所有废弃物，包括化学品空容器、过期与报废化学品、研究和试验等产生的化学废弃物、沾染化学品的实验器皿和耗材等废弃物等。实验室废弃物种类多、成分复杂，具有多重危险危害性。这些废弃物如果不经处理或处理不当，将对实验人员的生命健康和环境安全造成严重危害。

化学废弃物违规排放和处置不当造成的事故案例很多。例如：20 世纪 40 年代，美国一家化学公司将腊芙运河作为工业废弃物填埋场，来填埋生产有机氯农药、塑料等残余的有害废物 2 万吨。掩埋 10 余年后在该地区陆续发生了一些如井水变臭、婴儿畸形、人患怪病等现象。经化验分析研究，发现当地空气、用作水源的地下水和土壤中都含有六六六、三氯苯、三氯乙烯、二氯苯酚等 82 种有毒化学物质。许多住宅的地下室和周围庭院里渗进了有毒化学浸出液，该地区处于“卫生紧急状态”，先后两次近千户被迫搬迁，成了无人区。

实验室废弃物处置不当，也会发生安全事故。2021 年 7 月 27 日，广州某大学药学院一个实验室在清理此前毕业生遗留在烧瓶内的未知白色固体时，一名博士生用水冲洗时发生炸裂，炸裂产生的玻璃碎片刺穿该生手臂动脉血管，发生实验室安全事故。

化学实验室废弃物种类多、成分复杂、危险性大。因此，要掌握废弃物处理知识和方法，加强对实验室废弃物的管理，正确规范处置、处理实验废弃物。科学、严格地分类回收处理是进一步加强实验室安全管理，创造安全的教学和科研环境的重要工作[1]。

9.1 实验室危险废弃物分类

实验室废弃物的成分和污染程度不同，分类形式也不同。根据其污染程度、主要成分和基本性质，分类如下。

① 化学废弃物。化学废弃物按物理形态可分为废气、废液和废渣三种，简称“三废”。根据 GB/T 31190—2014《实验室废弃化学品收集技术规范》，实验室废弃化学品可分为 5 类（见表 9.1）。

表 9.1 实验室废弃化学品分类

类别	说明
优先控制的实验室废弃化学品	指以下实验室废弃化学品：镉、铅、汞、三氯苯、四氯苯、三氯苯酚、溴苯醚、苊、苊烯、蒽、苯并芘、氧芴、二噁英/呋喃、硫丹、氟、七氯、环氧七氯、六氯苯、六氯丁二烯、六氯环己烷、六氯乙烷、甲氧氯、多环芳香类化合物、二甲戊乐灵、五氯苯、五氯硝基苯、五氯苯酚、菲、芘、氟乐灵、多氯联苯
实验过程中产生的废弃化学品	指在教学、科研、分析检测等实验室活动中产生的实验室废弃化学品
过期、失效或剩余的实验室废弃化学品	指未经使用的报废试剂等
盛装过化学品的空容器	指盛装过试剂、药剂的空瓶或其他容器，无明显残留物
沾染化学品的实验耗材等废弃物	指实验过程中被污染的实验耗材等

根据性质，化学废弃物可分为：酸碱性、可燃性、氧化剂及过氧化物、有毒重金属及其混合物、毒性物质、除草剂、杀虫剂和致癌物质、氰化物、石棉或含石棉的废弃化学品、自燃物质、遇水反应的物质、爆炸性物质、不明废弃化学品等。

② 生物废弃物。主要是指实验过程中使用过或培养产生的动植物的组织、器官、尸体、微生物（细菌、真菌和病毒等）、培养基，以及吸头、离心管、注射器、培养皿等各种塑料制品等。

③ 放射性废弃物。指含有放射性物质或者被放射性物质污染，其放射性活度或活度浓度大于国家标准或审计部门规定的清洁解控水平，并且所引起的照射未被排除，又预期不会再利用的废弃物。

④ 废弃包装、容器、工具。实验过程中直接或间接接触过的试剂、样品和其他带有污染性、危害性物体以及处于污染性、危害性环境中使用的各种包装、容器、工具等废弃物。

⑤ 锐器。锐器/利器属于危险废弃物，包括各种刀片、针头、破碎的玻璃等。

此外，还有电子垃圾、机械类实验室产生的粉尘、药物及受管制物质等，对于这些危险、有害因素，如不加以有效控制，将严重影响人的身体健康，危害我们赖以生存的生态环境。

9.2 实验室化学废弃物收集

实验室产生的废弃物以及过期不再使用的危险化学品不能随意丢弃或排放，也不得随意掩埋，必须严格按照规范程序进行分类收集、存放和妥善处理。

9.2.1 常见实验室废弃化学品收集贮存要求

实验室废弃化学品收集贮存要求如下。

① 酸类废弃化学品。应远离活泼金属（如钠、钾、镁等）、接触后即产生有毒气体的物质（如氰化物、硫化物等）。

② 碱类废弃化学品。应远离酸及性质活泼的化学品。

③ 易燃废弃化学品。宜置于暗冷处并远离有氧作用的酸，或产生火花火焰的物质，且其存量不可太多。

④ 氧化剂类废弃化学品。（如过氧化物、氧化铜、氧化银、氧化汞、含氧酸及其盐类、高氧化价的金属离子等）应放在暗冷处，并远离还原剂（如锌、碱金属、碱土金属、金属氮化物、低氧化价的金属离子、甲酸醛、草酸等）。

⑤ 与水易反应的废弃化学品。应存放在干冷处并远离水。

⑥ 与空气易反应的废弃化学品。应采取隔绝空气（如水封、油封或充惰性气体隔离）处理并盖紧瓶盖。

⑦ 遇光易变化的废弃化学品。应存放在深色瓶中，避免阳光照射。

⑧ 可变成过氧化物的废弃化学品。应存放在深色瓶中并盖紧瓶盖。

⑨ 有机废弃化学品。多为易挥发的液体，易燃且有毒性，应存放在药柜最底层且通风良好，谨防地震时倾倒摔裂。

9.2.2　废气收集

有气体产生的实验应在通风橱中进行，产生有害气体的实验必须进行必要的吸收处理或采取其他处理措施。少量且低毒性的气体，可以直接由通风橱排到室外。高毒性或易燃易爆的气体可以使用相应的洗气瓶将实验废气吸收至溶液中。产生毒气量较大的实验，也必须配备吸收装置。酸性气体，如二氧化氮、二氧化硫、氯气、硫化氢、氟化氢等，可用废碱溶液吸收；碱性气体，如氨气，可用废酸液吸收。一氧化碳可直接点燃使其转化为二氧化碳。

9.2.3　废液收集

废液俗称“化学废液”，可按含卤有机废液、一般有机废液和一般无机废液三类进行收集处置。废液收集应注意以下事项。

① 收集一般化学废液时，废液收集容器上须贴有专用标签，标签上应详细记录不同时间收集到废液收集容器内废液的主要化学成分。如有可能发生异常反应，则应单独暂存于其他容器中。

② 一般化学废液收集容器中的废液不应超过容器最大容量的 80%，当废液收集到一定量时，联系相关单位，统一处理。

③ 实验室产生的剧毒废液，能进行无害化处理的先进行无害化处理，无法处理的应分别暂存在单独的容器中并做详细的记录，不能将不同种类剧毒废液混装在一个容器中。

④ 不得将有机废溶剂、废试剂等直接倒入下水道进行排放，须按照“碳氢化合物”“卤代烃”等进行分类，分别存放于专门的有机废液收集容器中，联系相关单位进行统一处理。

⑤ 不得将含无机重金属的无机废液直接通过下水道进行排放，须存放于专门的废液桶中，送有资质的单位进行统一处理。

⑥ 一般化学废液的收集应使用专用收集容器，容器口应密封良好，不能使用敞口或有破损的容器。

⑦ 绝对不要将酸性液体和碱性液体、氧化性液体和还原性液体、有机溶液和无机溶液

混装。

对于实验废液，根据实验废液相容表，分类存放的基本原则如下。

① 水反应性类需单独贮存。

② 空气反应性类需单独贮存。

③ 氧化剂类需单独贮存。

④ 氧化剂与还原剂需分开贮存。

⑤ 酸液与碱液需分开贮存。

⑥ 氰系类与酸液需分开贮存。

⑦ 含硫类与酸液需分开贮存。

⑧ 碳氢类溶剂（洗涤剂）与卤素类溶剂需分开贮存。

实验废液分类及存放的基本原则参见“废液分类存放”二维码。

废液分类存放

9.2.4 固体废物收集

固体废物包括固体残渣、废旧固体试剂和过期失效药品。固体废物处理原则是分类收集、分类存放、规范处理。固体废物可按顺序分别用塑料袋封装，纸箱包装，纸箱用胶带加固，最后贴上标签（名称、时间、实验室门牌号、实验者姓名）。对于不明废弃物，及时与有关部门联系，寻求帮助。

腐蚀性较强的固体废物的收集容器需具有耐腐蚀性，标签要标明具有耐腐蚀性。残留或过期的废旧固体试剂，保留标签，纸箱封装，纸箱外壁贴标签并注明房间号、试剂种类、数量等信息。

固体废物应保存在专用的房间或场所，要远离火源，注意通风，根据特性采取安全防范措施，由具有资质的公司进行回收处理，或在严格遵守操作规范下，自行处理或预处理。

9.2.5 废弃包装、容器、工具等回收

未沾染上化学试剂的废弃包装、容器、工具，如一次性手套、包装盒、运输设备保护泡沫等，可以按照生活垃圾进行分类回收。沾染化学试剂的废弃包装、容器、工具，应与固体化学试剂一样，要分类存放，不相容的物质要分开存放，以防止发生危险。装过化学试剂的空瓶要单独进行回收。

9.2.6 锐器收集

实验室应使用专门的锐器盒收集，不能用其他容器代替。锐器盒不能过量装载，且必须封闭，没有任何突起。装满后封扣盒盖，并将锐器盒放入生物危险废弃物箱中。

9.3 实验室废弃物处理

9.3.1 废液处理

高浓度废酸、废碱液，混合后不会发热或产生气体，可中和至中性后稀释排放。化学实

验室的废弃物排放应符合国家相关法律法规的要求，处理方法可参考化学分析实验室废弃物管理规范[2]。含少量被测物和其他试剂的高浓度有机溶剂应回收再用。回收的高浓度废液应集中储存，以便回收；低浓度的废液经处理后排放，应根据废液性质确定储存容器和储存条件，不同废液一般不允许混合，需避光、远离热源，以免发生不良化学反应。废液储存容器必须贴上标签，写明种类、储存时间等。废液无害化处理可参见“典型废液处理”二维码。

典型废液处理

9.3.1.1　实验室无机废液处理

含铜、铬、氟、氰、银、磷、铅、镉、砷、汞的废液必须经过处理达标后才能排放，实验室处理方法如下。

① 不含重金属的废酸碱。应分别收集，进行酸碱中和，溶液 pH 值达到 6～8 时，用大量水稀释后排放。

② 含铜废液。可以通过加入硫化钠生成硫化铜沉淀，分离沉淀后将废液排放，不可直接排放。

$$CuSO_4 + Na_2S \longrightarrow CuS\downarrow + Na_2SO_4$$

$$Cu[(NH_3)_4]^{2+} + Na_2S \longrightarrow CuS\downarrow + 4NH_3\uparrow + 2Na^+$$

③ 含六价铬废液。采用还原沉淀法，即在酸性条件下用硫酸调节体系 pH 值为 3，向含铬废液中加入还原剂（如硫酸亚铁、亚硫酸钠等），将六价铬还原为三价铬，然后再加入石灰或氢氧化钠使其在碱性条件下生成氢氧化铬沉淀。沉淀干燥后可用焙烧法处理，使其与煤渣一起焙烧，处理后可填埋。

$$3Fe^{2+} + CrO_4^{2-} + 8H^+ \longrightarrow 3Fe^{3+} + Cr^{3+} + 4H_2O$$

$$3SO_3^{2-} + 2CrO_4^{2-} + 10H^+ \longrightarrow 2Cr^{3+} + 3SO_4^{2-} + 5H_2O$$

④ 含氟废液。可以用石灰乳液处理，氟离子可以和钙离子生成氟化钙。含氟废液不可以保存在玻璃容器中，因为氟离子和玻璃反应生成四氟化硅而将玻璃腐蚀。

$$2F^- + Ca^{2+} \longrightarrow CaF_2$$

⑤ 含氰废液。低浓度废液可加入氢氧化钠调节 pH 值至 10 以上，再加入高锰酸钾粉末（3%），使氰化物分解。若是浓度较高，可使用碱性氯化法处理，先将溶液 pH 值调至 10 以上，因为酸性和中性条件下容易产生氢氰酸剧毒物质。处理氰化物的方法有过氧化氢氧化法、氯氧化法、铁盐沉淀法或多硫化物法等。

$$CN^- + H_2O_2 \longrightarrow CNO^- + H_2O$$

$$CNO^- + 2H_2O \longrightarrow NH_3 + HCO_3^-$$

⑥ 含银废液。在酸性条件下加含氯离子溶液使其成为氯化银沉淀，将氯化银用硫酸和锌粉还原得到暗灰色细小单质银，然后水洗、烘干，用石墨或刚玉坩埚熔融即可得到金属银。如果在碱性条件下会导致其他金属离子共沉淀。

⑦ 含磷废液。在碱性条件下用双氧水氧化成磷酸盐，然后加入石灰乳生成磷酸钙沉淀，去除率可以达到 99%。

⑧ 含汞废液。可先将废液调至 pH＝8～10，加入过量硫化钠，使其生成硫化汞沉淀，再加入硫酸亚铁作为共沉淀剂，生成硫化铁沉淀，硫化铁沉淀可吸附硫化汞微粒并使其沉淀，然后静置分离，清液可排放，残渣可用焙烧法回收汞或制成汞盐。也可用还原法，用铜

屑、铁屑、锌粒、硼氢化钠等作还原剂，可以直接回收金属汞。

⑨ 含铅废液。用碱将废液 pH 值调至 8～10，生成 $Pb(OH)_2$ 沉淀，然后加入 $Al_2(SO_4)_3$（凝聚剂），将 pH 值降至 7～8，则 $Pb(OH)_2$ 与 $Al(OH)_3$ 共沉淀，分离沉淀，达标后，排放废液。

⑩ 含砷废液。加入氧化钙，使 pH 值为 8，生成砷酸钙和亚砷酸钙沉淀，在 Fe^{3+} 存在时共沉淀。或使溶液 pH 值大于 10，加入硫化钠，与砷反应生成难溶、低毒的硫化砷沉淀。产生含砷气体的试验应在通风橱中进行。

⑪ 含镉废液。a. 氢氧化物沉淀法：在含镉的废液中投加石灰，调节 pH 值至 10.5 以上，充分搅拌后放置，使镉离子变为难溶的 $Cd(OH)_2$ 沉淀。分离沉淀，用双硫腙分光光度法检测滤液中的 Cd 离子后（降至 0.1 mg/L 以下），将滤液中和至 pH 值约为 7，然后排放。b. 离子交换法：利用 Cd^{2+} 比水中其他离子与阳离子交换树脂有更强的结合力，优先交换。

⑫ 含无机卤化物的废液。将含 $AlBr_3$、$AlCl_3$、$ClSO_3H$、$SnCl_4$ 及 $TiCl_4$ 等卤化物的废液，放入蒸发皿中，加入高岭土-碳酸钠（1∶1）的干燥混合物。充分混合后，喷洒 1∶1 的氨水，至没有 NH_4Cl 白烟放出为止。中和后放置，过滤沉淀物。检查滤液有无重金属离子，若无，则用大量水稀释后，即可排放。

9.3.1.2 实验室有机废液处理

（1）收集与处理原则

① 尽量回收溶剂，在对实验没有影响的情况下，反复使用。

② 为方便处理，其收集分类往往分为可燃性物质、难燃性物质、含水废液、固体物质等。

③ 可溶于水的物质，容易成为水溶液流失。因此，回收时要加以注意。但是，甲醇、乙醇及醋酸之类溶剂，能被细菌作用而分解。故这类溶剂的稀溶液用大量水稀释后，即可排放。

④ 含重金属等的废液，将其有机质分解后，作为无机类废液进行处理。

（2）处理方法

① 焚烧法。可燃性物质的废液，可置于燃烧炉中燃烧。对难于燃烧的物质，可把它与可燃性物质混合燃烧，或者把它喷入配备有助燃器的焚烧炉中燃烧。多氯联苯之类难于燃烧的物质，往往会排出一部分还未焚烧的物质，要加以注意。含水的高浓度有机类废液，亦能用此法进行焚烧。燃烧可产生 NO_2、SO_2 或 HCl 之类有害气体的废液，必须用配备洗涤器的焚烧炉燃烧。此时，必须用碱液洗涤燃烧废气，除去其中的有害气体。固体物质亦可溶解于可燃性溶剂中然后使之燃烧。

② 溶剂萃取法。含水的低浓度废液，用与水不相混合的正己烷等挥发性溶剂进行萃取，分离出溶剂层后，进行焚烧。再用吹入空气的方法，将水层中的溶剂吹出。可形成乳浊液之类的废液，不能用此法处理，要用焚烧法处理。

③ 吸附法。用活性炭、分子筛、铝土矿等能良好吸附溶剂的物质使其充分吸附后与吸附剂一起焚烧。

④ 氧化分解法。在含水的低浓度有机废液中，对于易氧化分解的废液，用 H_2O_2、$KMnO_4$、NaOCl、H_2SO_4 和 HNO_3、HNO_3 和 $HClO_4$、H_2SO_4 和 $HClO_4$ 及废铬酸混合

液等物质，将其氧化分解。然后，按上述无机类实验废液的处理方法加以处理。

⑤水解法。有机酸或无机酸的酯类，以及一部分有机磷化合物等容易发生水解的物质，可加入氢氧化钠或氢氧化钙，在室温或加热下进行水解。水解后，若废液无毒害，把它中和、稀释后，即可排放。如果含有有害物质，用吸附等适当的方法加以处理。

⑥ 生物化学处理法。用活性污泥之类物品并通入空气进行处理。含有乙醇、乙酸、动植物油脂、蛋白质及淀粉等易被生物分解的物质（即通过微生物的作用而容易分解的物质），可用此方法，其稀溶液用水稀释后，即可排放。

⑦ 光催化降解法。有些有机污染物如氯酚、染料、多溴联苯等利用太阳光，在二氧化钛的催化下，可被氧化分解成二氧化碳、水和无机盐。

（3）常见有机废液的处理

① 含一般有机溶剂的废液。一般有机溶剂是指醇类、酯类、有机酸、酮及醚等由C、H、O元素构成的物质。此类物质的废液中的可燃性物质，用焚烧法处理。难于燃烧的物质及可燃性物质的低浓度废液，则用溶剂萃取法、吸附法及氧化分解法处理。此外，废液中含有重金属时，要保管好焚烧残渣。对易被生物分解的物质，其稀溶液用水稀释后，即可排放。

② 含石油、动植物油脂的废液。此类废液包括苯、己烷、二甲苯、甲苯、煤油、轻油、重油、润滑油、切削油、机器油、动植物油脂及液体和固体脂肪酸等物质的废液。可燃性物质，用焚烧法处理。难于燃烧的物质及低浓度的废液，则用溶剂萃取法或吸附法处理。含机油之类的废液，含有重金属时，要保管好焚烧残渣。

③ 含三氯甲烷废液。将三氯甲烷废液依次用水、浓硫酸（三氯甲烷量的十分之一）、纯水、盐酸羟胺溶液（0.5%）洗涤。用重蒸馏水洗涤两次，将洗好的三氯甲烷用无水氯化钙脱水，放置几天，过滤，蒸馏。蒸馏速度为每秒1～2滴，收集沸程为60～62℃的馏出液（标况下），保存于棕色试剂瓶中（不可用橡胶塞）。

④ 含酚废液。此类废液包含的物质有苯酚、甲酚、萘酚等。浓度大的可燃性物质，可用焚烧法处理。而浓度低的废液，则用吸附法、溶剂萃取法或氧化分解法处理。

⑤ 含N、S及卤素类的有机废液。此类废液包含吡啶、喹啉、甲基吡啶、氨基酸、酰胺、二甲基甲酰胺、二硫化碳、硫醇、烷基硫、硫脲、硫酰胺、噻吩、二甲亚砜、氯仿、四氯化碳、氯乙烯类、氯苯类、酰卤化物和含N、S、卤素的染料、农药、颜料及其中间体等等。可燃性物质，用焚烧法处理，但必须采取措施除去由燃烧而产生的有害气体（如SO_2、HCl、NO等）。多氯联苯之类的物质，要注意难燃烧而有一部分直接被排出而污染环境。难于燃烧的物质及低浓度的废液，采用溶剂萃取法、吸附法以及水解法对物质进行处理。但含氨基酸等易被微生物分解的物质的废液，用水稀释后，即可排放。

⑥ 含胺类有机废液。染（颜）料中间体、药物中间体等是实验室含胺类有机废液的主要来源。含胺类有机废液用络合萃取法进行萃取，废水的各项指标均达到实验室排放要求后排放。

⑦ 含有酸、碱、氧化剂、还原剂及无机盐类的有机废液。此类废液包括含硫酸、盐酸、硝酸等酸类和氢氧化钠、碳酸钠、氨等碱类，以及过氧化物等氧化剂与硫化物、联氨等还原剂的有机废液。首先，按无机废液的处理方法，把它分别加以中和。然后，若有机物质浓度大，用焚烧法处理（保管好残渣）。能分离出有机层和水层时，将有机层焚烧，水层或其浓度低的废液，则用吸附法、溶剂萃取法或氧化分解法进行处理。含易被微生物分解的物质的

废液，用水稀释后，即可排放。

⑧ 含有天然及合成高分子化合物的废液。此类废液包括含有聚乙烯、聚乙烯醇、聚苯乙烯、聚二醇等合成高分子化合物，以及蛋白质、木质素、纤维素、淀粉、橡胶等天然高分子化合物的废液。含有可燃性物质的废液，用焚烧法处理。而难以焚烧的物质及含水的低浓度废液，经浓缩后，将其焚烧。但蛋白质、淀粉等易被微生物分解的物质，其稀溶液不经处理即可排放。

⑨ 含有机磷的废液。此类废液包括含磷酸、亚磷酸、硫代磷酸及磷酸酯类、磷化氢类以及磷系农药等物质的废液。浓度高的废液进行焚烧处理（因含难于燃烧的物质多，故可与可燃性物质混合进行焚烧）。浓度低的废液，经水解或溶剂萃取后，用吸附法进行处理。

9.3.2 固体废物处理

9.3.2.1 常见无机固体废物处理

① 洒落的汞。注意实验室通风，立即用滴管、毛刷等工具尽可能地收集，置于盛有水的试剂瓶中密封；对于洒落在地上难以收集的细小汞珠，应立即撒上硫粉，使硫粉和汞珠充分接触，生成毒性较小的 HgS，小心清扫地面。或喷洒用盐酸酸化过的高锰酸钾溶液（体积比 5∶1000），1～2 h 后清除。也可喷洒 20％的氯化铁水溶液，之后再予以清除。

$$Hg+S = HgS$$

$$5Hg+2MnO_4^- +16H^+ = 5Hg^{2+} +2Mn^{2+} +8H_2O$$

$$2FeCl_3+2Hg = 2FeCl_2+Hg_2Cl_2$$

② 钾、钠及其废弃物。钾、钠活性高，易自燃，切不可随意丢弃，处理时远离水且不可暴露于空气中。用乙醇处理钠渣，生成的醇钠可用于清洗玻璃仪器。处理时要清理周围易燃物，且处理量不宜过多，要注意保持通风。

③ 叠氮化物、过氧化物、卤氮化物。属于容易发生爆炸的废弃物，不应直接排到下水道。叠氮化钠是一种剧毒试剂，其使用后产生的废弃物也具有高度的危险性，叠氮化钠与酸反应生成叠氮酸，倒入下水管道会与铜质和铅质管配件发生作用，产生金属叠氮化物，此类化合物极易发生爆炸。叠氮化钠应按照相关法规和规定进行处理，不可随意丢弃，不可随意放置、倾倒，防止危险发生。

处理叠氮化钠，先要用足够量的水，至少稀释 500 倍，随后在不断搅拌的条件下用次氯酸钠水溶液处理，按照 1 g 的叠氮化钠需至少 10 mL 饱和次氯酸钠溶液的比例处理。

$$N_3^- +H^+ \longrightarrow HN_3$$

$$NaClO+2NaN_3+H_2O = NaCl+2NaOH+3N_2 \uparrow$$

④ 过氧化物废弃物。过氧化物具有较高的氧化性和较强的腐蚀性，与有机物、易燃物接触能发生燃烧、爆炸，可加入还原剂，如硫酸亚铁、盐酸羟胺、亚硫酸钠等进行处理。如往高活性过氧化钠残渣中加入硫酸亚铁，生成稳定的硫酸钠。

$$4FeSO_4+4Na_2O_2+6H_2O \longrightarrow 4Na_2SO_4+4Fe(OH)_3 \downarrow +O_2 \uparrow$$

⑤ 白磷。它是剧毒物，具有强还原性，与氧化剂作用可能发生爆炸。白磷自燃点仅为 34℃，暴露在空气中可能发生自燃，其残渣置于水中并盖紧瓶盖保存。

9.3.2.2 常见有机固体废物处理

有机固体废弃物的处理有封存填埋、焚烧和交专业部门处理等三类方法。实验过程中产生的惰性或能经微生物分解转化为无害物质的废渣也可进行填埋处理。填埋场地应远离水源，场地不透水，不能渗入地下水层。不能自然降解的有毒废物，一般集中焚烧处理。需要焚烧的废渣，放入专门的焚烧坑中进行焚烧，要求正确点火，注意安全。另外，有毒且不能焚烧的固体废物，要经封存后交由专业部门员工进行专业处理。

9.3.3　废气处理

实验过程中产生的废气通过碱液吸收、与氧气充分燃烧、空气稀释（少量的）、净化设施净化等方式进行无害化处理后排出，并符合 GB 16297—1996《大气污染物综合排放标准》的要求。

有机废气切不可随意排空而危害环境，要依据废气性质有效处理。低浓度的废气，可以通过通风橱排放到空气中，经空气稀释后不会对环境造成影响；但浓度高或毒性大的废气，则需要通过相关处理后方可排放。实验室处理有机废气，主要参考工业废气处理办法，通过对实验装置的设计和改造，运用冷凝法、燃烧法、吸收法、吸附法等方法，以达到使有害气体随实验进程即被收集或转化的目的。

① 冷凝法。含高浓度芳香烃、硝基烃、卤代烃等的气体，利用低温介质对高温有机废气蒸气进行处理，冷凝为液体后再统一处理。

② 燃烧法。将可燃物质（如低级烃类或一氧化碳等）在通风橱内进行燃烧，使其转化为 CO_2 和 H_2O 后排出。

③ 吸收法。改造有机实验室排风机的管道，加装一个盛放洗液的塑料容器，有毒气体经过洗液吸收后可排放于空气中。

④ 吸附法。使废气与多孔活性炭或活性炭纤维接触，将有害物质吸附在固体表面，分离污染物。

9.4　实验室环保工作遵循原则

实验室要严格遵守国家环境保护工作的有关规定，不随意排放废气、废液、废物，不得污染环境，在此前提下，还应遵循以下原则。

① 减少产生。有效控制废弃物的生成是处理废弃物的重要环节。

② 及时收集。实验室产生的废弃物必须及时收集，形成“即生即收”的观念和制度，减少其扩散、污染的风险。

③ 集中存放。在实验室内应该设立指定的废弃物收集区，集中存放实验室产生的废弃物。

④ 分类处理。实验室化学废弃物复杂多样，要依据废弃物的性质、形态特征进行分类，以便于对不同性质和形态的废弃物采用不同的方法进行定期安全处理。

9.5　化学废弃物储存

实验室应设立废弃物贮存区，并在明显处设置区域标识，如在各实验室内的固废临时存放区用黑黄相间的划线标明固废存放区域。贮存环境应保持通风良好、安全可控，不得有散逸、渗出、污染地面或散发恶臭等情形。不要把放射性废品和化学废弃物品放在同一个场所。所有的废弃物品必须储存在辅助容器里，并根据其危险级别分开存放（如高锰酸钾和过氧化氢之类的氧化剂应和有机物或有腐蚀性的物质分开存放）。承装废液桶根据内含物的不同区分颜色，有机废液（含卤素）的容器为黄色，其他有机废液的容器为蓝色，无机废液（重金属）的容器为绿色，无机废液（含氰）的容器为粉色，无机废液（含汞）的容器为灰色，其他废液容器为白色。设置危险废物警示标识，符合 GB 15562.2—1995《环境保护图形标志 固体废物贮存（处置）场》的要求[3]。

9.5.1 废弃物标签

危险废物标签是设置在危险废物容器或包装物上的标志，用于警示和标识危险废物，同时也向人们传递危险废物的信息。根据 HJ 1276—2022《危险废物识别标志设置技术规范》，危险废物标签包括废物名称、废物代码、主要成分、危险特性、产生日期、产生单位和联系方式等基本信息。在进行收集、贮存、转移、利用、处置危险废物活动时，危险废物标签可以警示操作人员，防止因不规范操作而危害生态环境和人体健康。

9.5.2 废弃物存放容器

实验室废弃物应装在设计及构造合适的容器内，如不锈钢桶、塑料桶和玻璃瓶。塑料容器材质可选择聚乙烯、聚丙烯、聚氯乙烯或其他近似的材质[4]。

① 存放废弃物的容器必须是防漏的。使用有螺旋盖的容器来装废弃物并将盖子旋紧和密封。

② 预留容器内的顶部空间，以防容器内的物质膨胀。

③ 受到危害物质（如化学物质、放射性物质、生化物质等）污染的注射器、玻璃吸管和其他锋利物质必须放到指定的固定容器里。

④ 受到污染的实验室垃圾（如手套、薄毛巾等）不能被液体浸湿，必须把它们放入干净的双层塑料袋里并贴上“危险废弃物”字样的标签。

⑤ 不要将危险废弃物装入红色垃圾袋或存放生物危险物质的垃圾袋。

⑥ 不能把玻璃或塑料试管、吸管或搅拌棒放在装有液体废弃物质的容器里。

⑦ 废弃物质必须和容器具有相容性（不能发生化学反应），因此，不能把酸或盐装在金属容器中，不能把氢氟酸装在玻璃容器里。

⑧ 容器的处理：每周指定日期环保部门将收集空化学瓶子和其他要处理的容器。要求实验室人员把空容器清洗两到三次，让其自然晾干。化学试剂瓶在没有用正确的方法清洗干净前，绝对不能丢弃到普通垃圾堆里去。

⑨ 不要将锋利的废弃物质或吸管装入塑料袋里，要使用存放锋利废弃物质的容器。

9.5.3 废弃物分开存放原则

在处理有害废弃物品时，可选择回收或再使用的方式处理废弃物质，来降低成本和使其不危害环境。因此，正确分离实验室废弃化学物质是必要的。分离废弃物质的方法如下。

① 把卤化溶剂和非卤化溶剂分开。

② 不要把金属和废溶液放在一起。

③ 把丙酮、二氯甲烷等和其他溶剂分开。

④ 不要将下面这些物质混合存放：过氧化物与有机物；氰化物、硫化物、次氯酸盐与酸；盐酸、氢氟酸等挥发性酸与不挥发性酸；浓硫酸、磺酸、羟基酸、聚磷酸等酸类与其他的酸；铵盐、挥发性胺与碱；废卤素、废金属、废溶剂。

9.5.4　废弃物堆放时间

实验室废弃物品的堆放时间不能超过 1 年，危险废弃物在实验室里的堆放时间不能超过 9 个月。极具危险的废弃物质（如含氢氟酸、砷、氰化物的废弃物质）堆放的时间不能超过 90 天。要尽早将废弃物品交由环保部门来处理。

习题

一、单选题

1. 不属于固体废物的是（　　）。

A. 固体废渣　　B. 废旧固体试剂

C. 过期失效药品　　D. 实验中用不到的固体药品

2. 可以直接排到下水道的是（　　）。

A. 叠氮化物　　B. 过氧化物　　C. 卤氮化物　　D. 氯化钠溶液

3. 含氰废液处理时应将溶液 pH 值调至（　　）。

A. 酸性　　B. 中性　　C. 碱性　　D. 酸碱性

4. 含六价铬的废液还原成三价铬时溶液 pH 值应在（　　）。

A. 酸性　　B. 中性　　C. 碱性　　D. 酸碱性

5. 化学废弃物按物理形态可分为（　　）。

A. 废气　　B. 废液　　C. 废渣　　D. 以上均是

二、多选题

1. 汞可以进入人体的途径有（　　）。

A. 呼吸道　　B. 皮肤　　C. 消化道　　D. 水

2. 废酸废碱的处理原则包括（　　）。

A. 分类收集　　B. 酸碱中和至 pH 值为 6～8

C. 大量水稀释　　D. 直接倒掉

3. Hg 洒落的正确处理方法是（　　）。

A. 通风　　B. 用毛细管收集并用水密封

C. 用硫粉覆盖汞珠表面　　D. 直接用水清洗

4. 下列属于处理氰化物的方法的是（　　）。

A. 过氧化氢氧化法　　B. 氯氧化法　　C. 铁盐沉淀法　　D. 酸化法

5. 实验室危险废物包括（　　）。

A. 化学废弃物　　B. 生物废弃物　　C. 放射性废弃物　　D. 锐器/利器

6. 化学废液可按（　　）进行分类收集处置。

A. 含卤有机废液　　B. 一般有机废液

C. 一般无机废液　　D. 含 P 废液

7. 分开存放废弃物的原则正确的是（　　）。

A. 把卤化溶剂和非卤化溶剂分开　　B. 把镁粉和氯化钠废水溶液放在一起

C. 把丙酮、二氯甲烷等和其他溶剂分开　　D. 将甲醇和废弃钠渣放在一起

三、判断题（正确：√；错误：×）

1. 固体废物可以直接倒入垃圾桶中。（　　）

2. 固体废物收集应使用塑料袋密封，装入纸箱，胶带加固，贴上标签，注明成分。（　　）

3. 固体废物收集后可以采用深埋的方法处理。（　　）

4. 实验室可以用乙醇处理少量的钠渣。（　　）

5. 含氟废液可以用石灰乳液处理。（　　）

6. 含氟废液可以保存在玻璃容器中。（　　）

7. 实验室废弃物的堆放时间不得超过一年，但对于某些特别危险的废弃物，堆放时间不得超过 90 天。（　　）

8. 含铜废液可以直接排放。（　　）

9. 含银离子的废液可以在碱性条件下用氯离子溶液处理。（　　）

10. 含磷废液处理可以在碱性条件下用双氧水氧化成磷酸盐，然后加入石灰乳生成磷酸钙沉淀。（　　）

四、简答题

1. 请谈谈高校化学实验室废弃物的综合处理。

参考文献

[1] 邓吉平，李羽让，李勤华，等．实验室化学废弃物安全管理的探索与实践[J]．实验室研究与探索，2014，33(1)：283-286.

[2] 西藏自治区市场监督管理局．化学分析实验室废弃物管理规范:DB54/T 0237—2021[S]．北京：中国标准出版社，2021.

[3] 刘雪蕾，李恩敬，刘克新．高校实验室固废暂存的安全环境健康管理实践[J]．实验技术与管理，2020，37(4)：269-273.

[4] 国家认证认可监督管理委员会．实验室化学药品和样品废弃物处理的标准指南：SN/T 3592—2013[S]．北京：中国标准出版社，2015.

第10章

化学实验室事故应急处理

在化学实验室，经常使用各种化学试剂，包括易燃、有毒、腐蚀性或易爆炸的物质，实验过程中容易发生如火灾、爆炸、烧伤和中毒等事故。因此，深入了解和评估潜在的重大危险、事故类型、发生可能性、发展过程、事故后果及影响严重程度，制定事故应急预案，掌握事故发生时的急救常识，能够积极应对危险化学品可能发生的危害事件，有序地组织开展抢救工作，最大限度减少人员伤亡和财产损失。

10.1 化学实验室风险评估

“Laboratory Safety For Chemistry Students”一书中提出了化学实验教学“RAMP”风险防控体系[1]，其中的“R”即“recognize hazards”，识别危险；“A”即“assess hazards”，评估风险；“M”即“minimize hazards”，减控危险；“P”即“prepare for emergencies”，应急预案。在化学实验室，正确识别危险，并能评估风险，通过风险差异化最优管理，将实验室中发生事故的风险控制到最小是非常重要的[2]。

① 识别危险（R）。识别实验室中可能引发有害或负面效应的各种物质、情景及危害。化学实验的危险主要来源于危险化学品、实验设备和实验操作等。对于危险化学品识别，可参考《危险化学品名录》（2015 版），确定是否是危化品，或根据化学品安全技术说明书（MSDS）确定其危险类别、危险危害等准确详细信息。实验设备包括高压设备、低压设备、通电设备、高温设备、低温设备、蒸汽设备、磁场设备、紫外线辐射仪、激光等，这些都可能导致事故的发生，如比较容易发生爆炸。物质的物理变化，如温度、压力、体积的变化，可能会引起爆炸，例如容器内液体过热汽化而引起的爆炸，压缩气体、液化气体超压引起的爆炸等都属于物理爆炸。实验操作包括操作玻璃仪器或者其他尖锐物品、加热、萃取、离心、处理化学废品等。实验前应了解并掌握仪器设备操作规程、实验时正确规范操作以及实验注意事项。

② 评估风险（A）。要求仔细考虑实验将涉及的操作、仪器设备与将接触的化学品，考虑如何将风险最小化。评估风险，包括风险发生的可能性、风险强度、风险持续时间、风险

发生的区域及关键风险点。首先要仔细阅读产品说明书，看懂危险警示标签，清楚物品燃点和自燃温度，进行实验室安全检查，将风险按紧急和严重程度排序等。评估一个实验项目，涉及各种危险化学品的危险类别、反应过程、操作过程、储存过程、废弃物处理过程及仪器设备使用等相关的风险。

③ 减控危险（M）。减控危险就是将危险降到最低，尽量减少或控制实验中的风险。减控危险强调完善安全管理体系，强调严格遵守操作规程和全程做好实验防护措施。如实验中佩戴个人防护设备（实验服、化学防护眼镜、防毒面具、手套等），使用安全设备如通风橱等，通过良好的实验习惯和扎实的安全知识来设计和执行安全防护等减控内容。

④ 应急预案（P）。即使完成了风险评估和相应的防范措施，实验事故仍然可能发生，因此要准备突发事故的处理方案。应急预案也称应急计划，是针对可能的重大事故或灾害，为保证迅速、有序、有效地开展应急与救援行动、降低事故损失而预先制定的有关计划和方案。应急预案是对应急机构与职责、人员、技术、装备、设施（设备）、物资、救援行动及其指挥与协调等方面预先作出的具体安排，明确在突发事件发生之前、发生过程中以及结束之后，各自的责任以及各项工作等。每个实验室都应有事故应急预案，在进入实验室时要首先阅读应急预案，了解事故发生后的应急程序，包括如何报警、控制灾害、疏散、急救等。

10.2 事故应急处理遵守的原则

事故应急处理必须遵守以下原则。

① 事故发生时处置优先次序。在应急处置工作中，贯彻“以人为本，安全第一，快速响应，防救结合”的原则，首先保护人身安全，其次保护公共财产、保存学术资料、电话求助。

② 及时报告。在实验室范围内一旦发生安全事故，以最快捷的方式，立即向指导教师或主管部门及归口管理部门报告。报告内容包括求助者的姓名、事故地点、事故性质（火灾、化学或放射性物质泄漏、中毒等）、事故程度（是否有人受伤）、电话号码及你所处于现场的位置，也包括突发事件可能会威胁到的容易起反应的物质，如存放在试剂架上的化学物质或正在使用中的放射性物质等。

③ 紧急救援。确认实验室范围内发生安全事故的消息后，立即进入应急处理工作状态，相关人员以最快的速度赶赴事故现场，开展救援行动。

④ 保护现场。安全事故发生后，从事故单位到参与救援的有关部门及现场的学生都负有严格保护事故现场的责任和义务。因抢救受伤人员、防止事态扩大等必须移动现场有关物品时，应妥善做好取证、记录、标志、拍照等工作。

⑤ 任何人都有参加安全事故救援的义务，但应以生命至上，在事故无法控制时及时撤离。

⑥ 实验室配备应急急救箱、洗眼器、紧急喷淋装置等急救设备及试剂。

10.3 实验室安全隐患及应急处理

化学实验室存在许多安全隐患，如实验室中存放着大量的化学品，如酸、碱、有机溶剂、毒害品等，如果储存不当或使用不规范，可能导致化学品泄漏，引发火灾、爆炸、中毒等事故。实验室中的实验设备如烘箱、高温炉、实验台等，如果维护不当或使用不当，可能导致设备故障，引发火灾、爆炸、触电等事故。实验室中的实验操作需要严格遵循实验规程和操作规范，如果操作不当，可能导致实验失败或引发安全事故。实验室中可能存在应急措施不完善的情况，如缺乏消防器材、急救药品、安全警示标志等，一旦发生事故，可能无法及时应对。

化学实验室经常发生的事故类型有：①火灾事故；②爆炸事故；③中毒事故；④触电事故；⑤割伤、热力烧伤、化学品灼伤事故；⑥化学品泄漏事故。

10.3.1　火灾事故应急处理

实验室火灾事故应急处理要求如下。

① 发现火情，现场工作人员立即采取措施处理，防止火势蔓延并迅速报告。

② 明确救灾的基本方法，并采取相应措施，按照应急处置程序采用适当的消防器材进行扑救。

③ 确定火灾发生的位置，判断火灾发生的原因，如压缩气体、液化气体、易燃液体、易燃物品、自燃物品等。

④ 明确火灾周围环境，判断是否有重大危险源分布及是否会带来次生灾难。

⑤ 依据可能发生的危险化学品事故类别、危害程度级别，划定危险区，对事故现场周边区域进行隔离和疏导。

⑥ 实验人员可以扑救燃烧面积小、火灾蔓延趋势缓慢的初起火灾。在火势很小且燃烧面积不大的情况下，可使用湿布、灭火毯或灭火器迅速扑救着火物质。

⑦ 如果遇到起火部位周围的可燃物质或建筑构件燃烧，气体对流增强，燃烧速度加快，燃烧面积迅速扩大的情况，说明火灾已进入发展阶段，应立即拨打 119 报警电话并组织人员安全有序撤离。

⑧ 报警时简要汇报火情发生的准确位置、火势蔓延情况以及人员受困等情况。

⑨ 在明显位置引导消防车。

⑩ 撤离时要听从疏散人员的引导，用湿毛巾捂住口鼻。

10.3.2　爆炸事故应急处理

① 实验室发生爆炸时，指导教师或实验室负责人在其认为安全的情况下必须及时切断电源和管道阀门。

② 所有人员应听从临时召集人的安排，有组织地通过安全出口或用其他方法迅速撤离爆炸现场。

③ 发生剧毒化学品爆炸事件时，应立即对受伤人员进行紧急处置，并组织工作人员迅速撤离，封锁现场，切断一切可能扩大爆炸的环节。应急救援人员应注意穿戴好个人防护用品，警惕爆炸燃烧产生的毒性或腐蚀性烟气。

④ 迅速判断和查明再次发生爆炸的可能性和危险性，抓住爆炸后和再次发生爆炸之前的有利时机。采取一切可能的措施，全力制止再次爆炸的发生。当灭火人员发现有发生再次

爆炸的危险时，应迅速撤至安全地带，来不及撤退时，应就地卧倒。

⑤ 应急预案领导小组负责安排抢救工作和人员安置工作。

10.3.3 中毒事故应急处理

10.3.3.1 危险化学品基本应急处理措施

危险化学品主要通过呼吸道、皮肤、消化道三个途径进入人体，并产生累积性中毒。实验中若感觉咽喉灼痛、嘴唇脱色或发绀，或出现胃部痉挛或恶心呕吐等症状，则可能是中毒所致。视中毒原因施以下述急救后，立即送医院治疗，不得延误。

① 首先将中毒者转移到安全地带，解开领口，使其呼吸通畅，让中毒者呼吸到新鲜空气。

② 误服毒物中毒者，须立即引吐、洗胃及导泻，患者清醒后，宜饮大量清水引吐，亦可用药物引吐。引吐效果不好或昏迷者，应立即送医院用胃管洗胃。孕妇应慎用催吐救援。

③ 吸入刺激性气体中毒者，应立即转移离开中毒现场，给予2%～5%碳酸氢钠溶液雾化吸入、吸氧。气管痉挛者应酌情给解痉挛药物雾化吸入。急救人员一般应配置过滤式防毒面罩、防毒服装、防毒手套、防毒靴等。

10.3.3.2 常用试剂毒性及中毒应急处理

（1）实验室常见有机试剂毒性及应急处理办法

① 苯。中等毒性药品，具有致癌性、致突变性，引起造血系统损害及细胞DNA、RNA损伤。误食应用0.05%的活性炭悬液或0.02%的碳酸氢钠溶液洗胃催吐，以减少毒物吸收。

② 四氢呋喃。有毒、易燃，高浓度具有麻醉作用，致死；20%水溶液涂于人体皮肤可引起皮肤中度刺激，用于人眼可引起严重的眼角膜损害，长期接触可引起生殖和肾疾病。50%水溶液可引起严重的腐蚀性损害。误食应饮足量温水，催吐，就医。

③ 乙腈。中等毒类，刺激物和化学窒息剂；严重中毒的病人可按氰化物中毒处理。误食应用1∶5000高锰酸钾或5%硫代硫酸钠溶液洗胃。

（2）实验室常见无机试剂毒性及应急处理

① 强酸。具有腐蚀性。误食后应立即用大量水漱口，服大量冷开水，催吐，或用氧化镁悬浊液洗胃。

② 强碱。具有腐蚀性。少量误食后应立即用食醋、大量橘子汁或柠檬汁等中和，也可服用蛋清、牛奶或植物油等，并迅速就医，禁忌催吐和洗胃。

③ 氯化铁。具有腐蚀性。牛奶或蛋清可以与铁反应减小腐蚀作用，误食者清醒时立即漱口，给饮牛奶或蛋清，就医。

④ 硝酸银。具有毒性。中毒后立即口服蛋清、牛奶等，也可配制食盐溶液服用，再用大量水吞服30 g左右的硫酸镁泻药。

⑤ 氯化钡。具有毒性。氯化钡的中毒量为0.2～0.5 g，致死量为0.8～0.9 g。误食后服用5%的硫酸钠或硫酸镁溶液服用。

此外，高锰酸钾具有毒性且助燃，重铬酸钾能够致癌且助燃，过氧化氢有强烈腐蚀性。这三种试剂误食后饮足量温水，催吐，就医。

10.3.4 触电事故应急处理

触电急救的原则是在现场采取积极措施保护伤员生命，具体要求如下。

① 首先要使触电者迅速脱离电源，触电者未脱离电源前，救护人员不可用手直接触及伤员。使伤者脱离电源的方法：a. 切断电源开关；b. 若电源开关较远，可用干燥的木橇、竹竿等挑开触电者身上的电线或带电设备；c. 可用几层干燥的衣服将手包住，或者站在干燥的木板上，拉触电者的衣服，使其脱离电源。

② 触电者脱离电源后，应视其神志是否清醒，神志清醒者，应使其就地躺平，严密观察，暂时不要站立或走动；如神志不清，应就地仰面躺平，且确保气道通畅，并于 5 秒时间间隔呼叫伤员或轻拍其肩膀，以判定伤员是否意识丧失。禁止摇动伤员头部呼叫伤员。

③ 应立即就地采用人工心肺复苏法正确抢救，并设法联系专业人士接替救治。

10.3.5 割伤、热力烧伤、化学品灼伤事故应急处理

10.3.5.1 割伤的应急处理

在化学实验室，玻璃仪器是造成实验室事故的常见因素之一，如果操作不当时，可能会引起割伤等意外伤害。掌握正确的应急处理方法，对减轻伤害、预防感染和降低并发症风险具有重要意义。

（1）割伤的处理方法

实验室备有急救箱，急救箱中有创可贴、无菌纱布、纱布绷带和弹力绷带等包扎类材料；同时还有双氧水、碘酒、酒精棉、烫伤膏等消毒治疗药品。在实验中一旦发生割伤、烫伤，应及时利用急救箱中的材料进行处理。处理前，仔细检查伤口的位置、大小、深度、污染程度、有无异物及何种异物。对于轻微割伤，首先用消毒棉签或纱布，把伤口清理干净，再用消毒的镊子小心取出伤口中的玻璃或固体物，如果碎玻璃插入较深，则不宜去除，应立刻送医。清理干净后，用蒸馏水或生理盐水洗净伤口；再用双氧水或碘酒涂抹在伤口周围；最后用创可贴或者绷带包扎。对于伤情较重，出血较多的伤者，应在伤口上部扎上止血带，立即送医。

（2）常用的包扎方法

快速、准确地将伤口用绷带、三角巾或其他现场可以利用的材料包扎，是外伤救护的重要环节，可以起到快速止血、保护伤口、防止污染和减轻疼痛的作用，有利于转运和进一步治疗。绷带的常用包扎方法（参见“常用包扎方法”二维码）主要有以下几种。

① 环形包扎法。用于腕部、踝部、颈部、额部及身体其他粗细相等且伤口较小部位的包扎，是最基础和最常用的包扎方法。

② 螺旋包扎法。用于粗细相等的肢体或者是躯干部位的伤口且伤口较大时的包扎。

常用包扎方法

③ 螺旋反折包扎法。用于肢体上下粗细不等部位的包扎，比如前臂、小腿等部位。

④“8”字形包扎法。多用于手掌、手背、足部、踝部、肘关节和膝关节等部位的包扎。

⑤ 回返包扎法。用于没有顶端的部位如指端、头部、截肢残端的包扎。

（3）不同位置割伤的包扎方法

不同位置割伤的包扎方法及包扎注意事项见“包扎及注意事项”二维码。

包扎及注意事项

① 手指包扎。对于手指割伤，首先按压手指根部两侧止血，然后对伤口进行清理，如果伤口较浅，可以用创可贴处理。如果伤口较深，可利用绷带进行远端包扎。首先在腕端缠绕两圈，然后由掌心绕至伤指处，在手指缠绕两圈加压，然后包扎好伤处。最后由手背过渡到手腕处固定。

② 手腕包扎（环形包扎法）。伤口用无菌或干净的敷料覆盖并固定，绷带一端稍斜（大致倾斜 45 度）放于敷料处环绕一圈；第二圈将第一圈倾斜的一角压入环形圈内，加压继续环绕，每圈盖住前一圈，绷带缠绕范围要超出敷料边缘，最后用胶布粘贴固定绷带末端，也可将绷带尾端从中央纵向剪成两个布条，然后打结。

③ 前臂包扎（螺旋包扎法）。首先抬高手臂，高于心脏位置，用无菌或者干净的敷料覆盖伤口并固定，用纱布在手腕处按环形法缠绕两圈，从第三周开始环绕时，覆盖上圈的 2/3 或 1/2，螺旋缠绕，最后以环形包扎结束，将绷带进行固定；检查指端血流情况，查看包扎是否过紧。

④ 前臂包扎（螺旋反折包扎法）。如出血量较多，可用螺旋反折包扎法，增强包扎力度。伤口用无菌或干净的敷料覆盖，固定敷料，先用环形法固定开始端，缠绕两至三圈，然后用螺旋的方式每圈进行反折一次。反折时，以左手拇指按住绷带上面的正中处，右手将绷带向下反折，再向后缠绕并拉紧，并覆盖前一周的 2/3 或 1/2，依次由下而上缠绕，盖住敷料。但要注意绷带折返处应避开患者伤口，最后以环形包扎结束。

⑤ 肘关节包扎（“8”字形包扎法）。伤口用无菌或干净的敷料覆盖，在肘关节中央环形包扎两圈，第三圈开始，绷带绕肘向近心端压住环形圈上 1/3，第四圈绷带绕肘向远心端压住环形圈下 1/3，如此反复在肘窝交叉，直至将伤口包扎完毕，最后环形包扎两圈固定。

⑥ 手掌、手背包扎（“8”字形包扎法）。用无菌或者干净的敷料覆盖伤口，包扎时，先从腕部开始，先用环形法缠绕两圈。第三圈斜行经手背至手指，在手指处环形包扎一圈（要暴露小手指末端）。将绷带拉至手背部，在手部前端缠绕一圈，进行固定，在手与腕关节之间做“8”字形包扎。然后在手腕与手部前端之间将绷带进行“8”字形包扎，包扎完毕后，在腕关节环形包扎两圈，固定绷带末端。

⑦ 指端包扎（回返包扎法）。用无菌或者干净的敷料覆盖伤口，用环形法在腕部缠绕两周进行固定，左手拇指按住绷带，右手向上拉绷带覆盖敷料，然后向下用左手食指按住绷带进行回返包扎，每周覆盖上周 2/3 或 1/2。敷料完全盖住之后，将绷带进行横向缠绕，缠绕完毕，将绷带进行固定。

⑧ 头部包扎（回返包扎法）。三角巾是现场急救中一种常用的材料，可用于包扎头部、肩部、胸部、腹部、臀部及手足，还可以固定夹板、悬吊手和前臂及作为止血带，在应用时可根据需要将三角巾折叠成不同的形状和大小。包扎时将无菌纱布覆盖在伤口上，将三角巾底边折叠约 1～2 横指宽，将底边中央置于伤员前额齐眉处，顶角向后，两底角分别经耳上方拉向枕骨下方压住顶角交叉，再经耳上绕回前额，齐眉打结。一手压住前额，另一手拉紧顶角，将顶角折叠塞入两底角交叉处，检查包扎部位是否平整，有无皱褶、松动等现象。

（4）包扎注意事项

① 无论用哪种包扎方法，在进行包扎前，均应以无菌敷料覆盖伤口及创面。

② 包扎关节部位时，应使其处于功能位。

③ 避免在受伤部位和坐卧时受压的部位打结。

④ 包扎松紧要适度，避免脱落和压迫局部，造成局部神经、血管和肌肉损伤。

⑤ 四肢伤应尽量暴露末端，以便随时观察血液循环状况。

⑥ 包扎时尽可能做好自我防护，戴医用手套。如必须用裸露的手处理伤口，在处理完成后，用肥皂彻底清洗双手。

10.3.5.2　热力烧伤的应急处理

在实验过程中，经常会用到酒精灯、电陶炉、电热套等加热设备，如果操作不当，会发生烧伤和烫伤。若处理不及时，或处理不当，会产生较为严重的后果。因此，要正确处理烧伤和烫伤。

烧伤，又称灼伤、烫伤，是由热力、电流、化学物质、激光、放射线等引起的组织损伤。在日常生活中，我们通常所说的烧伤和烫伤主要是指由火焰、热液、蒸汽、热固体等热力因素导致的组织损伤。而其他原因导致的烧伤，如电烧伤、化学灼伤等，则依据病因进行命名。判断烧伤严重程度对于现场处理及救治至关重要。根据烧伤面积、深度等因素，将烧伤分为轻度、中度、重度和特重度，重度及特重度的烧伤需要高度重视。

烧伤深度的识别采用三度四分法，即分为Ⅰ度、浅Ⅱ度、深Ⅱ度、Ⅲ度。Ⅰ度、浅Ⅱ度烧伤一般称为浅度烧伤；深Ⅱ度和Ⅲ度烧伤则属深度烧伤。具体烧伤深度识别见表 10.1。

表 10.1　烧伤深度识别（三度四分法）

类型	Ⅰ度	浅Ⅱ度	深Ⅱ度	Ⅲ度
损伤深度	伤及表皮浅层	真皮浅层(乳头层)	真皮深层	全层皮肤,甚至达肌肉、骨骼
创面	红斑状干燥	水疱	红白相间	蜡白,焦黄
痛觉	烧灼感	剧痛,感觉过敏	疼痛迟钝	痛觉消失
愈合时间	1 周	1～2 周	3～4 周	—

为了对烧伤严重程度有基本估计，作为设计治疗方案的参考，我国常用表 10.2 所示的烧伤严重性分度。

表 10.2　烧伤严重性分度

烧伤程度	烧伤总面积占比/%(Ⅱ度烧伤开始算)	或Ⅲ度烧伤面积占比/%
轻度	Ⅱ度烧伤＜10	或 0
中度	Ⅱ度烧伤 11～30	或＜10
重度	烧伤总面积 31～50	或 11～20(休克、呼吸道烧伤等)
特重度	烧伤总面积＞50	或＞20(常伴严重并发症)

烧伤专业对烧伤面积有着一个明确的界定，一般认为患者本人一巴掌的大小，就是 1% 的面积，而不同部位，有不同的面积来表示，详见烧伤面积计算表（表 10.3）。通过不同部位，不同的面积的估算，来确定患者的伤情。

表 10.3　烧伤面积计算

部位	成人烧伤面积占比/%(12 岁及以上)	小儿烧伤面积占比/%(12 岁内)
头颈	3×3＝9(头面颈各 3)	9＋(12－年龄)
双上肢	9×2＝18(双上臂 7、双前臂 6、双手 5)	9×2＝18
躯干	9×3＝27(前腹及背各 13、会阴 1)	9×3＝27
双下肢	9×5＋1＝46(双臀 5、双大腿 21、双小腿 13、双足 7)——女性:双臀＋1＝6、双足－1＝6	46－(12－年龄)

吸入性损伤此前称为“呼吸道烧伤”，是较危重的部位烧伤。改称为“吸入性损伤”是因其致伤因素不单纯由于热力。燃烧时的烟雾含有大量的化学物质，可被吸入深达肺泡，引起局部腐蚀和全身中毒，所以在相对封闭的火灾现场，死于吸入型窒息者多于烧伤者。

吸入性损伤的诊断主要依赖于三个方面：首先，燃烧事故发生在相对封闭的环境中；其次，患者会出现呼吸道刺激症状，如咳嗽、咳出含有炭末的痰液、呼吸困难以及肺部可能出现哮鸣声；最后，面部、颈部及口鼻周围的深度烧伤，鼻毛的烧伤，以及声音的嘶哑也是重要的诊断依据。这些症状共同指向了吸入性损伤的可能性，对此类损伤的及时诊断和处理对于患者的生命安全至关重要。

热力烧伤是能造成严重后果的外伤，是一个不断进展的过程，即使脱离热源，组织损伤仍然在进一步发展。被热力烧伤后，应及时处理。对于轻度热力烧伤，最恰当的处理方法是用自来水冲洗或用 20℃左右的水浸泡 10 min 以上，直到疼痛消失，必要时可以涂抹烫伤膏等，切忌用冰水，以免冻伤。

中度烫伤可能导致皮肤脱落、疼痛加剧。在处理中度烫伤时，应采取以下措施。

① 立即用冷水冲洗受伤部位，持续至少 10 min。

② 去除饰品和衣物，如项链、戒指、手镯、手表、皮带、鞋子或其他紧身衣物，以防肢体肿胀后造成血运不畅，进一步加重损伤。

③ 如果创伤面与衣服粘连，不要强行撕扯，防止二次伤害。

④ 避免弄破水泡，用干净的纱布轻轻覆盖伤口。尽量不要使用有颜色或难以清除的药膏涂抹创面，因为这样到医院医生很难清理，也难以判断创伤面的深度。

⑤ 及时就医，根据医生建议进行治疗。

火焰烧伤，如果衣服着火，应尽快脱去衣服，或采用就地翻滚、水浇、灭火毯覆盖等方法灭火，切忌奔跑，之后根据受伤情况进行处理。在遭遇重度热力烧伤的紧急情况下，迅速拨打 120 急救电话。特定情况下，如手部、足部、面部，乃至主要关节遭受热力烧伤，或者身体大面积且深度受损，这些都需要立即求助。此外，遭遇高温化学物质灼伤或电烧伤，以及出现呼吸困难或呼吸道灼伤的症状，同样应立刻拨打 120 急救电话。同时，现场应采取以下措施：因爆炸燃烧事故受伤的实验人员，创面污染严重，不可强行清除创面上的衣物碎片和污物，简单包扎后立即送往医院治疗。可口服含盐饮料，防大量饮水发生水中毒。热力烧伤及处理见“热力烧伤”二维码。

热力烧伤

10.3.5.3　化学灼伤的应急处理

化学灼伤是指化学物质接触到人体皮肤或眼睛，引起接触部位不同程度的损害。

若化学灼伤未能得到及时正确的处理，可能会引起组织坏死，并在灼伤后继续扩展，甚至会通过创面等途径的吸收，导致全身各脏器受损。因此，应了解并掌握应急处理方法。化学灼伤、损伤机制以及酸碱灼伤特点等内容参见“化学灼伤”二维码。

化学灼伤

（1）引起化学灼伤的化学物质

腐蚀性物质具有刺激性或腐蚀性，都可能引起不同程度的皮肤灼伤或眼灼伤，腐蚀品的定义和分类见 4.5.8 部分。

（2）化学灼伤的损伤机制

化学灼伤与热力烧伤和电烧伤不同。化学灼伤是腐蚀品与皮肤成分之间进行化学反应。腐蚀品不仅具有强腐蚀性，有的还可能具有毒性、易燃性和氧化性。由于反应物的性质和浓度不同，其损伤机制复杂。

化学灼伤形成的三个阶段。前 10 s 是接触阶段，皮肤或眼部表层组织可阻止化学物质的渗透；10 s～1min 之内是渗透阶段，但此时产生的损伤是可逆的；1 min 之后是反应阶段，局部组织受到破坏，形成不可逆的化学损伤。因此，在发生化学灼伤后，及时采取措施能够有效减轻损伤。现场急救的关键时刻在 1 min 之内，如果用水冲洗，应在 10 s 之内。

化学灼伤主要是酸灼伤和碱灼伤，酸灼伤主要是游离的氢离子导致皮肤和黏膜接触部位的组织坏死。其特点是组织脱水、蛋白质沉淀和凝固，创面迅速形成结痂，边界分明，在一定程度上能阻止酸性物质继续向深层渗透。相反，碱灼伤的主要原理是氢氧根离子对组织的作用。碱性物质会迅速吸收组织水分，导致组织脱水、脂肪皂化，并形成易溶解的碱性蛋白质化合物，加重损伤。碱灼伤的创面会出现黏滑或肥皂状的变化，早期可能程度较轻，但会逐渐加重。因此，更应重视碱灼伤。化学灼伤的严重程度受多种因素影响，包括化学品的种类、性质、浓度、接触时间、接触面积，以及中毒吸收情况和现场急救措施的有效性。如果化学品浓度较高、剂量较大且接触时间较长，损伤程度会更为严重。

（3）化学灼伤的应急处理方法

①大多数腐蚀品。绝大多数腐蚀品接触到皮肤时，应立即去除受污染的衣物，用大量清水持续冲洗 20～30 min。冲洗后，可用清洁纱布覆盖创面，并及时就医。若伤势严重，务必拨打 120 寻求紧急医疗救助。在等待医护人员到来的过程中，应持续用清水冲洗创面。如有必要，可提供化学品的 MSDS 供急救人员参考。在冲洗过程中，需关注气温和患者耐寒程度，避免发生休克。切勿在没有咨询医疗人员的情况下使用任何其他化学品冲洗创面，严禁在伤口处涂抹牙膏等杂物，以防感染。

如眼睛不慎溅入化学品，应立即打开洗眼器，用大量流动清水冲洗，也可将整个脸部浸入水盆中，清洗时要保持眼睛张开，眼球不断转动，必要时可由他人帮助或自己用手撑开上下眼睑，持续冲洗 15 min 以上，然后去医院进一步检查治疗。注意：在冲洗眼睛时，使用者必须能够在冲洗液中有效地撑开眼睑，以便彻底清洁眼部。对于眼睛溅入酸性或碱性化学品，忌用稀碱或稀酸中和。（化学品溅入眼睛处理见“眼睛冲洗”二维码）。

眼睛冲洗

除了常规的水冲洗处理，国内外已经研发并使用符合欧盟或国家标准的专门针对化学灼伤的洗消液，如敌腐特灵和六氟灵洗消液。六氟灵则是一种新型的氢氟酸清除溶剂，其主要功能是中和或螯合游离的氢和氟离子，消除氢氟酸的毒性和腐蚀性。敌腐特灵洗消液对 7 种侵蚀性化学反应有效，除氢氟酸外，能处理大部分化学灼伤，其具有高渗透性、两性和螯合性等特点，能抑制化学反应进程，同时能阻止腐蚀品渗入人体组织，并“拔”除已渗透的化学物质。

敌腐特灵冲洗皮肤和眼睛时需注意：根据化学品接触眼睛时长、创伤面积选择合适包装的洗眼液。确保冲洗液放置在危险区附近，以便在灼伤后 1 min 内使用。一个包装一次性全部用完，冲洗后立即就医咨询。

②氢氟酸。氢氟酸是一种高度危险、对生物组织具有强烈腐蚀作用的无机酸，能腐蚀金属、玻璃和含硅的物体，甚至侵蚀人体骨骼。

氢氟酸在非离子状态下具有极强的组织穿透性，能迅速穿透皮肤全层（伤后约 5 min），氟离子可以渗入人体组织，与人体内的钙离子和镁离子等结合，破坏机体平衡，导致人体组织严重坏死和代谢循环紊乱。

氢氟酸的损伤作用是进行性的，早期处理至关重要。皮肤接触后，立即用大量清水冲洗至少 30 min，或直至医疗救援到来。如有条件，可采用紧急淋浴进行冲洗。冲洗完成后，可使用氢氟酸中和剂，如葡萄糖酸钙（CG）凝胶或硫酸镁溶液等处理。对于小面积的灼伤，每 10～15 min 补涂一次中和剂，直至医疗救援抵达。对于大面积的接触，可在送医途中，将患部浸泡在含钙或镁的溶液中。如事故现场有六氟灵，灼伤后立即用清水冲洗之后用六氟灵冲洗或浸泡。氢氟酸、灼伤处理及使用安全见“氢氟酸”二维码。

氢氟酸

眼部被氢氟酸灼伤后，第一时间用大量清水冲洗。六氟灵越来越广泛地被用于眼部氢氟酸灼伤。但是，尽早进行冲洗比去寻找合适的冲洗液更为重要。

③ 遇水放热固体。生石灰、氢氧化钠、三氯化铝（无水）、三溴化铝（无水）等触及皮肤时，因其遇水放热，会加重伤势。可先用干布或纱布迅速除去固体颗粒，然后用大量清水冲洗或用洗消液冲洗，冲洗后立即就医。三氯化铝详细内容参见附录二危化品安全信息二维码（2.30）。

④ 其他腐蚀性化学品如磷、溴、液氮等灼伤的处理方法以及消化道和呼吸道灼伤的常见处理措施可参考表 10.4。

表 10.4 其他腐蚀性化学品、消化道及呼吸道等灼伤处理方法

类别	灼伤机制或症状	现场急救
磷	磷灼伤是热力和化学的复合烧伤，磷氧化后生成五氧化二磷，其对细胞有脱水和夺氧作用。五氧化二磷遇水生成磷酸并在反应过程中产热使创面继续加深。不仅直接损伤皮肤和黏膜，并可因吸收而造成全身中毒，内脏损伤	磷灼伤后，应立即扑灭火焰，脱去污染的衣服；创面用大量冷水彻底冲洗；病人及救护者应用湿的手帕或口罩掩护口鼻；在转送病人过程中，要将伤处浸于水内，或用浸透冷水的敷料严密包裹创面。严禁用油质敷料
溴	液溴和溴蒸气对皮肤和黏膜具有强烈的刺激性和腐蚀性。产生疼痛且易造成难以治愈的创伤，严重时会使皮肤溃烂。溴蒸气能引起流泪、咳嗽、头晕、头痛和鼻出血，重者死亡	当溴灼伤皮肤时，先用大量水冲洗半小时至 1 h，同时拨打 120 急救电话送医院进一步治疗 如不慎吸入溴蒸气，可吸入氨气和新鲜空气解毒
氰化物	氰化物进入体内后，氰离子迅速与氧化型细胞色素氧化酶的三价铁结合，阻碍其细胞色素还原为带二价铁的细胞色素氧化酶，使细胞不能得到足够的氧，造成“细胞内窒息”	局部创面先用大量水冲洗，然后用 0.01%的高锰酸钾冲洗，再用 5%硫代硫酸钠冲洗。注意亚硝酸钠及硫代硫酸钠对有机氰中毒无解毒作用，且亚硝酸钠本身对机体有损害作用

续表

类别	灼伤机制或症状	现场急救
草酸	可能导致接触性皮炎等皮肤疾病。皮肤黏膜接触草酸后易形成粉白色顽固性溃烂，且草酸与钙结合使血钙降低、手足抽搐	如果草酸不慎沾到皮肤上，应迅速脱离现场，脱掉已被污染的衣服，然后用大量流动清水冲洗，冲洗时间不少于 20～30 min
苯酚①	苯酚可使蛋白质变性和沉淀，对细胞有直接损害。可被机体吸收引起全身中毒，导致多脏器功能损害。中毒严重者常危及生命。伤后皮肤变皱、软、白色，随后变棕红、棕黑、黄褐色，多为Ⅱ度烧伤，但不痛	急救时立即脱去被污染的衣物，立即用大量清水冲洗创面 20 min 后，立即送医。 在洗消剂选择上，可选择聚乙二醇、异丙醇或甘油、乙醇
液氮	发生液氮灼伤，创面一般呈现粉红色、褐色或苍白色，表皮出现水疱或破溃流出血清样液体，肿胀明显	迅速脱去被沾污的衣物等，松开阻碍血液循环的衣物。将病人转移到暖和(室温)的地方，用自来水或干净微温水连续冲洗。直到皮肤变为粉红色，解冻后，用消过毒、无黏性的布覆盖
消化道	误服强酸者：可出现口腔黏膜糜烂，咽部、食管、胃发生剧烈的灼热性疼痛，严重者可发生胃穿孔、腹膜炎、喉头水肿、窒息等。 误服强碱者：口腔、咽部及食管剧烈灼痛，腹部绞痛，恶心、呕吐，可并发消化道出血。吸收入血后可引起手足痉挛，重者昏迷、休克，迅速危及生命	消化道被强酸灼伤时，立即口服牛奶、蛋清、豆浆、食用植物油，严禁口服碳酸氢钠、碳酸钠等，严禁催吐或洗胃。 消化道被强碱灼伤时，立即口服食醋、柠檬汁、1%醋酸等，亦可口服牛奶、蛋清、食用植物油，严禁催吐与洗胃
呼吸道	酸雾吸入：出现呛咳、流泪、呼吸困难，部分出现喉头或支气管痉挛。吸入高浓度强酸烟雾，呼吸中枢因反射性抑制会出现电击样死亡。 碱吸入：氨为强烈刺激性气体，吸入高浓度氨，可因反射性声门痉挛而呼吸骤停。一般先有一过性眼部刺激症状和上呼吸道刺激症状如呛咳、流泪、流涕和咽干等，很快出现不同程度喉阻塞和支气管、肺损害	中毒很轻时，通常只要把中毒者移到空气新鲜的地方，清理呼吸道，解松衣服(但要注意保温)，使其安静休息，必要时给中毒者吸入氧气，但切勿随便使用人工呼吸

① 内容详见附录二危化品安全信息二维码 2.30、2.31。

10.3.6　化学品泄漏应急处理

10.3.6.1　少量浓酸和浓碱洒落实验台应急处置

如果浓酸洒落在实验台上，用湿抹布擦拭后用 $NaHCO_3$ 溶液中和，再用水冲洗至 pH＝6～8，整个过程需戴耐酸碱手套，废弃物放在指定废物回收桶中。

浓碱洒落在实验台上，用抹布擦拭后，用醋酸等中和，再用水冲洗至 pH＝6～8，整个过程需戴耐酸碱手套，废弃物放在指定废物回收桶中。

10.3.6.2　危险化学品泄漏事故处理

危化品泄漏，容易发生中毒或转化为火灾爆炸事故。要成功控制化学品的泄漏，应严格遵守“RAMP”原则，充分了解化学品的危害和性质及预防措施，提前制定事故应急处置预案。化学品泄漏处理程序通常会包含以下几方面的内容：事故报告、防护措施、紧急疏散与隔离、现场急救、泄漏的控制和处理、收集、事故处理后的清理与处置等。危险化学品泄漏事故处理可参见“化学品泄漏应急处理”二维码。

化学品泄漏
应急处理

(1) 事故判断及事故报告

发生危险化学品泄漏事故，应快速判断泄漏的等级，是较大泄漏事故还是较小泄漏事故。一般情况下，小于 1 L 的无毒或低毒性物质泄漏或小于 100 mL 的高毒性物质泄漏，可以认为是较小的泄漏事故，或被称为危险化学品溅洒事故。

较大或大的泄漏事故：未知物发生泄漏的，易燃物泄漏后有发生闪燃危险的，泄漏量大于 1 L 或高毒性物质泄漏量大于 100 mL 的，没有防护设施支持的，需要专业人员进行控制处理的，已经发生伤亡情况的，可能对周围环境造成长时间影响的，只要是符合以上一个或多个条件的，就可以认为是较大或大的泄漏事故。

无论是大的还是小的泄漏事故都必须立即向相关负责人报告。报告时应讲清楚化学品泄漏的具体位置、泄漏物和泄漏溅洒程度。如有需要，立即按照负责人的指令向 119 消防部门进行报警。报警内容应该包括发生事故的单位、具体地点、发生时间、泄漏的化学品的名称、发生泄漏的量及速度、是否发生次生事故（如人员受伤、火灾、爆炸等）、报警人姓名及联系电话等。

(2) 个人防护

在处理小规模泄漏（溅洒）事故、等待救援或自救逃生时都要做好个人防护。

① 呼吸系统防护。要根据不同的情况选择不同的呼吸系统防护器具或方式。发生少量化学品（且毒性非常低）溅洒事故时，迅速打开门窗进行通风，以免发生中毒或窒息。在泄漏化学品毒性大、浓度较高且缺氧情况下，必须采用氧气呼吸器、空气呼吸器、送风式长管面具等器具进行防护。

② 眼睛防护。当化学品发生溅洒或泄漏时，为避免眼睛受到化学品的伤害，应迅速佩戴化学防护眼镜或安全防护面罩等。

③ 手部防护。为了避免手部受到化学品的伤害，应迅速佩戴橡胶手套、耐酸碱手套等防化学品手套。

身体防护：为了防止身体的皮肤受到伤害，可以采用面罩式胶布防毒衣、连衣式胶布防毒衣、橡胶工作服、防毒物渗透工作服、透气式防毒服等。

(3) 紧急疏散与隔离

当实验室发生化学品少量泄漏、溅洒事故时，要设立隔离区。如发生化学品大量泄漏，首先要疏散无关人员，并隔离泄漏的污染区，设立警告标志并有专人警戒。除消防及应急处理人员外，其他人员禁止进入警戒区。泄漏溢出的化学品为易燃品时，区域内应严禁火种。同时立即切断事故区的电源及有可能的着火源，并指派专人负责警戒线、严禁烟火。疏散时应注意：如事故物质有毒，需要佩戴个人防护用品，并向上风方向转移，发现化学品泄漏时，尽量不要触碰泄漏物质。如果化学品溅洒在地上，不能从泄漏的化学品上走过。指定专人并在疏散或撤离的路线上设立哨位，引导和护送疏散人员到安全区，不要在低洼处滞留。要查清是否有人留在污染区与着火区。

(4) 现场急救

在事故现场，化学品对人体可能造成的伤害有：中毒、窒息、冻伤、化学灼伤、烧伤等，进行急救时，患者和救援人员都需要进行适当的防护。

当现场有人受到化学品伤害时，应立即进行以下处理：迅速将患者脱离现场至空气新鲜处，呼吸困难时给氧，呼吸停止时立即进行人工呼吸。若心脏骤停，应立即进行心肺复苏。

皮肤污染时，脱去被污染的衣服，用流动清水冲洗，冲洗要及时、彻底、反复多次。头面部灼伤时，要注意眼、耳、鼻、口腔的清洗。当人员发生冻伤时，应迅速复温。复温的方法是采用 40～42℃恒温热水浸泡，使其温度提高至接近正常。在对冻伤的部位进行轻柔按摩时，应注意不要将伤处的皮肤擦破，以防感染。当人员发生烧伤时，应迅速将患者衣服脱去，用水冲洗降温，用清洁布覆盖创伤面，避免创面污染，经现场处理后，应迅速护送至医院救治。

(5) 泄漏的控制和处理

泄漏事故控制一般分为泄漏源控制和泄漏物处置两部分。在专业救援人员未到来之前，实验室参加泄漏处理的人员可以通过关闭阀门、停止实验、封堵漏点、吸附泄漏物等方法进行控制，并注意在上风向和高处进行处理，不能直接接触泄漏的化学品。同时，要防止泄漏的化学品扩散。现场人员必须配备必要的个人防护器具。如果泄漏化学品是易燃易爆的，应严禁火种。应急处理时严禁单独行动。

危险化学品泄漏的安全处理方法常用的有以下几种。

① 围堤堵截法。针对较大面积泄漏的危险化学品，为防止四处蔓延，造成难以控制的局面，采取先用沙土围堵，然后根据危险化学品的理化特性进行相应安全处理的办法。

② 稀释法和中和法。对于气体泄漏，如有可能，应急处理人员要止住泄漏，合理通风使其扩散，也可用消防用水向有害物蒸气云喷射雾状水，加速气体向高空扩散。对于可燃物，也可以在现场释放大量水蒸气或氮气，破坏燃烧条件。针对泄漏的具有较强腐蚀性的危险化学品，加水稀释或用其他物质使之进行中和反应，从而降低液体危险品的浓度或直接消除其危险性。

③ 覆盖法。针对易迅速形成爆炸极限范围和易挥发的有毒液体危险品，选用泡沫等物质覆盖在上面，形成覆盖层，抑制其蒸发，然后再根据其特性进行安全处理。根据泄漏物的特性选择合适的泡沫，一般要每隔 30～60 min 覆盖一次泡沫，以便有效地控制泄漏物的挥发。另外，泡沫覆盖必须和其他的收容措施如围堵等配合使用。

④ 吸收法。针对泄漏的液体危险品，根据其易被吸收的特性，先用蛭石或其他惰性物质进行吸收，再移至其他空旷处深埋或做其他安全处理。

⑤ 冲洗法。针对少量泄漏的危险化学品或经过吸收法处理后的污染现场，有条件的可用消防水冲洗泄漏现场的危险化学品，使之直接排入污水处理系统进行处理。不能排入污水处理系统的，必须用大量消防水进行冲洗，直至消除对周围环境的危害为止。

⑥ 收集法。针对大面积泄漏或较大面积泄漏的液体危险品，可先用隔膜泵或其他器皿将泄漏的液体进行回收，不能回收的部分用稀释法或洗消法进行安全处理。

通过以上方法，泄漏的危险化学品可以及时得到安全有效的处理，可以有效防止二次事故的发生。但以上方法不是独立的，而是有序的且紧密相连的整体。例如，针对较大面积易挥发性危险化学品的泄漏，围堤堵截法是对泄漏物采取的第一步，然后根据泄漏的液体危险品的易挥发性选用覆盖法，再用收集法，最后用冲洗法是对泄漏现场采取的最后一步。处理泄漏危险化学品应根据其特性选用不同的方法。

(6) 收集

泄漏物收集常用到的物品有：防化垃圾袋、防火垃圾桶、油渍废弃物防火垃圾桶、防飞溅托盘、盛漏托盘、盛漏卡板、聚乙烯盛漏托盘、高密度聚乙烯盛漏托盘、宽口收集罐、废液罐、金属罐、安全罐、废液储存桶、储存桶等。如果溅洒、泄漏的化学品为液体，当泄漏量小时，可用沙子、吸附材料、中和材料、吸收棉等吸收、中和，吸附后要收集于容器内进行处理。当大量泄漏时，可选择用隔膜泵将泄漏出的物料抽入容器内或槽车内。如果泄漏物为固体，用适当的工具收集泄漏的化学品，然后用水冲洗被污染的地面。

（7）事故处理后的清理与处置

泄漏的化学物质必须依据相关法规进行妥善的处置。在清理泄漏物时，应采取适当的方法，如分装至合适的容器，或进行中和、稀释、固化等处理，并送交专业机构进行处理。

化学品泄漏事件处理后，应及时对实验室进行清洁和消毒。冲洗实验台面、设备、仪器以及所有遭受泄漏污染的物品，确保实验室恢复到一个安全而洁净的环境。任何化学品泄漏事件都应及时记录并进行深刻总结。这不仅有助于实验室实施追溯管理，更能为今后可能发生的类似事件提供预防与应对经验。

在化学危险品泄漏事故中，应遵循正确的应急处置流程，依靠专业人员的指导，最大程度地确保人员安全和减少损害，并通过提高实验室人员的安全意识和紧急处理能力，确保实验室的安全运行。

习题

一、单选题

1. 化学实验教学“RAMP”风险防控体系中的“M”是指（　　）。

A. 识别危险　　B. 评估风险　　C. 减控危险　　D. 应急预案

2. 正常运行的化学实验室中危险源来自（　　）。

A. 实验人员、实验环境　　B. 实验设备

C. 实验药品　　D. 以上均是

3. 皮肤沾上有害试剂应该用清水冲洗不少于（　　）。

A. 5 min　　B. 10 min　　C. 15 min　　D. 8 min

4. 氯化钡致死量为（　　）。

A. 0.01～0.05 g　　B. 0.1～0.2 g　　C. 0.2～0.5 g　　D. 0.8～0.9 g

5. 手掌、手背及肘关节包扎常用（　　）。

A. 环形包扎法　　B.“8”字形包扎法　　C. 螺旋包扎法　　D. 回返包扎法

6. 烧伤是由（　　）等引起的组织损伤。

A. 热力、电流　　B. 化学物质　　C. 激光、放射线　　D. 以上均是

7. 处理中度烫伤采取的措施不正确的是（　　）。

A. 立即用冷水冲洗受伤部位，持续至少 10 min

B. 去除饰品和衣物

C. 如果创伤面与衣服粘连，不要强行撕扯，防止二次伤害

D. 刺破水泡，用干净的纱布轻轻覆盖伤口

E. 及时就医，根据医生建议进行治疗

8. 化学灼伤形成的三个阶段说法正确的是（　　）。

A. 前 10 s 是接触阶段，表层组织可阻止化学物质的渗透

B. 10 s～1 min 之内是渗透阶段，此时产生的损伤是可逆的

C. 1 min之后是反应阶段，局部组织受到破坏，形成不可逆的化学损伤

D. 以上说法都对

9. 化学灼伤现场急救的关键时刻在（　　）之内，如果用水冲洗，应在（　　）内完成。

A. 1s，1 min　　B. 1 min，1 min　　C. 1s，1s　　D. 1 min，10s

10. 较小的泄漏事故也被称为危险化学品溅洒事故，是指小于（　　）的无毒或低毒性物质泄漏或小于（　　）的高毒性物质泄漏。

A. 1L，100 mL　　B. 100 mL，10 mL　　C. 1L，500 mL　　D. 500 mL，100 mL

二、多选题

1. 化学实验教学“RAMP”风险防控体系包括（　　）。

A. 识别危险　　B. 评估风险　　C. 减控危险　　D. 应急预案

2. 事故应急处理必须遵守（　　）原则。

A. 贯彻“以人为本，安全第一，快速响应，防救结合”的原则

B. 及时报告

C. 紧急救援

D. 保护现场

3. 下列试剂属于有毒的有机试剂的有（　　）。

A. 苯　　B. 乙腈　　C. 四氢呋喃　　D. 氯化钠

4. 属于易燃易爆的有机试剂是（　　）。

A. 丙酮　　B. 甘油　　C. 乙酸乙酯　　D. 乙醇

5. 触电急救（　　）。

A. 首先要使触电者迅速脱离电源，触电者未脱离电源前，救护人员不准用手直接触及伤员

B. 若离电源开关较远，可用干燥的木橇、竹竿等挑开触电者身上的电线或带电设备

C. 可用几件干燥的衣服将手包住，或者站在干燥的木板上，拉触电者的衣服，使其脱离电源

D. 神志不清，应使其就地仰面躺平，确保气道通畅，并于 5 s时间间隔呼叫或轻拍其肩膀

6. 环形包扎法包括（　　）。

A. 伤口用无菌或干净的敷料覆盖并固定

B. 绷带一端稍斜（大致倾斜 45°）放于敷料处环绕一圈

C. 第二圈将第一圈斜出的一角压入环形圈内

D. 加压继续环绕，每圈盖住前一圈，绷带缠绕范围要超出敷料边缘。最后用胶布粘贴固定绷带末端

7. 包扎注意事项包括（　　）。

A. 包扎前应以无菌敷料覆盖伤口及创面

B. 包扎关节部位时，应使其处于功能位。避免在受伤部位和坐卧时受压的部位打结

C. 包扎松紧要适度。四肢伤应尽量暴露末端，以便随时观察血液循环状况

D. 包扎时尽可能做好自我防护，戴医用手套

8. 化学灼伤的严重程度受多种因素影响，包括（ ）。

A. 化学品的种类、性质、浓度　　B. 接触时间

C. 接触面积　　D. 中毒吸收情况和现场急救措施的有效性

9. 危险化学品的安全处理方法常用的有（ ）。

A. 围堤堵截法　　B. 稀释法和中和法

C. 覆盖法　　D. 吸收法、冲洗法、收集法

10. 在化学实验室中，如果发生化学品泄漏事故，下列哪些措施是正确的？（ ）

A. 立即关闭泄漏源　　B. 使用沙土或吸附剂覆盖泄漏物

C. 立即用水冲洗泄漏物　　D. 迅速撤离并报警

三、判断题（正确：√；错误：×）

1. 任何人都有参加安全事故救援的义务。但事故无法控制时应及时撤离。（ ）

2. 在火势很小的情况下，可使用湿布、灭火毯或灭火器迅速扑救着火物质。（ ）

3. 实验中若感觉咽喉灼痛、嘴唇脱色或发绀等，则可能是中毒所致。（ ）

4. 误食苯可以喝大量的水并催吐。（ ）

5. 有机试剂着火可以淋水灭火。（ ）

6. 误食氯化铁可漱口喝牛奶并就医。（ ）

7. 强酸溅入眼睛必须用大量水冲洗，严重时就医。（ ）

8. 回返包扎法用于指端、头部、截肢残端的包扎。（ ）

9. 前臂受伤如出血量较多，可用螺旋反折包扎法，增强包扎力度。（ ）

10. 热力烧伤是一个不断进展的过程，即使脱离热源，组织损伤仍然在进一步发展。（ ）

11. 化学灼伤是腐蚀品与皮肤成分之间进行物理损伤。（ ）

12. 六氟灵是一种新型的氢氟酸清除溶剂，其主要功能是中和或螯合游离的氢和氟离子，消除氢氟酸的毒性和腐蚀性。（ ）

13. 大的泄漏事故必须立即向相关负责教师报告，小的泄漏事故可不必报告。（ ）

14. 在化学实验室中，如果发生化学品泄漏事故，应立即使用适当的吸附材料吸收泄漏的化学品。（ ）

15. 在化学实验室中，如果发生化学品泄漏事故，应立即用水冲洗泄漏物。（ ）

四、简答题

1. 为实现实验室的科学管理，保障人、财、物的安全，应采取哪些措施减少事故的发生或降低事故损失？

2. 实验室常见的事故有哪些？请举例说明发生事故后应如何处理。

参考文献

[1] Hill R H，Finster D C. Laboratory Safety for Chemistry Students[M]. New Jersey：Wiley Press，2010.

[2] 郭丽芳，张玮玮，王明文，等．化学实验教学 RAMP 体系的风险识别与评估研究[J]. 实验技术与管理，2017，34(12)：272-274.

[3] 闻建范．化学灼伤现场创面冲洗方法探讨[J]. 职业卫生与应急救援，2017，35(1)：79-80＋87.

[4] 闻建范．化学灼伤的急救与预防[J]. 职业卫生与应急救援，2009，27(1)：11-12.

第11章

典型基础实验安全操作实例

11.1 典型无机化学实验安全操作实例

为了确保实验安全，避免意外事故发生，实验过程中首先必须有“安全”意识，严格遵守实验操作规程；其次，应有相应的保护措施，实验过程中穿实验服、佩戴护目镜、戴橡胶手套等防护用品；同时，应熟悉意外事故应急处理措施。以综合设计实验——“由废铜屑制备甲酸铜及其组成测定”为例，实验中的安全操作应注意以下事项。详见“典型无机化学实验安全操作实例”二维码。

典型无机化学实验安全操作实例

① 注意用电安全，正确使用电陶炉，电源线不要搭在电炉面板上，紧急情况下断电。

② 注意加热安全，防止烫伤，佩戴护目镜、手套，使用坩埚钳等防护用具，禁止将高温容器直接放在台面上，各种化学试剂必须远离热源。

③ 各种试剂必须严格按照反应用量取用，杜绝浪费，例如，酸量不能过大，否则会在后续中和时增大碳酸氢钠的用量。

④ 所需试剂均提供原装试剂，课上按所需浓度自行配制。

⑤ 课前查阅反应中涉及的铜及其各种铜化合物的性质，做到心中有数。

⑥ 原料废铜屑用量不要超过 5.0 g，用量过大，会增加实验时间和药品消耗，反应容器应大小合适。

⑦ 取用液体时应注意：

a. 开启液体试剂瓶时，头部应避开试剂瓶盖的正上方，防止瓶内气体冲出造成危险。

b. 边台取用液体试剂时，眼睛不可低于试剂出口。

c. 取药品时不要快速走动，同时，注意防护和提醒他人注意避让。

d. 液体试剂一旦触及皮肤，立即用水冲洗。

e. 不要提前取用，按量取用，取用试剂的容器要贴好标签。

f. 浓酸、浓碱、过氧化氢等强腐蚀性试剂，应注意加入试剂的温度和速度，加热温度不能过高，加入速度不宜过快，应缓慢滴加，避免反应过快而溢出。

⑧ 称量固体药品时，应注意避免撒落在秤盘或台面上；称量完毕，将试剂瓶盖盖好，禁止“张冠李戴”；固体试剂分批加入，避免溢出或飞溅。

⑨ 观察现象时，要注意以下几点：

a. 不要把头部伸入通风橱内。

b. 禁止头部贴近反应容器或俯视。

c. 不要把反应容器举过头顶。

⑩ 夹取蒸发皿应用坩埚钳，不能用烧杯夹，防止烫坏橡胶管套，或夹取不稳溶液洒出。

⑪ 坩埚钳应用一只手拿取，两只手同时拿会因失衡导致溶液洒出。

⑫ 在电陶炉上加热时，蒸发皿必须垫上泥三角，防止搅拌时洒出。

⑬ 蒸发皿盛装液体，液体体积不应大于蒸发皿容积的 2/3，防止蒸发浓缩时溢出。

⑭ 酒精灯添加酒精时应用漏斗或小烧杯，酒精体积应在酒精灯容积的 1/3～2/3 之间，过多或过少均可能发生事故。

⑮ 正确使用循环水泵，抽滤过程中应遵照正确的操作规程，防止倒吸。

⑯ 产品验收并回收，不允许带出实验室。

11.2　典型分析化学实验安全操作实例

以“铝合金中铝含量的测定”实验为例，氟化物、铝镁合金粉末、移液器和电热板的使用中应注意以下安全事项。

（1）NH_4F 安全使用

在“铝合金中铝含量的测定”实验中，通过锌标准溶液滴定过量的 EDTA，用 NH_4F 溶液置换出与 Al 结合的 EDTA。

NH_4F 属于危险化学品，是重要的环境污染物之一，对人、动物、植物均有毒性。一般认为每天摄入 6 mg 以上的氟就会导致氟中毒，继而造成食欲不振、智力低下、精神反常，严重时甚至可能造成瘫痪。因此，在实验中含氟废液应回收处理。氟化氢铵名字与氟化铵相近，但性质有所不同。氟化铵及氟化氢铵安全信息参见附录二危化品安全信息二维码 2.32、2.33。

含氟废水的处理方法有多种，目前应用最多的是化学沉淀法、絮凝沉淀法和吸附法三种。对于高浓度的含氟工业废水，一般采用钙盐沉淀法，即向废水中投加石灰，使氟离子与钙离子生成 CaF_2 沉淀而除去。而絮凝沉降法是目前处理含氟废水应用最多的方法，其基本原理是在含氟废水中加入 Fe^{2+}、Fe^{3+}、Al^{3+}、Mg^{2+} 等离子型混凝剂，并用碱（一般是氢氧化钙）调到适当的 pH 值，使其形成氢氧化物胶体，吸附并与废水中的氟反应生成氟化钙，氟化钙在一定的 pH 条件下会与多价金属的氧化物共沉淀析出。此外，还可利用吸附剂，如活性氧化铝、活性氧化镁、羟基磷灰石、氧化锆等，将氟浓度为 10 mg/L 的废水处理到 1 mg/L 以下，达到饮用水的标准。

氟化铵为离子化合物。室温下为白色或无色透明斜方晶系结晶，略带酸味，水溶液呈强酸性，能腐蚀玻璃，对皮肤有腐蚀性，可引起难以愈合的皮肤溃疡。因此，在使用中应注意安全！切勿弄到皮肤上。若不慎弄到手上，应立即用大量流动清水冲洗至少 15 min，及时就医。实验中采用移液器移取实验所需的 NH_4F 溶液。

氟化铵及含氟废液的处理方法见“氟化铵及含氟废液处理”二维码。

氟化铵及含氟废液处理

（2）移液器使用方法和注意事项

移液器也称移液枪，是在一定量程范围内，将液体从原容器内移取到另一容器内的一种计量工具。

使用时，首先选择合适量程的移液器，“铝合金中铝含量的测定”实验可选择最大量程为 5 mL 的移液器。然后，设定移液体积。可通过调节移液器的移液体积控制旋钮，进行移液量的设定。需要注意，在调节移液器的过程中，转动旋钮不可太快，也不可超出其最大或最小量程，否则易导致测量不准确，并且易卡住内部的机械装置而损坏移液器。接下来需要装配吸头，使用单通道移液器时，将移液器的嘴锥对准吸头管口，轻轻用力垂直下压，使之装紧。使用多通道移液器时，将移液器的第一排对准第一个管嘴，倾斜插入，前后稍微摇动拧紧。移液时，首先应进行润洗，即用待取液对移液嘴进行润洗，吸液、排液 2～3 次。然后，方可进行吸液。

移取方法分为前进移液法和反向移液法，下面介绍前进移液法的操作。

① 按下移液操作杆至第一停点位置，将吸头尖端垂直浸入原容器液面以下合适深度，应避免浸入过深或将吸头全部插入溶液中。

② 缓慢、匀速地松开操作杆直至按钮回到原点，此时吸头吸入溶液，静置 2～3 s，并斜贴在容器壁上旋转一周使吸头外壁多余的液体顺容器壁淌入容器。

③ 排液时，将移液器移置于待接收溶液容器的上方，吸液嘴紧贴容器内壁，将操作杆按至第一停点位置排出液体，稍停片刻，继续将移液操作杆按至第二停点位置排出残余液体。排出样品之后吸液嘴沿着容器内壁滑动一周，避免液体残留在吸液嘴上。

④ 排液完成后，不要迅速放松活塞按钮，应当移液器远离样品之后，再缓慢松开移液操作杆，按钮弹回。

在移液器的使用过程中，还应注意：当移液器吸头里有液体时，特别是移取具有腐蚀性的液体时，切勿将移液器水平放置或倒置，以免液体倒流而腐蚀活塞弹簧。快速和不稳定的吸液容易导致吸入空气或造成溶液喷溅、产生气雾，吸入套杆内的溶液会造成移液器的污染。

移液器的使用方法和注意事项见“移液器”二维码。

移液器

（3）Al-Mg 合金安全使用

实验中所用的 Al-Mg 合金为制备烟花的主要发光原料，在烟花生产中起着重要的还原剂作用，燃烧时温度高达 2000～3000℃。其粉末易燃、易爆，且对人体有害，其粉尘与空气混合后可形成爆炸性物质，不可随意丢弃。因此，废弃的 Al-Mg 合金应置于回收瓶内。使用中应禁止明火和静电火花，禁止对其进行按压操作，禁止在其中掺杂其他物质。实验中溶解铝合金粉末时，铝镁合金与酸发生反应放出大量热，极易造成迸溅，甚至产生火花，因此，实验时须做好个人防护，如戴好护目镜等。溶解铝合金粉末时，应在烧杯上盖上表面皿，从烧杯嘴部缓慢、逐滴滴加盐酸，并轻轻摇动，以降低反应的速率；直到反应缓慢时再进行下一步实验操作。

若 Al-Mg 合金起火燃烧，应用干沙闷熄，严禁用水、泡沫灭火器和二氧化碳灭火器进行扑救。Al-Mg 合金安全使用参见“铝镁合金粉”二维码。

铝镁合金粉

（4）电热板安全使用

电热板属于加热设备，应注意用电安全。首先，电源线与电炉面板应保持一定的距离，防止电源线被烧、毁坏，从而导致漏电，甚至产生火灾。其次，加热中应防止烫伤，取用玻璃器皿时应使用坩埚钳、手套等防护用具，若发生烫伤，应及时涂抹烫伤膏。另外，电热板应置于通风橱中使用。电热板连续工作的时间不宜过长，以免影响其使用寿命，若无人员使用，应关闭开关，禁止空烧。加热液体时，装液量不应过满，防止加热时溢出器皿，损坏设备。电热板安全使用参见“电热板安全使用及烫伤预防”二维码。

电热板安全使用及烫伤预防

11.3 典型有机化学实验安全操作实例

以“正溴丁烷的合成”实验为例介绍有机化学实验的一些常见安全注意事项。典型有机化学实验安全操作实例详见“有机化学实验安全操作”二维码。

有机化学实验安全操作

该实验利用浓硫酸与溴化钠反应生成溴化氢，生成的溴化氢再与正丁醇（详细内容参见附录二危化品安全信息二维码 2.35）反应生成正溴丁烷（详细内容参见附录二危化品安全信息二维码 2.34）。实验中用到的反应药品主要是溴化钠、浓硫酸、正丁醇和水。

实验中若先将浓硫酸和溴化钠混合，则溴化氢气体和氧化生成的单质溴就会从烧瓶中逸出，对人身和环境造成伤害。若先将浓硫酸和正丁醇混合，则混合产生的热量会造成局部炭化，影响产品的纯度和产率。正确的添加药品顺序应该是首先将浓硫酸缓慢地注入水中，摇匀，待溶液温度下降后，继续依次加入正丁醇和溴化钠。加入固体药品时，应使用加料漏斗，避免固体沾到烧瓶磨口，造成漏气，最后加入沸石防止暴沸。

添加完药品后，需要搭建回流装置进一步开展实验。搭建过程中需要注意十字夹的开口部分要向前向上，即夹在铁架台上的十字夹开口要朝向自己，夹在铁夹上的十字夹开口要朝上。铁夹固定烧瓶时施加的力度不可过大，以避免夹碎烧瓶。实验产生的溴化氢气体会对人身和环境造成伤害，需要在回流装置上加装尾气吸收装置。在球形冷凝管上方胶塞上插入导气管，并在导气管末端连接一个玻璃漏斗。该漏斗倒扣在盛有吸收液的烧杯中，特别需要注意的是，漏斗应略微倾斜，使漏斗口一半在水中，一半在水面上，既能防止气体逸出，又可防止水倒吸至反应瓶中。搭建好装置后开始加热回流，加热温度不宜太高，以免产生过多副产物，影响产率。

回流约 30 min，反应体系冷却后，改成蒸馏装置继续开展实验。为了防止蒸馏时暴沸，要重新添加沸石。加热蒸出正溴丁烷，此时，产品中含有大量的杂质，需要进一步纯化。取一个分液漏斗，使用前先检查下口活塞和上口塞子是否有漏液现象，检查它的活塞、顶塞及磨口是否匹配。将正溴丁烷粗产品倒入分液漏斗中，加水洗涤一次。将下层粗产物分入另一个干燥的分液漏斗中，再用浓硫酸洗涤。洗涤完成后，从分液漏斗的下口尽量分离干净硫酸层。余下的有机层从分液漏斗的上口倒入原来已洗干净的分液漏斗之中。再用等体积的水洗涤一次，留下下层粗产品，最后用饱和碳酸氢钠溶液洗涤至中性，将下层产品收集到一个干燥的锥形瓶中。此实验步骤中需要注意的是，将溶液倒入分液漏斗中时，分液漏斗中的液体不宜太多，一般不超过分液漏斗体积的二分之一。每振摇几次后，就要将漏斗尾部向上倾斜，朝无人处打开活塞放气，以解除漏斗中的压力。分液漏斗操作过程全程支管口不能对着他人，以防液体从支管口喷溅发生伤人事故。使用分液漏斗时，产品是在上层还是下层要根据密度来判断。分液过程中的水层不要先扔掉，而是保存在一个烧杯中，待操作结束再处理。

经过洗涤的产品仍然含有少量水，需要用干燥剂进行干燥。加入干燥剂前应尽可能地将产品中的水分分离干净。加入大小合适的干燥剂，用塞子塞紧，振摇片刻。如干燥剂附在瓶壁上互相黏结，通常是因为干燥剂用量不够，应补加。放置半小时以上，并随时加以振摇。经干燥后变为澄清透明溶液，且干燥剂棱角分明，水分基本除去。

干燥后将产品过滤到蒸馏烧瓶中，注意不要将干燥剂混入蒸馏烧瓶，再次搭建蒸馏装置进行正丁烷的提纯，此时要保证蒸馏装置干燥，以免重新引入水分。蒸馏时注意观察温度计示数，除去前馏分，在正溴丁烷沸点附近收集产品。注意蒸馏时不要蒸干，要留有少许液体。

习题

一、单选题

1. 若 Al-Mg 合金起火燃烧，应用（　　）灭火。

A. 干沙闷熄　　B. 水

C. 泡沫灭火器　　D. 二氧化碳灭火器

2. 关于正溴丁烷制备反应尾气吸收，说法正确的是（　　）。

A. 应该采用导气管将尾气通入盛有水的烧杯中

B. 应该采用导气管将尾气通入盛有氢氧化钠溶液的烧杯中

C. 反应产生的尾气主要是酸性的溴化氢气体

D. 尾气吸收装置的倒扣漏斗应该浸没在盛有水的烧杯中

3. 关于正溴丁烷制备反应停止后第一次蒸馏和萃取，说法正确的是（　　）。

A. 正溴丁烷制备反应停止加热改为蒸馏装置后直接加热蒸馏

B. 萃取使用的分液漏斗，上口塞子可以随意放在桌上

C. 萃取过程中，放气时应该避免分液漏斗下口对着他人

D. 加入碳酸氢钠洗涤时，分液漏斗可以持续长时间振摇萃取

4. 关于正溴丁烷制备实验的安全注意事项，说法正确的是（　　）。

A. 实验前应通过网络检索每种使用的化学药品的 MSDS 信息

B. 实验中不需要注意危险化学品的使用、用电及用水安全

C. 蒸馏时需要将烧瓶中的液体蒸干来提高产率

D. 实验中的加热操作可以用酒精灯作为热源

二、多选题

1. 关于正溴丁烷制备的反应液配制，说法正确的是（　　）。

A. 配制反应溶液时应先将浓硫酸加入水中

B. 配制反应溶液时应先将溴化钠加入水中

C. 配制反应溶液时不能直接将溴化钠和浓硫酸混合

D. 配制反应溶液时不能直接将正丁醇和浓硫酸混合

2. 关于正溴丁烷制备反应装置的搭建，说法正确的是（　　）。

A. 搭建装置应该遵循先下后上的顺序

B. 装置最上方需要连接尾气吸收装置

C. 反应的圆底烧瓶口有沸石颗粒，不影响装置搭建

D. 装置的十字夹开口应该向上向前

三、判断题（正确：√；错误：×）

1. 移液器也称移液枪，是在一定量程范围内，将液体从原容器内移取到另一容器内的一种计量工具。（　　）

2. 在调节移液器的过程中，需要大力、快速转动旋钮，但不可超出其最大或最小量程。（　　）

3. 加热液体时，装液量不应过满，防止加热时溢出器皿，损坏设备。（　　）

4. 蒸发皿内液体不要超过总体积的3/4。（　　）

四、简答题

1. 从安全实验的意义出发，论述在高校实验教学中为何要特别强调对本科生进行安全教育和基本操作训练，并结合基础实验操作安全、加热仪器及环保等知识点进行分析。

2. 在进行“从煤焦油中提取苯系物”的蒸馏实验时，实验人员使用明火加热圆底烧瓶，未安装温度计，冷凝管未通冷却水，接收瓶未使用防倒吸装置。实验过程中发生暴沸导致液体冲出，引发火灾。结合蒸馏装置的搭建要求和加热安全规范，分析该实验装置的错误之处及火灾发生的原因，并设计包含装置改进、操作优化、应急预案在内的安全防护方案。

附录

附录一 实验室安全相关法律、法规、标准等

附 1.1 国家法律、法规、部门规章

①《中华人民共和国安全生产法》

②《中华人民共和国环境保护法》

③《中华人民共和国消防法》(新修订)

④《中华人民共和国劳动法》(2018 修订)

⑤《中华人民共和国特种设备安全法》(主席令第四号)

⑥《中华人民共和国突发事件应对法》

⑦《危险化学品安全管理条例》

⑧《生产安全事故应急条例》

⑨《易制毒化学品管理条例》(国务院令第 445 号 2018 年第三次修订)

⑩《中华人民共和国监控化学品管理条例》(国务院令第 190 号 2011 年修改)

⑪《麻醉药品和精神药品管理条例》(国务院令第 442 号 2016 年第 2 次修订)

⑫《民用爆炸物品安全管理条例》(国务院令第 466 号 2014 年修订)

⑬《医疗用毒性药品管理办法》(国务院令第 23 号)

⑭《危险化学品建设项目安全许可实施办法》(国家安全生产监督管理总局令第 8 号)

⑮《危险化学品登记管理办法》(国家安全生产监督管理总局令第 53 号)

⑯《危险化学品重大危险源监督管理暂行规定》(国家安全生产监督管理总局令第 40 号)

⑰《新化学物质环境管理办法》(环境保护部令第 7 号)

⑱《药品类易制毒化学品管理办法》(卫生部第 72 号令)

⑲《气瓶安全监察规定》(质量监督检验检疫总局令第 46 号)

⑳《剧毒化学品购买和公路运输许可证件管理办法》

㉑《危险货物道路运输安全管理办法》(交通运输部令 2019 年第 29 号)

㉒《化学品物理危险性鉴定与分类管理办法》(国家安全生产监督管理总局令第 60 号)

㉓《高等学校消防安全管理规定》(教育部、公安部第 28 号令)

㉔《废弃危险化学品污染环境防治办法》(国家环境保护总局令第 27 号)

附 1.2 教育部发布的关于高校实验室安全的文件

① 教育部办公厅关于加强高校教学实验室安全工作的通知（教高厅〔2017〕2 号）

② 教育部办公厅关于进一步加强高校教学实验室安全检查工作的通知（教高厅〔2019〕1 号）

③ 教育部关于加强高校实验室安全工作的意见（教技函〔2019〕36 号）

④ 教育部办公厅关于开展加强高校实验室安全专项行动的通知（教科信厅函〔2021〕38 号）

⑤ 教育部办公厅关于组织开展 2022 年高等学校实验室安全检查工作的通知（教发厅函〔2022〕11 号）

⑥ 教育部办公厅关于印发《高等学校实验室安全规范》的通知（教科信厅函〔2023〕5 号）

⑦ 教育部关于印发《高等学校实验室安全分级分类管理办法（试行）》的通知（教科信〔2024〕4 号）

附 1.3 国家标准及行业标准

① DB 11/T 1191.1—2025《实验室危险化学品安全管理要求　第 1 部分：工业企业》

② GB 2894—2008《安全标志及其使用导则》

③ GB 6944—2025《危险货物分类和品名编号》

④ GB 12268—2025《危险货物品名表》

⑤ GB 15258—2009《化学品安全标签编写规定》

⑥ GB 15603—2022《危险化学品仓库储存通则》

⑦ GA1002—2012《剧毒化学品、放射源存放场所治安防范要求》

⑧ GB 15630—1995《消防安全标志设置要求》

⑨ GB/T 16163—2012《瓶装气体分类》

⑩ GB/T 16483—2008《化学品安全技术说明书　内容和项目顺序》

⑪ GB 17914—2013《易燃易爆性商品储存养护技术条件》

⑫ GB 17915—2013《腐蚀性商品储存养护技术条件》

⑬ GB 17916—2013《毒害性商品储存养护技术条件》

⑭ GB 39800.1—2020《个体防护装备配备规范　第 1 部分：总则》

⑮ GB/T 29639—2020《生产经营单位生产安全事故应急预案编制导则》

⑯ GB/T 31190—2014《实验室废弃化学品收集技术规范》

⑰ GB 50016—2014《建筑设计防火规范》

⑱ GB 50140—2023《建筑灭火器配置设计规范》

⑲ GBZ 1—2010《工业企业设计卫生标准》

⑳ JGJ 91—2019《科研建筑设计标准》

㉑ TSG 23—2021《气瓶安全技术规程》

㉒ GB 18599—2020《一般工业固体废物贮存和填埋污染控制标准》

㉓《化学品分类和标签规范》

GB 30000.1—2024《化学品分类和标签规范　第1部分：通则》

GB 30000.2—2013《化学品分类和标签规范　第2部分：爆炸物》

GB 30000.3—2013《化学品分类和标签规范　第3部分：易燃气体》

GB 30000.4—2013《化学品分类和标签规范　第4部分：气溶胶》

GB 30000.5—2013《化学品分类和标签规范　第5部分：氧化性气体》

GB 30000.6—2013《化学品分类和标签规范　第6部分：加压气体》

GB 30000.7—2013《化学品分类和标签规范　第7部分：易燃液体》

GB 30000.8—2013《化学品分类和标签规范　第8部分：易燃固体》

GB 30000.9—2013《化学品分类和标签规范　第9部分：自反应物质和混合物》

GB 30000.10—2013《化学品分类和标签规范　第10部分：自燃液体》

GB 30000.11—2013《化学品分类和标签规范　第11部分：自燃固体》

GB 30000.12—2013《化学品分类和标签规范　第12部分：自热物质和混合物》

GB 30000.13—2013《化学品分类和标签规范　第13部分：遇水放出易燃气体的物质和混合物》

GB 30000.14—2013《化学品分类和标签规范　第14部分：氧化性液体》

GB 30000.15—2013《化学品分类和标签规范　第15部分：氧化性固体》

GB 30000.16—2013《化学品分类和标签规范　第16部分：有机过氧化物》

GB 30000.17—2013《化学品分类和标签规范　第17部分：金属腐蚀物》

GB 30000.18—2013《化学品分类和标签规范　第18部分：急性毒性》

GB 30000.19—2013《化学品分类和标签规范　第19部分：皮肤腐蚀/刺激》

GB 30000.20—2013《化学品分类和标签规范　第20部分：严重眼损伤/眼刺激》

GB 30000.21—2013《化学品分类和标签规范　第21部分：呼吸道或皮肤致敏》

GB 30000.22—2013《化学品分类和标签规范　第22部分：生殖细胞致突变性》

GB 30000.23—2013《化学品分类和标签规范　第23部分：致癌性》

GB 30000.24—2013《化学品分类和标签规范　第24部分：生殖毒性》

GB 30000.25—2013《化学品分类和标签规范　第25部分：特异性靶器官毒性　一次接触》

GB 30000.26—2013《化学品分类和标签规范　第26部分：特异性靶器官毒性　反复接触》

GB 30000.27—2013《化学品分类和标签规范　第27部分：吸入危害》

GB 30000.28—2013《化学品分类和标签规范　第28部分：对水生环境的危害》

GB 30000.29—2013《化学品分类和标签规范　第29部分：对臭氧层的危害》

GB/T 30000.31—2023《化学品分类和标签规范　第31部分：化学品作业场所警示性标志》

㉔ SN/T 3592—2013《实验室化学药品和样品废弃物处理的标准指南》

㉕ GB/T 2893.1—2013《图形符号 安全色和安全标志　第1部分：安全标志和安全标记的设计原则》

附录二　危险化学品安全信息二维码

序号	危险化学品安全信息	二维码	序号	危险化学品安全信息	二维码
2.1	氯化汞		2.11	氯酸钾	
2.2	高锰酸钾		2.12	高氯酸锂	
2.3	乙醚		2.13	高氯酸铵	
2.4	三氯甲烷		2.14	重铬酸钾	
2.5	乙酸酐		2.15	过氧化苯甲酰	
2.6	苯乙酸		2.16	金属钠	
2.7	溴素		2.17	六亚甲基四胺	
2.8	发烟硝酸		2.18	硼氢化钠	
2.9	高氯酸		2.19	氢氟酸	
2.10	硝酸银		2.20	氯化钡	

续表

序号	危险化学品安全信息	二维码	序号	危险化学品安全信息	二维码
2.21	硝基苯		2.29	苯乙烯	
2.22	甲酸		2.30	三氯化铝(无水)	
2.23	苯甲酰氯		2.31	苯酚	
2.24	丙烯酸		2.32	氟化铵	
2.25	二硫化碳		2.33	氟化氢铵	
2.26	石油醚		2.34	正溴丁烷	
2.27	乙二胺		2.35	正丁醇	
2.28	乙腈				

附录三 不安全状态、不安全行为

我国 GB 6441—1986《企业职工伤亡事故分类》标准对起因物、致害物、不安全状态、不安全行为均有具体详细的规定。

A. 6 不安全状态（见表 A6）

表 A6

分类号	不安全状态
6.01	防护、保险、信号等装置缺乏或有缺陷
6.01.1	无防护
6.01.1.1	无防护罩
6.01.1.2	无安全保险装置
6.01.1.3	无报警装置
6.01.1.4	无安全标志
6.01.1.5	无护栏或护栏损坏
6.01.1.6	(电气)未接地
6.01.1.7	绝缘不良
6.01.1.8	风扇无消音系统、噪声大
6.01.1.9	危房内作业
6.01.1.10	未安装防止“跑车”的挡车器或挡车栏
6.01.1.11	其他
6.01.2	防护不当
6.01.2.1	防护罩未在适应位置
6.01.2.2	防护装置调整不当
6.01.2.3	坑道掘进，隧道开凿支撑不当
6.01.2.4	防爆装置不当
6.01.2.5	采伐、集材作业安全距离不够
6.01.2.6	放炮作业隐蔽所有缺陷
6.01.2.7	电气装置带电部分裸露
6.01.2.8	其他
6.02	设备、设施、工具、附件有缺陷
6.02.1	设计不当，结构不符合安全要求
6.02.1.1	通道门遮挡视线
6.02.1.2	制动装置有欠缺
6.02.1.3	安全间距不够

续表

分类号	不安全状态
6.02.1.4	拦车网有缺欠
6.02.1.5	工件有锋利毛刺、毛边
6.02.1.6	设施上有锋利倒棱
6.02.1.7	其他
6.02.2	强度不够
6.02.2.1	机械强度不够
6.02.2.2	绝缘强度不够
6.02.2.3	起吊重物的绳索不符合安全要求
6.02.2.4	其他
6.02.3	设备在非正常状态下运行
6.02.3.1	设备带“病”运转
6.02.3.2	超负荷运转
6.02.3.3	其他
6.02.4	维修、调整不良
6.02.4.1	设备失修
6.02.4.2	地面不平
6.02.4.3	保养不当、设备失灵
6.02.4.4	其他
6.03	个人防护用品用具——防护服、手套、护目镜及面罩、呼吸器官护具、听力护具、安全带、安全帽、安全鞋等缺少或有缺陷
6.03.1	无个人防护用品、用具
6.03.2	所用防护用品、用具不符合安全要求
6.04	生产(施工)场地环境不良
6.04.1	照明光线不良
6.04.1.1	照度不足
6.04.1.2	作业场地烟雾弥漫视物不清
6.04.1.3	光线过强
6.04.2	通风不良
6.04.2.1	无通风
6.04.2.2	通风系统效率低
6.04.2.3	风流短路
6.04.2.4	停电停风时放炮作业
6.04.2.5	瓦斯排放未达到安全浓度放炮作业

续表

分类号	不安全状态
6.04.2.6	瓦斯超限
6.04.2.7	其他
6.04.3	作业场所狭窄
6.04.4	作业场地杂乱
6.04.4.1	工具、制品、材料堆放不安全
6.04.4.2	采伐时，未开“安全道”
6.04.4.3	迎门树、坐殿树、搭挂树未作处理
6.04.4.4	其他
6.04.5	交通线路的配置不安全
6.04.6	操作程序设计或配置不安全
6.04.7	地面滑
6.04.7.1	地面有油或其他液体
6.04.7.2	冰雪覆盖
6.04.7.3	地面有其他易滑物
6.04.8	贮存方法不安全
6.04.9	环境温度、湿度不当

A.7 不安全行为（见表A7）

表A7

分类号	不安全行为
7.01	操作错误、忽视安全、忽视警告
7.01.1	未经许可开动、关停、移动机器
7.01.2	开动、关停机器时未给信号
7.01.3	开关未锁紧，造成意外转动、通电或泄漏等
7.01.4	忘记关闭设备
7.01.5	忽视警告标志、警告信号
7.01.6	操作错误(指按钮、阀门、扳手、把柄等的操作)
7.01.7	奔跑作业
7.01.8	供料或送料速度过快
7.01.9	机器超速运转
7.01.10	违章驾驶机动车
7.01.11	酒后作业
7.01.12	客货混载

续表

分类号	不安全行为
7.01.13	冲压机作业时,手伸进冲压模
7.01.14	工件紧固不牢
7.01.15	用压缩空气吹铁屑
7.01.16	其他
7.02	造成安全装置失效
7.02.1	拆除了安全装置
7.02.2	安全装置堵塞失去作用
7.02.3	调整错误造成安全装置失效
7.02.4	其他
7.03	使用不安全设备
7.03.1	临时使用不牢固的设施
7.03.2	使用无安全装置的设备
7.03.3	其他
7.04	手代替工具操作
7.04.1	用手代替手动工具
7.04.2	用手清除切屑
7.04.3	不用夹具固定、用手拿工件进行机加工
7.05	物体(指成品、半成品、材料、工具、切屑和生产用品等)存放不当
7.06	冒险进入危险场所
7.06.1	冒险进入涵洞
7.06.2	接近漏料处(无安全设施)
7.06.3	采伐、集材、运材、装车时,未离危险区
7.06.4	未经安全监察人员允许进入油罐或井中
7.06.5	未“敲帮问顶”开始作业
7.06.6	冒进信号
7.06.7	调车场超速上下车
7.06.8	易燃易爆场合明火
7.06.9	私自搭乘矿车
7.06.10	在绞车道行走
7.06.11	未及时瞭望
7.08	攀、坐不安全位置(如平台护栏、汽车挡板、吊车吊钩)
7.09	在起吊物下作业、停留

续表

分类号	不安全行为
7.10	机器运转时进行加油、修理、检查、调整、焊接、清扫等工作
7.11	有分散注意力行为
7.12	在必须使用个人防护用品用具的作业或场合中，忽视其使用
7.12.1	未戴护目镜或面罩
7.12.2	未戴防护手套
7.12.3	未穿安全鞋
7.12.4	未戴安全帽
7.12.5	未佩戴呼吸护具
7.12.6	未佩戴安全带
7.12.7	未戴工作帽
7.12.8	其他
7.13	不安全装束
7.13.1	在有旋转零部件的设备旁作业穿过肥大服装
7.13.2	操作带有旋转零部件的设备时戴手套
7.13.3	其他
7.14	对易燃、易爆等危险物品处理错误

附录四 危险化学品目录中标注为剧毒的化学品

序号	危险化学品目录序号	品名	别名	CAS号	备注
1	4	5-氨基-3-苯基-1-[双(*N*,*N*-二甲基氨基氧膦基)]-1,2,4-三唑(含量>20%)	威菌磷	1031-47-6	剧毒
2	20	3-氨基丙烯	烯丙胺	107-11-9	剧毒
3	40	八氟异丁烯	全氟异丁烯 1,1,3,3,3-五氟-2-(三氟甲基)-1-丙烯	382-21-8	剧毒
4	41	八甲基焦磷酰胺	八甲磷	152-16-9	剧毒
5	42	1,3,4,5,6,7,8,8-八氯-1,3,3*a*,4,7,7*a*-六氢-4,7-甲撑异苯并呋喃(含量>1%)	八氯六氢亚甲基苯并呋喃;碳氯灵	297-78-9	剧毒
6	71	苯基硫醇	苯硫酚;巯基苯;硫代苯酚	108-98-5	剧毒
7	88	苯胂化二氯	二氯化苯胂;二氯苯胂	696-28-6	剧毒
8	99	1-(3-吡啶甲基)-3-(4-硝基苯基)脲	1-(4-硝基苯基)-3-(3-吡啶基甲基)脲;灭鼠优	53558-25-1	剧毒
9	121	丙腈	乙基氰	107-12-0	剧毒
10	123	2-丙炔-1-醇	丙炔醇;炔丙醇	107-19-7	剧毒
11	138	丙酮氰醇	丙酮合氰化氢;2-羟基异丁腈;氰丙醇	75-86-5	剧毒
12	141	2-丙烯-1-醇	烯丙醇;蒜醇;乙烯甲醇	107-18-6	剧毒
13	155	丙烯亚胺	2-甲基氮丙啶;2-甲基乙撑亚胺;丙撑亚胺	75-55-8	剧毒
14	217	叠氮化钠	三氮化钠	26628-22-8	剧毒
15	241	3-丁烯-2-酮	甲基乙烯基酮;丁烯酮	78-94-4	剧毒
16	258	1-(对氯苯基)-2,8,9-三氧-5-氮-1-硅双环(3,3,3)十二烷	毒鼠硅;氯硅宁;硅灭鼠	29025-67-0	剧毒
17	321	2-(二苯基乙酰基)-2,3-二氢-1,3-茚二酮	2-(2,2-二苯基乙酰基)-1,3-茚满二酮;敌鼠	82-66-6	剧毒
18	339	1,3-二氟丙-2-醇(Ⅰ)与1-氯-3-氟丙-2-醇(Ⅱ)的混合物	鼠甘伏;甘氟	8065-71-2	剧毒
19	340	二氟化氧	一氧化二氟	7783-41-7	剧毒
20	367	*O*,*O*-二甲基-*O*-(2-甲氧甲酰基-1-甲基)乙烯基磷酸酯(含量>5%)	甲基-3-[(二甲氧基磷酰基)氧代]-2-丁烯酸酯;速灭磷	7786-34-7	剧毒

续表

序号	危险化学品目录序号	品名	别名	CAS 号	备注
21	385	*O*,*O*-二甲基-4-(甲基硫代)苯基磷酸酯	甲硫磷	3254-63-5	剧毒
22	393	(E)-*O*,*O*-二甲基-*O*-[1-甲基-2-(二甲基氨基甲酰)乙烯基]磷酸酯(含量>25%)	3-二甲氧基磷氧基-*N*,*N*-二甲基异丁烯酰胺;百治磷	141-66-2	剧毒
23	394	*O*,*O*-二甲基-*O*-[1-甲基-2-(甲基氨基甲酰)乙烯基]磷酸酯(含量>0.5%)	久效磷	6923-22-4	剧毒
24	410	*N*,*N*-二甲基氨基乙腈	2-(二甲氨基)乙腈	926-64-7	剧毒
25	434	*O*,*O*-二甲基对硝基苯基磷酸酯	甲基对氧磷	950-35-6	剧毒
26	461	1,1-二甲基肼	二甲基肼(不对称);*N*,*N*-二甲基肼	57-14-7	剧毒
27	462	1,2-二甲基肼	二甲基肼(对称)	540-73-8	剧毒
28	463	*O*,*O*′-二甲基硫代磷酰氯	二甲基硫代磷酰氯	2524-03-0	剧毒
29	481	二甲双胍	马钱子碱	57-24-9	剧毒
30	486	二甲氧基马钱子碱	番木鳖碱	357-57-3	剧毒
31	568	2,3-二氢-2,2-二甲基苯并呋喃-7-基-*N*-甲基氨基甲酸酯	克百威	1563-66-2	剧毒
32	572	2,6-二噻-1,3,5,7-四氮三环-[3,3,1,1,3,7]癸烷-2,2,6,6-四氧化物	毒鼠强	80-12-6	剧毒
33	648	*S*-[2-(二乙氨基)乙基]-*O*,*O*-二乙基硫代磷酸酯	胺吸磷	78-53-5	剧毒
34	649	*N*-二乙氨基乙基氯	2-氯乙基二乙胺	100-35-6	剧毒
35	654	*O*,*O*-二乙基-*N*-(1,3-二硫戊环-2-亚基)磷酰胺(含量>15%)	2-(二乙氧基磷酰亚氨基)-1,3-二硫戊环;硫环磷	947-02-4	剧毒
36	655	*O*,*O*-二乙基-*N*-(4-甲基-1,3-二硫戊环-2-亚基)磷酰胺(含量>5%)	二乙基(4-甲基-1,3-二硫戊环-2-叉氨基)磷酸酯;地胺磷	950-10-7	剧毒
37	656	*O*,*O*-二乙基-*N*-1,3-二噻丁环-2-亚基磷酰胺	丁硫环磷	21548-32-3	剧毒
38	658	*O*,*O*-二乙基-*O*-(2-乙硫基乙基)硫代磷酸酯与*O*,*O*-二乙基-*S*-(2-乙硫基乙基)硫代磷酸酯的混合物(含量>3%)	内吸磷	8065-48-3	剧毒
39	660	*O*,*O*-二乙基-*O*-(4-甲基香豆素基-7)硫代磷酸酯	扑杀磷	299-45-6	剧毒
40	661	*O*,*O*-二乙基-*O*-(4-硝基苯基)磷酸酯	对氧磷	311-45-5	剧毒

续表

序号	危险化学品目录序号	品名	别名	CAS号	备注
41	662	O,O-二乙基-O-(4-硝基苯基)硫代磷酸酯(含量>4%)	对硫磷	56-38-2	剧毒
42	665	O,O-二乙基-O-[2-氯-1-(2,4-二氯苯基)乙烯基]磷酸酯(含量>20%)	2-氯-1-(2,4-二氯苯基)乙烯基二乙基磷酸酯;毒虫畏	470-90-6	剧毒
43	667	O,O-二乙基-O-2-吡嗪基硫代磷酸酯(含量>5%)	虫线磷	297-97-2	剧毒
44	672	O,O-二乙基-S-(2-乙硫基乙基)二硫代磷酸酯(含量>15%)	乙拌磷	298-04-4	剧毒
45	673	O,O-二乙基-S-(4-甲基亚磺酰基苯基)硫代磷酸酯(含量>4%)	丰索磷	115-90-2	剧毒
46	675	O,O-二乙基-S-(对硝基苯基)硫代磷酸	硫代磷酸-O,O-二乙基-S-(4-硝基苯基)酯	3270-86-8	剧毒
47	676	O,O-二乙基-S-(乙硫基甲基)二硫代磷酸酯	甲拌磷	298-02-2	剧毒
48	677	O,O-二乙基-S-(异丙基氨基甲酰甲基)二硫代磷酸酯(含量>15%)	发硫磷	2275-18-5	剧毒
49	679	O,O-二乙基-S-氯甲基二硫代磷酸酯(含量>15%)	氯甲硫磷	24934-91-6	剧毒
50	680	O,O-二乙基-S-叔丁基硫甲基二硫代磷酸酯	特丁硫磷	13071-79-9	剧毒
51	692	二乙基汞	二乙汞	627-44-1	剧毒
52	732	氟		7782-41-4	剧毒
53	780	氟乙酸	氟醋酸	144-49-0	剧毒
54	783	氟乙酸甲酯		453-18-9	剧毒
55	784	氟乙酸钠	氟醋酸钠	62-74-8	剧毒
56	788	氟乙酰胺		640-19-7	剧毒
57	849	癸硼烷	十硼烷;十硼氢	17702-41-9	剧毒
58	1008	4-己烯-1-炔-3-醇		10138-60-0	剧毒
59	1041	3-(1-甲基-2-四氢吡咯基)吡啶硫酸盐	硫酸化烟碱	65-30-5	剧毒
60	1071	2-甲基-4,6-二硝基酚	4,6-二硝基邻甲苯酚;二硝酚	534-52-1	剧毒
61	1079	O-甲基-S-甲基硫代磷酰胺	甲胺磷	10265-92-6	剧毒
62	1081	O-甲基氨基甲酰基-2-甲基-2-(甲硫基)丙醛肟	涕灭威	116-06-3	剧毒

续表

序号	危险化学品目录序号	品名	别名	CAS号	备注
63	1082	*O*-甲基氨基甲酰基-3,3-二甲基-1-(甲硫基)丁醛肟	久效威	39196-18-4	剧毒
64	1097	(*S*)-3-(1-甲基吡咯烷-2-基)吡啶	烟碱;尼古丁;1-甲基-2-(3-吡啶基)吡咯烷	54-11-5	剧毒
65	1126	甲基磺酰氯	氯化硫酰甲烷;甲烷磺酰氯	124-63-0	剧毒
66	1128	甲基肼	一甲肼;甲基联氨	60-34-4	剧毒
67	1189	甲烷磺酰氟	甲磺氟酰;甲基磺酰氟	558-25-8	剧毒
68	1202	甲藻毒素(二盐酸盐)	石房蛤毒素(盐酸盐)	35523-89-8	剧毒
69	1236	抗霉素A		1397-94-0	剧毒
70	1248	镰刀菌酮X		23255-69-8	剧毒
71	1266	磷化氢	磷化三氢;膦	7803-51-2	剧毒
72	1278	硫代磷酰氯	硫代氯化磷酰;三氯化硫磷;三氯硫磷	3982-91-0	剧毒
73	1327	硫酸三乙基锡		57-52-3	剧毒
74	1328	硫酸铊	硫酸亚铊	7446-18-6	剧毒
75	1332	六氟-2,3-二氯-2-丁烯	2,3-二氯六氟-2-丁烯	303-04-8	剧毒
76	1351	(1*R*,4*S*,4*aS*,5*R*,6*R*,7*S*,8*S*,8*aR*)-1,2,3,4,10,10-六氯-1,4,4*a*,5,6,7,8,8*a*-八氢-6,7-环氧-1,4,5,8-二亚甲基萘(含量2%～90%)	狄氏剂	60-57-1	剧毒
77	1352	(1*R*,4*S*,5*R*,8*S*)-1,2,3,4,10,10-六氯-1,4,4*a*,5,6,7,8,8*a*-八氢-6,7-环氧-1,4,5,8-二亚甲基萘(含量＞5%)	异狄氏剂	72-20-8	剧毒
78	1353	1,2,3,4,10,10-六氯-1,4,4*a*,5,8,8*a*-六氢-1,4-挂-5,8-挂二亚甲基萘(含量＞10%)	异艾氏剂	465-73-6	剧毒
79	1354	1,2,3,4,10,10-六氯-1,4,4*a*,5,8,8*a*-六氢-1,4:5,8-桥,挂二甲撑萘(含量＞75%)	六氯六氢二甲撑萘;艾氏剂	309-00-2	剧毒
80	1358	六氯环戊二烯	全氯环戊二烯	77-47-4	剧毒
81	1381	氯	液氯;氯气	7782-50-5	剧毒
82	1422	2-[(*RS*)-2-(4-氯苯基)-2-苯基乙酰基]-2,3-二氢-1,3-茚二酮(含量＞4%)	2-(苯基对氯苯基乙酰)茚满-1,3-二酮;氯鼠酮	3691-35-8	剧毒
83	1442	氯代膦酸二乙酯	氯化磷酸二乙酯	814-49-3	剧毒

续表

序号	危险化学品目录序号	品名	别名	CAS号	备注
84	1464	氯化汞	氯化高汞；二氯化汞；升汞	7487-94-7	剧毒
85	1476	氯化氰	氰化氯；氯甲腈	506-77-4	剧毒
86	1502	氯甲基甲醚	甲基氯甲醚；氯二甲醚	107-30-2	剧毒
87	1509	氯甲酸甲酯	氯碳酸甲酯	79-22-1	剧毒
88	1513	氯甲酸乙酯	氯碳酸乙酯	541-41-3	剧毒
89	1549	2-氯乙醇	乙撑氯醇；氯乙醇	107-07-3	剧毒
90	1637	2-羟基丙腈	乳腈	78-97-7	剧毒
91	1642	羟基乙腈	乙醇腈	107-16-4	剧毒
92	1646	羟间唑啉(盐酸盐)		2315-02-8	剧毒
93	1677	氰胍甲汞	氰甲汞胍	502-39-6	剧毒
94	1681	氰化镉		542-83-6	剧毒
95	1686	氰化钾	山奈钾	151-50-8	剧毒
96	1688	氰化钠	山奈	143-33-9	剧毒
97	1693	氰化氢	无水氢氰酸	74-90-8	剧毒
98	1704	氰化银钾	银氰化钾	506-61-6	剧毒
99	1723	全氯甲硫醇	三氯硫氯甲烷；过氯甲硫醇；四氯硫代碳酰	594-42-3	剧毒
100	1735	乳酸苯汞三乙醇胺		23319-66-6	剧毒
101	1854	三氯硝基甲烷	氯化苦；硝基三氯甲烷	76-06-2	剧毒
102	1912	三氧化二砷	白砒；砒霜；亚砷酸酐	1327-53-3	剧毒
103	1923	三正丁胺	三丁胺	102-82-9	剧毒
104	1927	砷化氢	砷化三氢；胂	7784-42-1	剧毒
105	1998	双(1-甲基乙基)氟磷酸酯	二异丙基氟磷酸酯；丙氟磷	55-91-4	剧毒
106	1999	双(2-氯乙基)甲胺	氮芥；双(氯乙基)甲胺	51-75-2	剧毒
107	2000	5-[(双(2-氯乙基)氨基]-2,4-(1*H*,3*H*)嘧啶二酮	尿嘧啶芳芥；嘧啶苯芥	66-75-1	剧毒
108	2003	*O*,*O*-双(4-氯苯基)-*N*-(1-亚氨基)乙基硫代磷酸胺	毒鼠磷	4104-14-7	剧毒
109	2005	双(二甲氨基)磷酰氟(含量>2%)	甲氟磷	115-26-4	剧毒
110	2047	2,3,7,8-四氯二苯并对二噁英	二噁英；2,3,7,8-TCDD；四氯二苯二噁英	1746-01-6	剧毒
111	2067	3-(1,2,3,4-四氢-1-萘基)-4-羟基香豆素	杀鼠醚	5836-29-3	剧毒

续表

序号	危险化学品目录序号	品名	别名	CAS 号	备注
112	2078	四硝基甲烷		509-14-8	剧毒
113	2087	四氧化锇	锇酸酐	20816-12-0	剧毒
114	2091	*O*,*O*,*O'*,*O'*-四乙基二硫代焦磷酸酯	治螟磷	3689-24-5	剧毒
115	2092	四乙基焦磷酸酯	特普	107-49-3	剧毒
116	2093	四乙基铅	发动机燃料抗爆混合物	78-00-2	剧毒
117	2115	碳酰氯	光气	75-44-5	剧毒
118	2118	羰基镍	四羰基镍;四碳酰镍	13463-39-3	剧毒
119	2133	乌头碱	附子精	302-27-2	剧毒
120	2138	五氟化氯		13637-63-3	剧毒
121	2144	五氯苯酚	五氯酚	87-86-5	剧毒
122	2147	2,3,4,7,8-五氯二苯并呋喃	2,3,4,7,8-PCDF	57117-31-4	剧毒
123	2153	五氯化锑	过氯化锑;氯化锑	7647-18-9	剧毒
124	2157	五羰基铁	羰基铁	13463-40-6	剧毒
125	2163	五氧化二砷	砷酸酐;五氧化砷;氧化砷	1303-28-2	剧毒
126	2177	戊硼烷	五硼烷	19624-22-7	剧毒
127	2198	硒酸钠		13410-01-0	剧毒
128	2222	2-硝基-4-甲氧基苯胺	枣红色基 GP	96-96-8	剧毒
129	2413	3-[3-(4'-溴联苯-4-基)-1,2,3,4-四氢-1-萘基]-4-羟基香豆素	溴鼠灵	56073-10-0	剧毒
130	2414	3-[3-(4-溴联苯-4-基)-3-羟基-1-苯丙基]-4-羟基香豆素	溴敌隆	28772-56-7	剧毒
131	2460	亚砷酸钙	亚砒酸钙	27152-57-4	剧毒
132	2477	亚硒酸氢钠	重亚硒酸钠	7782-82-3	剧毒
133	2527	盐酸吐根碱	盐酸依米丁	316-42-7	剧毒
134	2533	氧化汞	一氧化汞;黄降汞;红降汞	21908-53-2	剧毒
135	2549	一氟乙酸对溴苯胺		351-05-3	剧毒
136	2567	乙撑亚胺 乙撑亚胺(稳定的)	吖丙啶;1-氮杂环丙烷;氮丙啶	151-56-4	剧毒
137	2588	*O*-乙基-*O*-(4-硝基苯基)苯基硫代膦酸酯(含量＞15%)	苯硫膦	2104-64-5	剧毒
138	2593	*O*-乙基-*S*-苯基乙基二硫代膦酸酯(含量＞6%)	地虫硫膦	944-22-9	剧毒

续表

序号	危险化学品目录序号	品名	别名	CAS号	备注
139	2626	乙硼烷	二硼烷	19287-45-7	剧毒
140	2635	乙酸汞	乙酸高汞;醋酸汞	1600-27-7	剧毒
141	2637	乙酸甲氧基乙基汞	醋酸甲氧基乙基汞	151-38-2	剧毒
142	2642	乙酸三甲基锡	醋酸三甲基锡	1118-14-5	剧毒
143	2643	乙酸三乙基锡	三乙基乙酸锡	1907-13-7	剧毒
144	2665	乙烯砜	二乙烯砜	77-77-0	剧毒
145	2671	*N*-乙烯基乙撑亚胺	*N*-乙烯基氮丙环	5628-99-9	剧毒
146	2685	1-异丙基-3-甲基吡唑-5-基-*N*,*N*-二甲基氨基甲酸酯(含量＞20%)	异索威	119-38-0	剧毒
147	2718	异氰酸苯酯	苯基异氰酸酯	103-71-9	剧毒
148	2723	异氰酸甲酯	甲基异氰酸酯	624-83-9	剧毒

附录五　实验室常用玻璃仪器及使用

名称	主要用途	使用注意事项
烧杯	配制溶液、溶解样品等	加热时应置于石棉网上，使其受热均匀，一般不可烧干
锥形瓶	加热处理试样和容量分析滴定	除有与烧杯相同的要求外，磨口锥形瓶加热时要打开塞，非标准磨口要保持原配塞
碘瓶	碘量法或其他生成挥发性物质的定量分析	加热时应垫石棉网，避免局部过热
圆(平)底烧瓶	加热及蒸馏液体	一般避免直接用火加热，隔石棉网或各种加热浴加热
圆底蒸馏烧瓶	蒸馏；也可作少量气体发生反应器	一般避免直接用火加热，隔石棉网或各种加热浴加热
量筒、量杯	粗略地量取一定体积的液体	不能加热，不能在其中配制溶液，不能在烘箱中烘烤，操作时要沿壁加入或倒出溶液
滴定管	容量分析滴定操作；分酸式、碱式	活塞要原配；漏水的不能使用；不能加热；不能长期存放碱液；碱式管不能放与橡胶管作用的滴定液；上端和尖端不可破损
移液管	准确地移取一定量的液体	不能加热；上端和尖端不可破损
刻度吸管	准确地移取各种不同量的液体	不能加热；上端和尖端不可破损
称量瓶	矮形用于测定干燥失重或在烘箱中烘干基准物；高形用于称量基准物、样品	不可盖紧磨口塞烘烤，磨口塞要原配
试剂瓶(细口瓶、广口瓶、下口瓶)	细口瓶用于存放液体试剂；广口瓶用于装固体试剂；棕色瓶用于存放见光易分解的试剂	不能加热；不能在瓶内配制在操作过程中放出大量热量的溶液；磨口塞要保持原配；放碱液的瓶子应使用橡皮塞，以免日久打不开
滴瓶	装需滴加的试剂	不能加热；不能在瓶内配制在操作过程中放出大量热量的溶液；磨口塞要保持原配；放碱液的瓶子应使用橡皮塞，以免日久打不开
漏斗	长颈漏斗用于定量分析，过滤沉淀；短颈漏斗用于一般过滤	不能直接用火加热。若需趁热过滤，应将漏斗置于金属加热夹套中；若无金属夹套，可先将漏斗用热水浸泡预热
分液漏斗(滴液漏斗、球形漏斗、梨形漏斗、筒形漏斗)	分开两种互不相溶的液体；用于萃取分离和富集(多用梨形)；制备反应中加液体(多用球形及滴液漏斗)	磨口旋塞必须原配，漏水的漏斗不能使用
试管(普通试管、离心试管)	定性分析检验离子；离心试管可在离心机中借离心作用分离溶液和沉淀	硬质玻璃制的试管可直接在火焰上加热，但不能骤冷；离心管只能水浴加热
(纳氏)比色管	比色、比浊分析	不可直接用火加热；非标准磨口塞必须原配；注意保持管壁透明，不可用去污粉刷洗
冷凝管(直形冷凝管、球形冷凝管、蛇形冷凝管、空气冷凝管)	用于冷却蒸馏出的液体；蛇形冷凝管适用于冷凝低沸点液体蒸气；空气冷凝管用于冷凝沸点在150℃以上的液体蒸气	不可骤冷骤热；注意从下口进冷却水，上口出水
抽滤瓶	抽滤时接收滤液	属于厚壁容器，能耐负压；不可加热

续表

名称	主要用途	使用注意事项
表面皿	盖烧杯及漏斗等	不可直接用火加热，直径要略大于所盖容器
研钵	研磨固体试剂及试样等	不能撞击；不能烘烤；不能研磨与玻璃作用的物质
干燥器	保持烘干或灼烧过的物质的干燥；也可干燥少量制备的产品	底部放变色硅胶或其他干燥剂，盖磨口处涂适量凡士林；不可将红热的物体放入，放入热的物体后要时时开盖以免盖子跳起或冷却后打不开盖子
微孔玻璃漏斗	过滤	必须抽滤；不能骤冷骤热；不能过滤氢氟酸、碱等；用毕立即洗净
微孔玻璃坩埚	重量分析中烘干需称量的沉淀	必须抽滤；不能骤冷骤热；不能过滤氢氟酸、碱等；用毕立即洗净
标准磨口组合仪器	有机化学及有机半微量分析中制备及分离	磨口处无须涂润滑剂；安装时不可受歪斜压力；要按所需装置配齐购置

电子教学课件和习题答案获取方式

请扫描下方二维码关注化学工业出版社“化工帮 CIP”微信公众号，在对话页面输入“化学实验安全教程电子教学课件”发送至公众号获取电子教学课件下载链接；在对话页面输入“化学实验安全教程习题答案”发送至公众号获取习题答案下载链接。